滨海白首乌资源高值化开发与利用

康贻军　洪　键　沈　敏　著

中国纺织出版社有限公司

图书在版编目（CIP）数据

滨海白首乌资源高值化开发与利用／康贻军，洪键，沈敏著．-- 北京：中国纺织出版社有限公司，2022.12

ISBN 978-7-5229-0234-0

Ⅰ．①滨… Ⅱ．①康… ②洪… ③沈… Ⅲ．①药用植物-资源开发-研究-滨海县 ②药用植物-资源利用-研究-滨海县 Ⅳ．①S567

中国版本图书馆 CIP 数据核字（2022）第 254805 号

责任编辑：柳华君　　责任校对：高　涵　　责任印制：储志伟

中国纺织出版社有限公司出版发行
地址：北京市朝阳区百子湾东里 A407 号楼　邮政编码：100124
销售电话：010—67004422　传真：010—87155801
http://www.c-textilep.com
中国纺织出版社天猫旗舰店
官方微博 http://weibo.com/2119887771
天津千鹤文化传播有限公司印刷　各地新华书店经销
2022 年 12 月第 1 版第 1 次印刷
开本：710×1000　1/16　印张：18.5
字数：268 千字　定价：98.00 元

著者序

PREFACE

滨海白首乌是萝藦科鹅绒藤属植物耳叶牛皮消的块根，学名Cynanchum auriculatum Royle ex Wight.。由于全国白首乌耳叶牛皮消95%出产在江苏省滨海县，故名滨海白首乌，当地也被誉为“首乌之乡”。滨海白首乌已获得国家地理标志认证，目前已成为当地的优势特色产业。

滨海白首乌味苦甘涩，性微温，中国传统医学认为，其具有养血益肝、固肾益精、乌须黑发和延年益寿等功效。现代研究发现，白首乌中含有C_{21}甾苷、多糖、黄酮等多种有效成分，并含有丰富的蛋白质、氨基酸、淀粉、可溶性糖、维生素以及微量元素等，具有抗肿瘤、抗氧化、降血脂、护肝及增强免疫力等功效。

滨海白首乌产品的市场发展潜力巨大，开发前景十分广阔。目前，滨海白首乌存在产品粗放、缺乏深加工，大众对其所含活性物质的功效缺乏深入认知，种植和生产过程关键工艺不佳等亟待解决的难题，严重制约了该产业的发展。为了使更多人认识和了解滨海白首乌，我们搜集了滨海白首乌的相关研究资料，并结合团队近几年的研究成果整理成本书。本书主要介绍了滨海白首乌资源特点和应用、高效栽培技术、主要活性成分分析检测方法、主要化学成分分离和结构鉴定，以及资源加工利用技术和中试工艺。本书的出版将有助于促进滨海白首乌的研发和产业发展，并对相关滩涂植物资源的开发起促进作用。

本书也是“盐城市滨海白首乌生物工程技术研究中心”近几年研究成果的系统总结，以及开展校企合作的成果展示。本书经多次集体讨论，分工执笔撰写而成，第 1 章由洪键博士、朱德伟博士编写；第 2 章由王欢莉博士、康贻军教授编写；第 3 章由孙淼博士、康贻军教授编写；第 4 章由沈敏老师、徐跃、张道国编写；第 5 章由崔国强博士编写；第 6 章由崔国强博士、沈敏老师编写；第 7 章由张言周博士、洪键博士编写。限于学识，不足与疏漏之处在所难免，恳请各位读者给予批评、指正。

著者团队

2022 年 9 月于江苏盐城

目录

CONTENTS

第 1 章

绪　论

1.1 滨海白首乌资源概述

1.1.1 滨海白首乌的起源与分布

白首乌是萝藦科（Asclepiadaceae）鹅绒藤属植物耳叶牛皮消（*Cynanchum auriculatum* Royle ex Wight.）、隔山牛皮消［*Cynanchum wilfordii*（Maxim.）Hemsl.］及戟叶牛皮消（*Cynanchum bungei* Decne.）等植物的干燥块根，如图 1-1 所示，产于山东、河北、河南、陕西、甘肃、西藏、安徽、江苏、浙江、福建、台湾、江西、湖南、湖北、广东、广西、吉林、贵州、四川、云南等。生长于从低海拔的沿海地区直到 3500 m 高的山坡林缘及路旁灌木丛中或河流、水沟边潮湿地。白首乌始用于晚唐，盛行于宋明，沿用至今，在国内外享有盛誉，被历代医家视为摄生防老珍品，具有安神补血、收敛精气、滋补肝肾、乌须黑发、抗衰老等功效。相传，“八仙过海”中的张果老就是吃白首乌而得道成仙的。其中，耳叶牛皮消主产在江苏滨海，有二百余年的栽培史，民间一直沿用至今；隔山牛皮消主产在吉林延吉，野生种；戟叶牛皮消主产在山东泰安，以野生为主，也有少量栽培。

滨海白首乌，又称白人参，原植物为萝摩科鹅绒藤属耳叶牛皮消，是中国传统的食、药、美容兼用植物。滨海白首乌在滨海由原始的野生种逐步驯化为当地特用的栽培种，其种植历史已有二百余年。滨海白首乌产品在全国独具特色，历史悠久。据《阜宁》县志（滨海县原属阜宁县）记载，早在 18 世纪末，该县东北乡人用种植的白首乌制成粉，进贡朝廷；《滨海县志》记载，早在清咸丰年间，境内就有农民种植白首乌、加工首乌粉，作为礼品馈赠亲友，并世代传承，绵延不息，而且在长期的生产实践中积累了丰富的种植加工经验，在中国历史上唯一将白首乌加工成功能食品和保健食品。

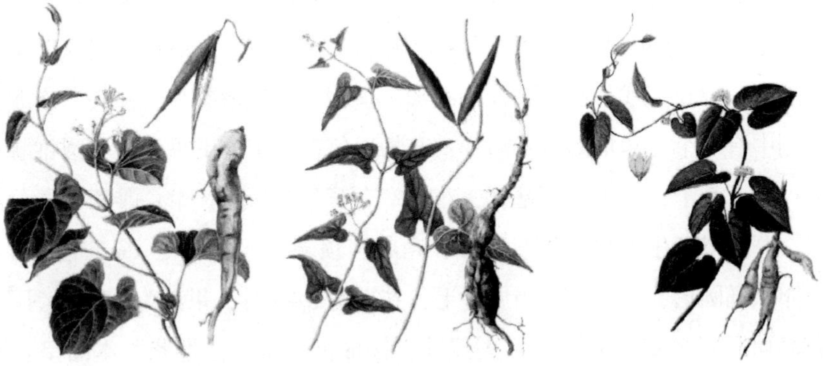

耳叶牛皮消　　戟叶牛皮消　　隔山牛皮消

图1-1 白首乌

滨海白首乌已于2008年注册中国地理标志证明商标，2010年获“国家地理标志产品保护”，2011年获“国家农产品地理标志保护”，这是全国首乌行业唯一获得国家三项地理标志保护的原产地保护产品，并建成了全国唯一的省级白首乌标准化示范基地。白首乌历来就是苏北地区最常用的养生食品，当地农民种植首乌的历史也比较悠久。目前，种植面积已达3万亩，出产量1.5万吨以上，为全国之最，是中国唯一的白首乌之乡。滨海白首乌地理标志产品保护范围为江苏省滨海县境内，东临黄海，南至苏北灌溉总渠，西至阜宁和涟水县交界处，北至中山河。地理坐标为：东经119°37′~120°20′，北纬33°48′~34°23′。

1.1.2 滨海白首乌的生物学特征

滨海白首乌［又称飘飘藤、老牛瓢、七股莲、何首乌（江苏），隔山撬、隔山消、野山苕（四川），万寿竹、飞来鹤、土花旗参、剪蛇竹（江西），白木香（浙江），牛皮冻（湖南），羊角藤（贵州）］，蔓生性草本植物。属于被子植物门（Angiospermae）、木兰纲（Magnoliopsida）、龙胆目（Gentianales）、萝藦科（Apocynaceae）、鹅绒藤属（Cynanchum）。有乳汁；宿根肥大，呈块状，类圆形或纺锤形，表面呈黑褐色，断面为白色；茎带紫红色，被微柔毛；叶对生，膜质，心形或卵状心形，长4~12 cm，宽4~10 cm，顶端短渐尖，基部心形，上面深绿色，下面灰绿色，被微毛，叶脉稍凹陷；聚伞花序伞房状，腋生；总花柄长10~15 cm，着花约30朵；花萼裂片狭长圆形；花冠白色，辐状，裂片反折，内面有疏柔毛；副花冠浅杯状，裂片椭圆形，顶端有披针形裂片，钝头，肉质，每裂片内侧中有1个三角形的舌状鳞片；花粉块每室1个，下垂；柱头圆锥状，顶端2裂；雄蕊5个，着生花冠基部，花药室有黄色花粉块一个；雌蕊由2分离心皮组成。蓇葖果双生或仅一个发育，长角状，顶端尖，长约10 cm，径约1 cm；种子呈卵状椭圆形，顶端有白绢质种毛；花期为8~9月，果期为10~11月[1]。

首乌藤秋、冬二季采割，除去残叶，捆成把，干燥。性状：本品呈长圆柱形，稍扭曲，具分枝，长短不一，直径为4~7 mm。表面紫红色至紫褐色，粗糙，具扭曲的纵皱纹。节部略膨大，有侧枝痕。外皮菲薄，可剥离。质脆，易折断，断面皮部为紫红色，木部黄白色或淡棕色，导管孔明显，髓部疏松，类白色。无臭，味微苦涩[2]。

药材呈长圆柱形，呈长纺锤形或结节状圆柱形，略弯曲，长10~30 cm，有的可至50 cm，直径为1~4 cm，表面为土黄色或淡黄棕色，残留棕色至棕黑色的栓皮，有明显横长皮孔，有的具纵皱纹；质坚硬而脆。断面较平坦，类白色，粉性，有鲜黄色呈放射状排列孔点，微有香气，味初微甘后苦[3]。

显微鉴别：根横切面木栓层为10余列木栓细胞，其下为3~5列石细胞断续排列的环层，石细胞长方形，类圆形，纺锤形，长60~100μm，宽30~50 μm。韧皮部薄壁组织中散列有众多乳汁管，直径为20~35 μm，并含草酸钙簇晶，直径为10~18 μm，形成层明显成环，射线宽广。木质部导管三到数个相聚，呈径向排列，导管直径为20~120 μm。导管周围可见木间韧皮部淀粉粒多，单粒圆球形，盔帽形，直径为2~15 μm，脐点裂缝状，星状，人字状，复粒由2~3分粒组成[4]。

1.1.3 滨海白首乌的分类学特征

滨海白首乌区别于传统中药材何首乌，何首乌是进入国家药典的中药材，而滨海白首乌是被国家卫计委列入作为有传统食用习惯的普通食品管理。二者在生物学特性上也有显著差别。首先，在植物学分类上，根据国家药典记载，何首乌是蓼科植物，学名：*Polygonum multiflorum* Thunb.。滨海白首乌为萝藦科鹅绒藤属植物耳叶牛皮消，学名：*Cynanchum auriculatum* Royle ex Wight.。两种植物的藤蔓较为相似，但是块根有着显著区别，何首乌的块根呈纺锤形或团块状，长6.5~15 cm，直径为4~12 cm。表面呈红棕色或红褐色，凹凸不平，有不规则皱纹及纵沟，并有横向皮孔或连线条纹，两端各有一个明显的断痕，露出纤维状维管束。质坚硬，不易折断。断面浅黄棕色或淡红棕色，粉性，皮部有4~11个类圆形的异型维管束环列，中央木部较大，有的呈木心。气微，味微苦而干涩[5]。而白首乌主要包括三个品种：耳叶牛皮消即滨海白首乌、隔山牛皮消、戟叶牛皮消即泰山白首乌，这些白首乌的生物学性状综合评价如表1-1所示。

表1-1　白首乌不同品种的主要生物学性状

品种	生活型	根	茎	叶	花	果	种子
耳叶牛皮消	草质缠绕藤本	块根药用，呈长圆柱形、长纺锤形或结节状圆柱形，略弯曲，长10~12 cm	茎被微柔毛或近无毛	叶对生，宽卵形，基部深心形，具圆形耳	聚伞花序总状，长达23 cm；花梗被微柔毛；花萼裂片披针形，被微柔毛，内面基部具5腺体；花冠白、淡黄、扮红或紫色，辐状，花冠筒短，裂片披针形或披针状长圆形，长5.5~8 mm，内面疏被长柔毛；副花冠5深裂，裂片较合蕊冠长，椭圆形，肉质，内面具窄三角形舌状附属物；柱头呈圆锥状。花期6~8月，果期8~12月	蓇葖果长圆状披针形	种子卵圆形，顶端平截

续表

品种	生活型	根	茎	叶	花	果	种子
戟叶牛皮消	草质缠绕藤本	块根粗壮,呈类圆形或不规则团块状,长 3~7 cm,径 1.5~4 cm	茎被微毛	叶对生,戟形或卵状三角形,先端渐尖,基部耳状心形,叶耳圆	聚伞花序伞状,花萼裂片披针形,花冠白或黄绿色,辐状,花冠筒裂片长圆形,外反;副花冠 5 深裂,裂片披针形,内面具舌状附属物;柱头基部呈五角状,顶端全缘。花期 6~7 月,果期 7~11 月	蓇葖果披针状圆柱形;种子卵圆形,具种毛	种子卵圆形,顶端有多数白色长丝光毛
隔山牛皮消	草质缠绕藤本	根肉质,近纺锤形,长约 10 cm,径 2 cm	茎被单列毛	叶对生,卵状心形,长 5~6 cm,先端骤短尖,基部耳状心形,两面被微柔毛,叶干时上面带黑褐色,基脉 3~5 出,侧脉约 4 对;叶柄长 2 cm,上面具腺体	聚伞花序伞状或短总状,具 15~20 花,花序梗被单列毛;花梗长 5~7 mm,被微柔毛;花萼裂片长圆状披针形,长约 1.5 mm,无毛或疏被短柔毛,内面基部腺体 10 个;花冠淡黄色,辐状,裂片卵状长圆形,长 4.5~5 mm,无毛,内面被长柔毛;副花冠较合蕊冠短,5 深裂,裂片膜质,圆形或近方形;花粉块长圆形;花柱细长,柱头具脐状突起。花期 5~9 月,果期 7~11 月	蓇葖果披针状圆柱形,长 11~12 cm,径 1~1.4 cm	种子卵形,长约 7 mm,种毛长约 2 mm

1.1.4 滨海白首乌的生态学特征

滨海白首乌 95%的产量出产在江苏省滨海县,滨海县地处北纬 33°,东经 120°,东临黄海,苏北灌溉总渠横穿境内,系黄淮冲积平原,地势平坦,属于亚热带向暖温带过渡的湿季风气候区，为湿润的季风地带，冬冷夏热、四季分明，光照充足，气候温和，无霜期较长，降水较为充沛，雨热同期。常年年平均气温 14.1 ℃，降水量 949.5 mm，日照 2236.3 h。滨海沿海地区古为黄河故道，由黄河夹带的黄土高原沙土冲积而成，海岸又为侵蚀性地域，海、淡水系统接壤，土壤为油泥、夹沙，质地疏松肥沃，铁、硅、锌等微量元素丰富，特别适合乳汁块茎的生长，海洋性气候昼夜温差很大，生长白首乌得天独厚，适合种植白首乌的土地有 20 余万亩。

1.2 滨海白首乌的化学成分

作为“药食同源”的一种功能性食品，滨海白首乌具有补肾益肝、乌发生发、养血益精、抗衰老等功效，而发挥这些功效的基础则是相关化学组分，如黄酮类、甾苷类、萜类、生物碱等。

1.2.1 黄酮类化合物

黄酮类化合物（又称生物类黄酮）是白首乌中的一种典型抗氧化物质，其作用大多源自其抗氧化特性。首先，类黄酮可抵消和稳定生物体内的自由基，减少或消除其对健康细胞或组织的损伤，从而达到预防癌症、心脏病、糖尿病和肿瘤等多种疾病的功效。其次，很多类黄酮具有抗炎、抗过敏、抗病毒的特性，能够降低关节炎、骨质疏松症、过敏、病毒性疾病引起的单纯疱疹病毒、流感病毒和腺病毒风险。最后，类黄酮还可以抑制与动脉粥样硬化和血栓有关的血小板聚集[6]。

白首乌中的黄酮类化合物是一类最简单的芳香族化合物，它包含苯环和酮基，呈无色或淡黄色，一般存在于植物的挥发油中。白首乌分为滨海白首乌（耳叶牛皮消，CA）、泰山白首乌（戟叶牛皮消，CB）和云贵白首乌（隔山牛皮消，CW）。目前，从三种白首乌中分离得到黄酮类化合物有 28 种[7,8]。具体的物质种类如表 1-2 所示，几种代表性的类黄酮物质结构如图 1-2 所示。

泰山白首乌：据《新编中药杂志》记载，泰山白首乌中含有 4-羟基苯乙酮和 2，4-二羟基苯乙酮。徐凌川[9] 等在泰山白首乌成分的研究中发现，其含有 17.97% 苯酮类化合物。随后通过不同的分离方法从泰山白首乌中分离出多种苯酮类化合物，主要为白首乌乙素、2，5-二羟基苯乙酮、白首乌二苯酮、3-羟基苯乙酮[10,11]。其中，白首乌二苯酮和白首乌乙素在泰山白首乌中含量较高，因此，白首乌二苯酮和白首乌乙素可以作为评价泰山白首乌内在质量的重要指标，也可以作为泰山白首乌区别于其他品种白首乌的特征性成分[12,13]。

滨海白首乌：龚树生[14] 首次从滨海白首乌中分离出白首乌二苯酮。目前陈炳阳等[15] 又从滨海白首乌 95% 乙醇提取物的氯仿和醋酸乙酯部位中得到了 5 个苯乙酮类化合物 cynandione A、cynandione B、cynandione C、cynanchone A、cynantetrone。目前，研究使用最多的白首乌品种即为滨海白首乌，但是对于滨海白首乌中苯乙酮类化合物的提取分离研究工作还存在不足。Li[16] 等采用硅胶色谱与高速逆流色谱（HSCCC）相结合的方法，使从白首乌中分离的苯乙酮类化合物的质量分数达到 95% 左右，优化了白首乌中苯乙酮类化合物的提取分离工艺，这给白首乌中苯乙酮类化合物的研究和应用提供了物质基础。吴红雁[17] 等也发现一测多评法与外标法对白首乌中苯乙酮类成分含量的测定无显著性差异，在一定程度上解决了白首乌中苯乙酮类组分的含量测定问题。目前，对于白首乌中苯乙酮类化合物的提取分离纯化以及检测的技术已经相当成熟，且对白首乌中苯乙酮类化合物的研究大多集中在对泰山白首乌的研究中。刘政波[18] 等在对泰山白首乌和滨海白首乌的液相色谱对比分析中发现，泰山白首乌中的苯乙酮类组分更多，且各组分含量也比滨海白首乌高，这也为合理应用不同品种的白首乌提供了方向。

通常，白首乌中分离得到的黄酮类物质（见表 1-2）的 C2 及 C4 位的 OH 会与其他糖基结合，如白首乌苷 A-D 和云杉苷。2，4-二羟基苯乙酮和 2，5-二羟基苯乙酮与类联苯结构相连，例如，cynandione A 和 cynwilforone A-C。在所有的类黄酮化合物中，结构最简单的初级成分是 cynandione A，已被发现有明显的神经保护和保肝作用，此外，还可以降低肝脂和血脂[19-21]。然而，白首乌的类黄酮物质的生物活性方面的研究都聚集在 cynandione A 方面，其他相关物质的生理功能则有待进一步探究。

表 1-2 白首乌中分离得到的黄酮类物质[8]

序号	成分	种类
1	2，4-Dihydroxyacetophenone	*CA CB CW*
2	2，5-Dihydroxyacetophenone	*CA CB CW*
3	4-Hydroxyacetophenone	*CA CB CW*
4	Cynandione A	*CA CW*
5	Cynandione B	*CA CW*
6	Cynandione E	*CA CW*
7	Baishouwubenzophenone	*CA CB CW*
8	Cynwilforone A	*CW*
9	Cynwilforone B	*CW*
10	Cynwilforone C	*CW*
11	2-O-p-laminaribiosyl-4-hydroxyacetophenone	*CB CW*
12	Bungeiside-C	*CB CW*
13	Bungeiside-D	*CB CW*
14	(+) Cynwilforone D	*CW*
15	(-) Cynwilforone D	*CW*
16	(+) Cynwilforone E	*CW*
17	(-) Cynwilforone E	*CW*
18	(+) Cynilforone F	*CW*
19	(-) Cynwilforone F	*CW*
20	Cynwilforone G	*CW*
21	Bungeiside-A	*CB*
22	Bungeiside-B	*CB*
23	Picein	*CA*
24	4-Hydroxy-3′-methoxyacetophenone	*CW*
25	1-（2-Hydroxy-4. 5- dimethoxyphenyl）ethanone	*CA*
26	Cynanchone A	*CW*
27	2，4-Dihydroxy-5-methoxyacetophenone	*CA*

续表

序号	成分	种类
28	Cynantetrone	*CA*

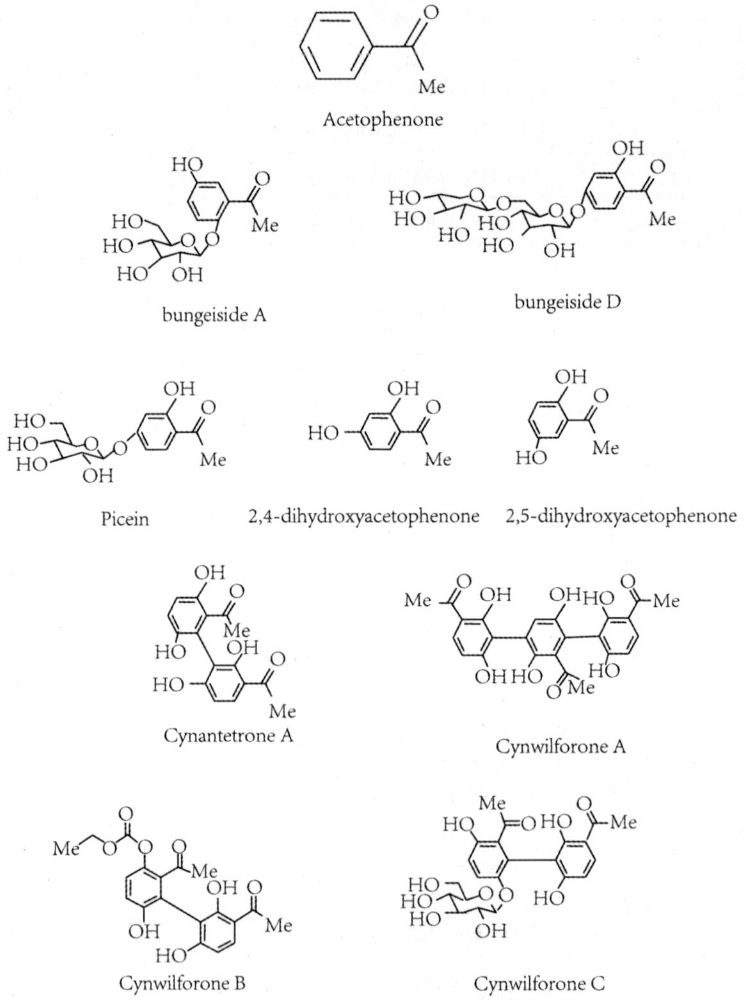

图 1-2　白首乌中典型的类黄酮物质结构示意图[8]

1.2.2　甾苷类化合物

C_{21} 甾体化合物（甾苷）是白首乌中最主要的生物活性成分，它是一类含有 21 个碳原子的甾体衍生物，其基本骨架是孕烷或其异构体，目前已经报道的 C_{21} 甾苷种类有 171 种，具体的情况可参考相关文献[8]。从已有的报道中可知，此类化合物主要集中在粗提物的氯仿和乙酸乙酯馏分，且其在块根中的含量高于根皮。

在所有 C_{21} 甾苷中，告达庭苷元类（caudatin）和萝藦苷元类（kidjoranin）是主要的核心家族，其主要特征是前体中分别中性丢失了 ikemamic 酸分子和肉桂酸分子。无定形粉末的结晶和中性物质是 C_{21}-甾体化合物中的初级态，具有一定的旋光性，微溶于水。孕烷（Ⅰ）、仲孕烷（Ⅱ）、三羟基孕烷（Ⅲ）是三种 C_{21}-甾体化合物中的代表性骨架，其中骨架 I 是最主要的形式，它们的结构如图 1-3 所示。

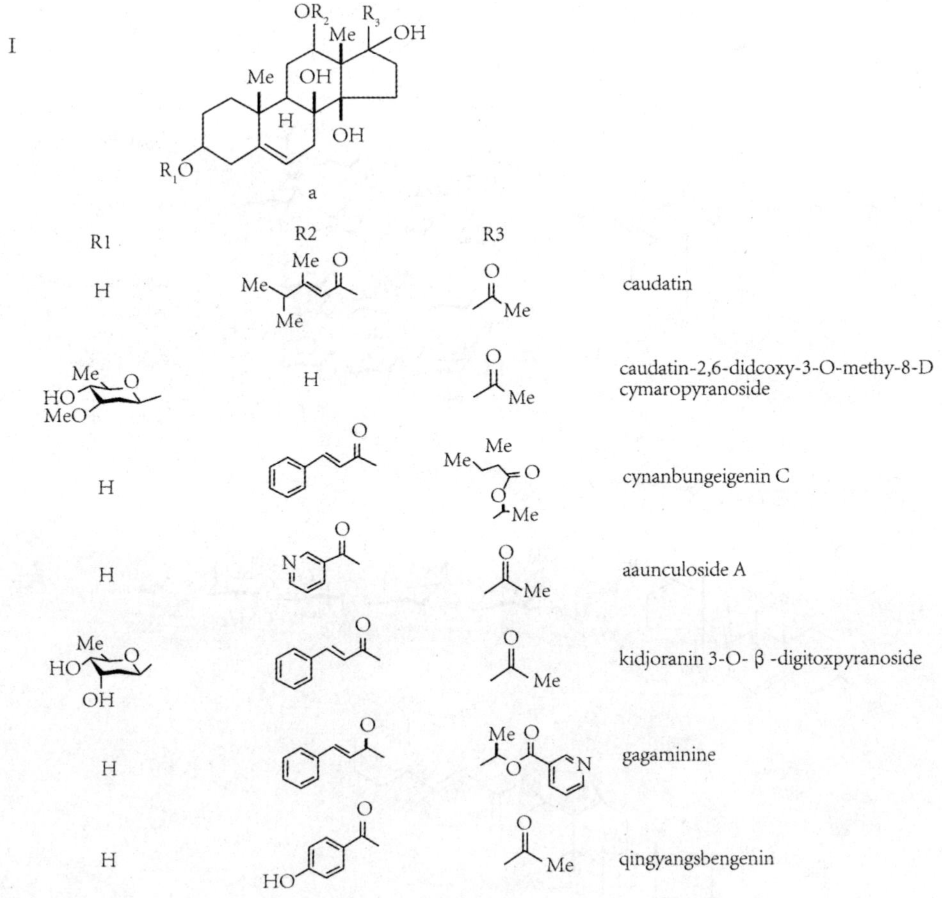

图 1-3

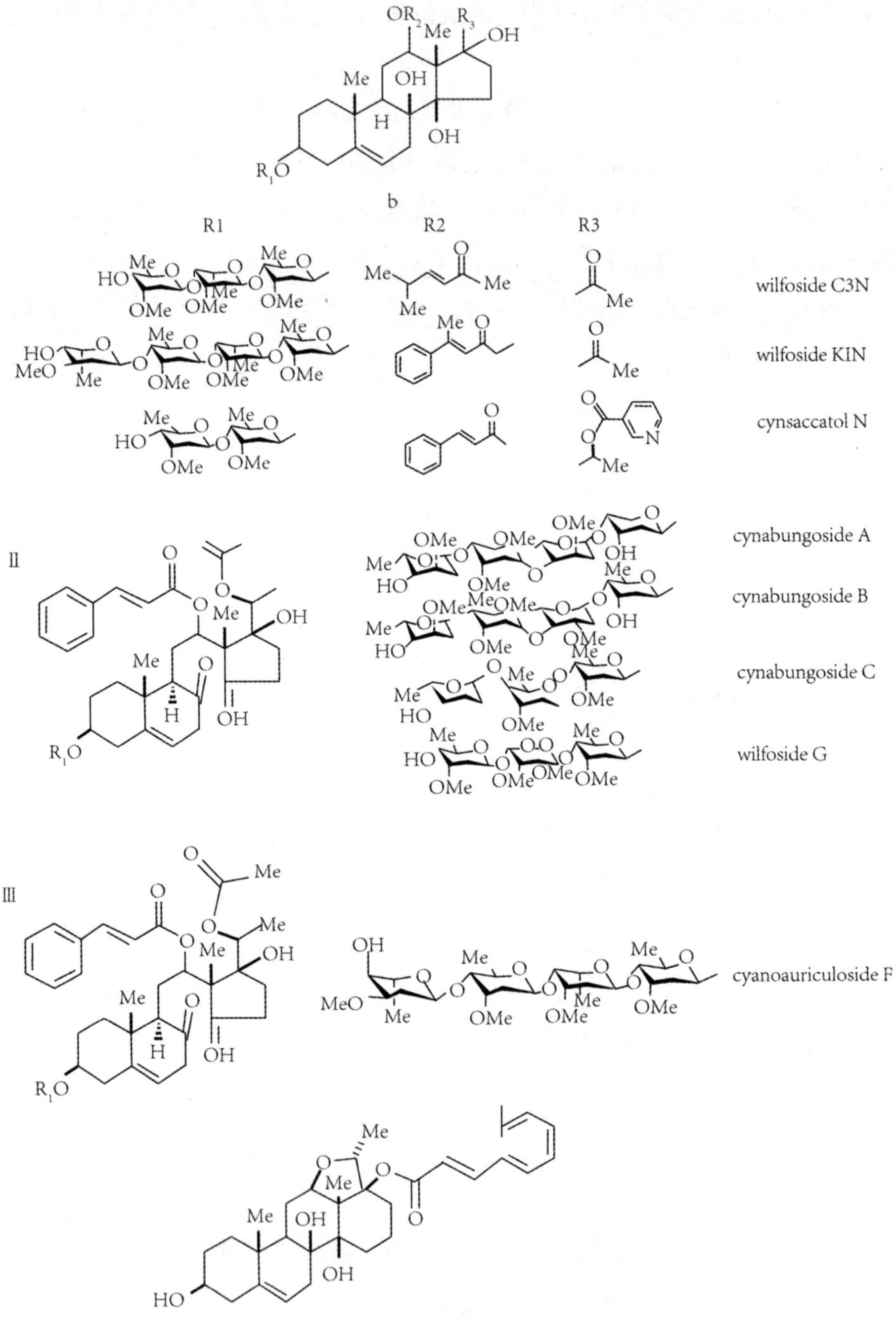

17β-O-cinnamoyl-3β,14β-trihydroxypregn-12,20-ether

图 1-3　白首乌中典型的 C_{21} 甾苷类结构 Ⅰ（孕烷）、Ⅱ（仲孕烷）和 Ⅲ（三羟基孕烷）[8]

在骨架Ⅰ中，A/B 和 B/C 环为反式构型，C/D 环为顺式构型。骨架 a 和骨架 b 是骨架 I 中的代表性结构，其中骨架 a 中的 C10 与氢相连，而骨架 b 则不是。在 C3 位，由单糖连接的 OH，如 2-脱氧洋地黄、洋地黄、洋地黄、洋地黄糖、丁香糖和单个 OH，主要形成 C_{21} 糖苷。一般 C5 和 C6 是双键，C8 和 C14 与 β-OH 连接，C12 与 β-OH 或酯基连接 OH 和有机酸，C17 侧链的 α 构象多于 β 构象，而 C20 与羰基和酯基相连，这些结构在上面相关化合物的结构中有所体现，当然也有少数例外（如间皮素等）。

在骨架Ⅱ中，C8 与羰基连接，C14 与羰基或 β-OH，C12 与丙烯酸苯酯相连，C20 与与乙酸酯基团，典型的代表有糖苷 A-C、枸杞苷 G 和氰耳苷 F。在骨架Ⅲ中，C12 和 C14 形成环氧醚，C17 与丙烯酸苯酯连接在侧链，如 17β-O-肉桂酰-3β、8β，14β-三羟孕-12，20-醚。

赵家文[22] 对泰山白首乌中 C_{21} 甾体苷进行分离纯化，得到 6 个新 C_{21} 甾体苷（主要为苷元上连接的糖种类以及数量不同），以及 2 个新 C_{21} 甾体苷元 cynanbungeigenin A 和 cynanbungeigenin B，这为泰山白首乌的药理活性研究奠定了基础。但是，近年来对于泰山白首乌中 C_{21} 甾体苷的提取分离研究较少，可能是与其中的 C_{21} 种类和含量较低有关。

滨海白首乌中 C_{21} 甾苷类化合物种类较多且含量相对较高。近年来，国内学者对滨海产的白首乌进行了系列化学成分的提取分离、纯化研究。费洪荣[23] 等通过采用高氯酸作为显色剂的紫外分光光度法，确定耳叶牛皮消中 C_{21} 甾体苷最佳提取工艺为 8 倍量的 95% 乙醇回流提取 2 次，每次 1.5 h，提取物经正丁醇萃取后，正丁醇部位上 HPD-100 大孔吸附树脂，分别用 2 BV 水、1 BV 20% 乙醇、3 BV 70% 乙醇洗脱，收集 70% 乙醇部位即得 C_{21} 甾体苷，该方法可以大幅提高白首乌 C_{21} 甾体总苷含量。陈纪军等[24] 首次从耳叶牛皮消中分离出 4 种 C_{21} 甾体苷元加加明、告达庭、萝藦苷元、开德苷元。随后去酰基萝藦苷元、本波苷元、肉珊瑚苷元以及青阳参苷元等被分离出来[25,26]，但目前为止，对于抗肿瘤活性的研究主要集中在告达庭苷元[27,28]。虽然当前国内学者已对白首乌的药理活性开展了一系列研究，但很多研究工作依然停留在白首乌 C_{21} 甾体总苷层面上，对于 C_{21} 甾体苷类的活性苷元的筛选研究还存在较大不足。因此，有必要对 C_{21} 甾体苷类活性成分进行深入系统的研究，为白首乌的临床应用提供更明确的物质基础依据。

云贵白首乌中的 C_{21} 甾体苷数量较多，其 C_{21} 甾体苷元主要为加加明、告达庭、萝藦苷元、开德苷元、青阳参苷元，化学成分与滨海白首乌更为接近[29]。以往的生物学研究表明，告达庭苷元类、萝藦苷元类、清阳生菌素、加加明及其衍生物具有显著的抗肿瘤和抗氧化活性。此外，参照相关文献，C_{21} 一类固醇的生物合成途径如图 1-4 所示，这有利于阐述它们在有机生物体中的作用。当然，目前研究的 C_{21} 甾苷的数量较少，需要对更多化合物进行验证。

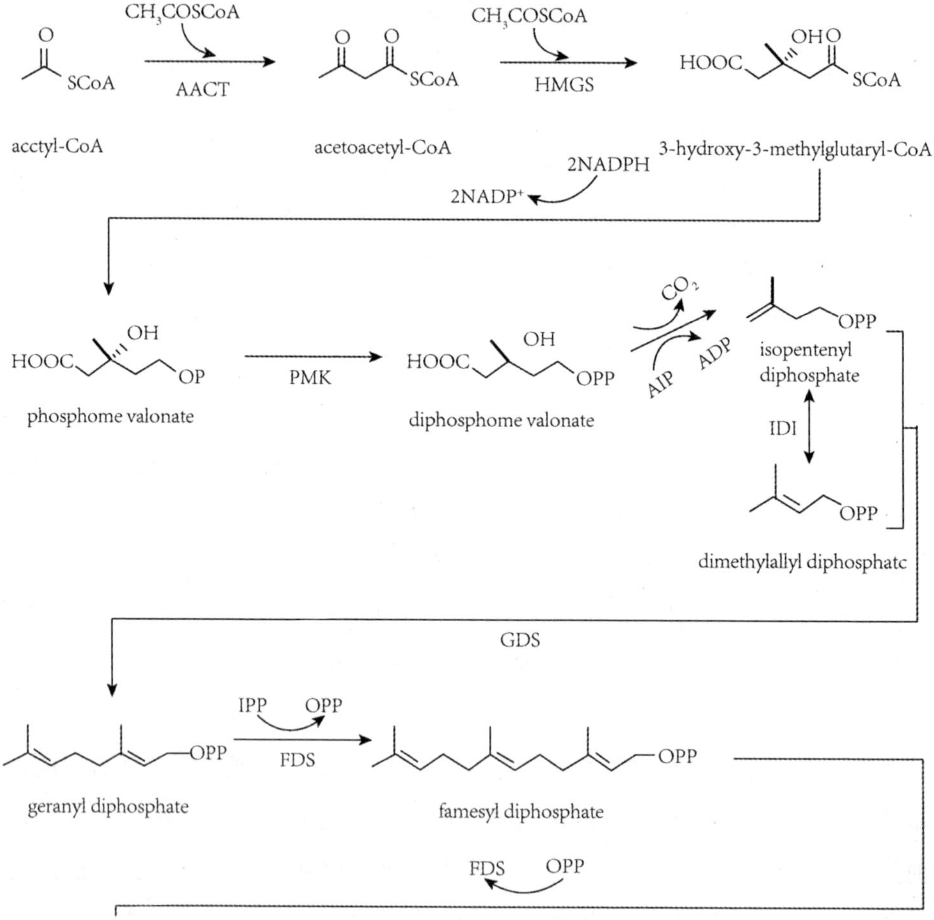

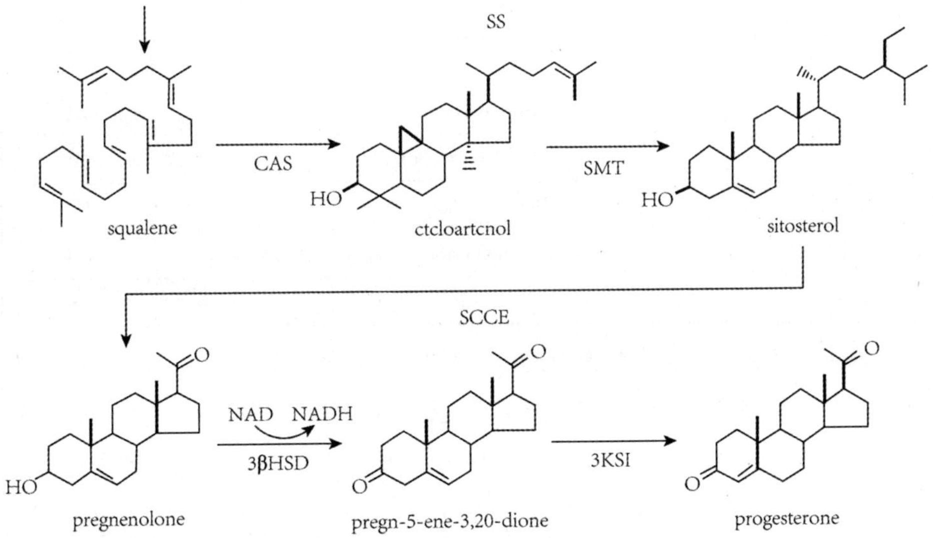

图 1-4　C_{21} 甾苷类化合物的代谢途径示意图[8]

1.2.3　萜类化合物

萜类化合物是植物界常见的重要次生代谢产物，是以异戊二烯为基本单元的烯烃。根据基本骨架结构的数量，可分为单萜类、倍半萜类、二萜类和三萜类。一般来说，单萜和倍半萜是具有特殊气味的挥发性油状液体，而二萜和三萜是固体晶体。在白首乌中，目前报到的萜类化合物有 12 种，具体的种类见表 1-3。

表 1-3　白首乌中分离得到的萜类化合物[8]

序号	成分	种类
1	β-sitosterol	*CA*
2	β-amyrin acetate	*CA*
3	Wilfolides A	*CW*
4	Wilfolides B	*CW*
5	Cycloartenol	*CA*
6	28α-Homo-β-amyrin acetate	*CA*
7	11a, 12c-Epoxytaraxer-14-en-3β-yl-acetate	*CA*

续表

序号	成分	种类
8	S-Amyrine acetate	*CA*
9	Taraxaslero acetate	*CA*
10	Betulinic acid	*CA*
11	Oleanolic acid	*CA*
12	Lupeol	*CB*

而在所得到的萜类化合物中，倍半萜类，如 wilfolides A 和 wilfolides B，以及三萜类，如 28α-高-β-香树脂醇乙酸酯、环蒿醇、taraxaslero 乙酸酯和白桦脂酸是萜类的主要存在形式，结构式如图 1-5 所示[30-32]。然而，萜类化合物的生物活性研究较少，亟待进行深入研究。

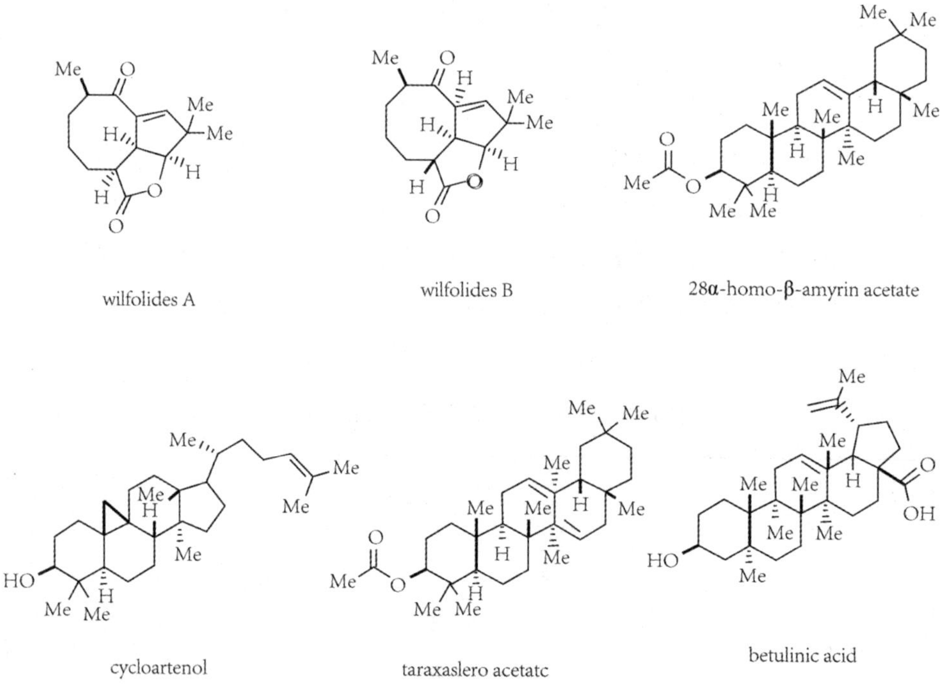

图 1-5 白首乌中主要的萜类化合物结构示意图[8]

1.2.4 生物碱类化合物

生物碱是主要存在于植物中的含氮碱性有机物质，环中含有氮元素，一般表现出明显的生物活性。在白首乌中，目前报道的生物碱数量不多（见表1-4）。通常主要以吡啶型存在，如3-羟基吡啶、3-羟基-2-甲基吡啶和2-吡啶甲醇，5-羟基-（6Cl，9Cl）等[33]，其具体结构如图1-6所示。目前，关于白首乌中生物碱的生物功能（如消炎等）的报道也不多见，需要投入更多物力及人力。

表1-4 白首乌中分离得到的生物碱化合物[8]

序号	成分	种类
1	3-Hydroxypyridine	*CA*
2	3-Hydroxy-2-methylpyridine	*CA*
3	2-Pyridinemethanol, 5-hydroxy	*CA*
4	1H-imidazole-5-carboxylic acid	*CA*
5	6-［（B-D-xylopyranosy）methyl］-3-pyridinol	*CA*
6	2-Methyl-6-（2′，3′，4′-trihydroxybuty）-pyrazine	*CA*

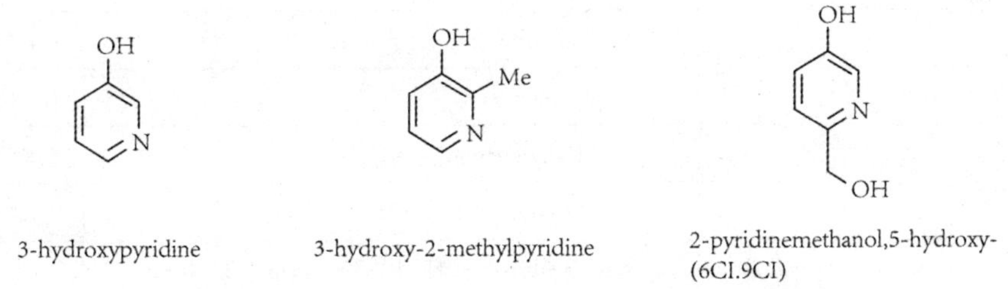

图1-6 白首乌中主要生物碱化合物结构示意图[8]

1.2.5 其他成分

除了黄酮类化合物、C2A甾苷类化合物、萜类和生物碱外，白首乌中还含有其他类型的化合物，具体种类如表1-5所示。多糖是由10多种单糖组成的高分子碳水化合物，根据组成单糖的种类不同，可分为均多糖和杂多糖。据报道，滨海白首乌中有3种杂多糖，它们的分子量分别为28000、51000和11700，确定是由鼠李糖、阿拉伯糖、木糖、甘露糖、半乳糖和葡萄糖组成。目前的研究表明，三种多糖具有抗炎、抗氧化、免疫调节作用，但它们的结构尚未确定[34-36]。此外，此前的研究显示，白首乌中还含有香豆素、木脂素和酚酸等物质，具体如表1-5所示，但它们的药理作用尚未得到证实。因此，应进行进一步研究以确定多糖的确切结构并探索其他物质的潜在生物活性。

表 1-5　白首乌中分离得到的其他类型化合物[8]

序号	成分	种类
1	Ferulic acid methylester	*CA*
2	Islariciresinol	*CA*
3	Vomifoliol	*CA*
4	*n*-Hexacos-5，8，11-trienoic acid	*CA*
5	Isocopoletin	*CA*
6	Isofraxidin	*CA*
7	Adenosine	*CA*
8	（+）-isolariciresinol	*CA*
9	4，4-dimethyl heptanedioic acid	*CA*
10	Leucanthemitol	*CA CW*
11	Suceinie acid	*CA CW*
12	Sucrose	*CA CW*
13	Methyleugenol	*CA CW*
14	Conduritol F	*CW*
15	3-（B-D-ribofuranosy）-2，3-dihydr-6H-1，3-oxazine-2，6-dione	*CW*

1.3　滨海白首乌的药理活性

1.3.1　滨海白首乌的药理学作用——古方证据

首乌与人参、灵芝、虫草历来并称祖国中草药中的“四大仙草”，首乌自古以来就分为赤和白两种，从唐代开始就有关于白首乌的记载，但由于历史、地理及原植物鉴定等原因，晚清之后中医临床上所用均为何首乌，而白首乌作为补益药在民间应用比较广泛。历史上多部中药著作记载了首乌有赤、白之分以及赤、白并用的方法。

首乌最早见于唐代李翱《何首乌录》记载："味甘，温，无毒，主五痔，腰腹中宿疾冷气，长筋益精……一名野苗，一名交茎，一名夜合，一名地精，一名桃柳藤，其苗大如木藁，光泽形如桃柳叶……有雌、雄，雄者苗色黄白，雌者黄赤。其生相远，夜则苗蔓相交。"[37]

宋代《开宝本草》记载："蔓紫，花黄白，叶如薯蓣而不光。生必相对，根大如拳，有赤白二种，赤者雄，白者雌，赤者入血分，白者入气分，春夏采其根，雌雄并用者为佳。"所载何首乌功效为："主瘰疬，消痈肿，疗头面风疮，五痔，止心痛，益血气，黑髭鬓，悦颜色。久服长筋骨，益精髓，延年不老。亦治妇人产后及带下诸疾。"[38]

北宋《本草图经》亦载何首乌："春生苗，叶叶相对，如山芋而不光泽，其茎蔓延竹木墙壁间。夏秋开黄白花，似葛勒花；结子有棱，似荞麦而细小，才如粟大。秋冬取根，大者如拳，各有五棱瓣，似小甜瓜。此有二种：赤者雄，白者雌。"[39]

明《本草纲目》（金陵版）的何首乌图上，就标示出"雌""雄"，并提出"何首乌，足厥阳、少阴药也，白者入气分，赤者入血分。肾主闭藏。肝主疏泄。以此气温，味苦涩。苦走肾。温补肝。能收敛精气。所以养血益肝。固精益肾。健筋骨。乌须发。为滋补良药。不寒不燥。功在地黄天门冬诸药之上。气血太和，则风虚痈肿瘰疬诸疾可知矣"，并主张赤白同用、赤白同治，在《本草纲目》收录的以白首乌为主的补益方中，常按赤白各半的原则配伍，如七宝美髯丹、首乌丸等[40]。

明《医宗必读》："白者入气，赤者入血，赤白合用气血交培。"[41]

明《本草品汇精要》："何首乌主瘰疬，消痈肿，疗头面风疮五痔，止心痛，益血气，黑髭发，悦颜色，久服长筋骨，益精髓，延年不老，亦治妇人产后及带下诸疾。……此有二种，赤者为雄，白者为雌。……（用）根雌雄相兼。"[42]

明《药镜》："［胡（何）首乌］生服润推燥粪，可代大黄。风疮疥癣作痒，茎叶煎汤洗效。"[43]

明《本草蒙筌》："何首乌，味甘、苦、涩……有雌雄二种，对长苗成藤。夜交合相连，昼分开各植。凡资入药，秋后采根。大类山甜瓜，外有五棱瓣。

雌者淡白，雄者浅红。雌雄相兼，功验方获。”[44]

清《本草从新》：“何首乌苦坚肾，温补肝，甘益阴，涩收敛精气。强筋益髓，养血祛风，乌须发，强阳事，令人有子，为滋补良药……有赤白二种，夜则藤交。”[45]

清《本草求真》：“何首乌诸书皆言滋水补肾。黑发轻身。备极赞赏。与地黄功力相似。独冯兆张辩论甚晰。其言首乌苦涩微温，阴不甚滞，阳不甚燥，得天地中和之气。熟地首乌虽俱补阴，然……首乌享春气以生，而为风木之化，入通于肝，为阴中之阳药。故专入肝经以为益血祛风之用。其兼补肾者亦因补肝而兼及也。……以大如拳五瓣者良。有赤雄白雌二种。凡使赤白各半。”[46]

清《本经逢源》：“何首乌苦涩微温无毒。其形圆大者佳。须赤白并用。……白者属气分，赤者属血分。”[47]

清《得配本草》：“何首乌苦涩微温。入足厥阴少阴经血分。养血补肝，固精益肾，健筋骨，乌须发，除腹冷，祛肠风，疗久疟，止久痢，泻肝风，消瘰疬痈肿，治皮肤风痛。”[48]

清《本草备要》：“首乌苦坚肾，温补肝，甘益血，涩收敛精气，添精益髓，养血祛风，强筋骨，乌髭发，令人有子，为滋补良药。”[49]

清《神农本草经读》：“若谓首乌滋阴补肾，能乌须发，益气血，悦颜色，长筋骨，益精髓，延年，皆耳食之误也。”[50]

清《本草新编》：“近人尊此物为延生之宝，余薄而不用。惟生首乌用之治疟，实有速效，治痞亦有神功，世人不尽知也。”[51]

清《本草述钩元》：“何首乌，春生苗，其蔓名交藤。雌雄共生。雄者茎色黄白，雌者黄赤。……根有五棱。色分赤白，白雄赤雌也。味苦涩而甘。气微温。入足厥阴，兼入足少阴。白者入气分，赤者入血分。……春末夏中秋初。侯晴明日兼雌雄采之。”[52]

此外，首乌的干燥藤茎也可入药，据《本草再新》《饮片新参》《四川中药志》中记载，有养心、安神、通络、祛风之功效，主治失眠症、劳伤、多汗、血虚身痛、痈疽、瘰疬、风疮疥癣。外用可医治皮肤风疮痒疹，可收祛风止痒之功效。

滨海白首乌味苦甘涩，性微温，无毒，入肝、肾二经，为滋补、强健、补益药。因其滋补肝肾、强筋壮骨、养血补血、乌须黑发、收敛精气、生肌敛疮之效，一直被历代医家奉为延年防老的珍品。古方记载首乌对骨软风疾（腰膝疼痛，遍身瘙痒，行步困难）、皮里作痛（不知痛在何处）、自汗不止、肠风下血、破伤血出、瘰疬结核（或破或不破，下至胸前者皆可治）、痈疽毒疮、大风疠疾、疥癣等疾病具有疗效[53]。

1.3.2 滨海白首乌的药理学作用——现代研究

1.3.2.1 概述

滨海白首乌含有多种化学成分，其中最主要的有 C_{21} 甾苷类、多糖类、苯酮类等活性成分，这些成分与白首乌的多种药理活性密切相关。白首乌具有抗氧化、抗肿瘤的作用，调节免疫功能，影响心脏功能，降血脂；具有改善溶血性贫血及促进毛发生长等作用。此外，白首乌还含有钙、磷、铜等多种人体所必需的微量元素以及粗蛋白、粗脂肪、游离的糖和淀粉等营养成分。滨海白首乌滋补功效显著，同时还在 2014 年就被国家卫计委批准作为有传统食用习惯的普通食品管理。

（1）保肝作用

吕伟红等[54]研究表明，白首乌甾苷化合物能显著改善 CCl_4 所致肝纤维化的大鼠肝脾指数，可以改善肝脾充血、肿大，减轻肝脾损伤。实验数据显示，白首乌甾苷化合物可以显著降低血清中的透明质酸（HA）、羟脯胺酸（HyP）、谷丙转氨酶（GPT）、肝组织中丙二醛（MDA）以及Ⅲ型前胶原（PCⅢ）水平或含量，并同时可以提高肝组织中的超氧化物歧化酶（SOD）活性。经白首乌甾苷化合物处理后的大鼠模型的肝细胞坏死较少，且位于汇管区的结缔组织无明显增生。通过实验证实，16 mg/kg 的白首乌总苷就可以达到上述效果，可能是因为白首乌总苷可以通过增强大鼠体内清除活性氧的能力以及抗脂质过氧化的能力进而保护肝细胞，使肝细胞免受损伤而防治其纤维化。但是白首乌总苷抗肝纤维化的具体机制还没有完全阐述清楚，是否仅与抗脂质过氧化有关，还需要进一步分析和探讨。

Wu[34]等研究表明，白首乌中 C_{21} 甾苷可以通过上调血红素加氧酶-1（HO-1）以及核因子 E2 相关因子（Nrf2）的表达来保护人体正常的肝细胞（L02），并同时减轻由 H_2O_2 诱导的氧化损伤以及炎症反应，具体的保护机制如图 1-7 所示。

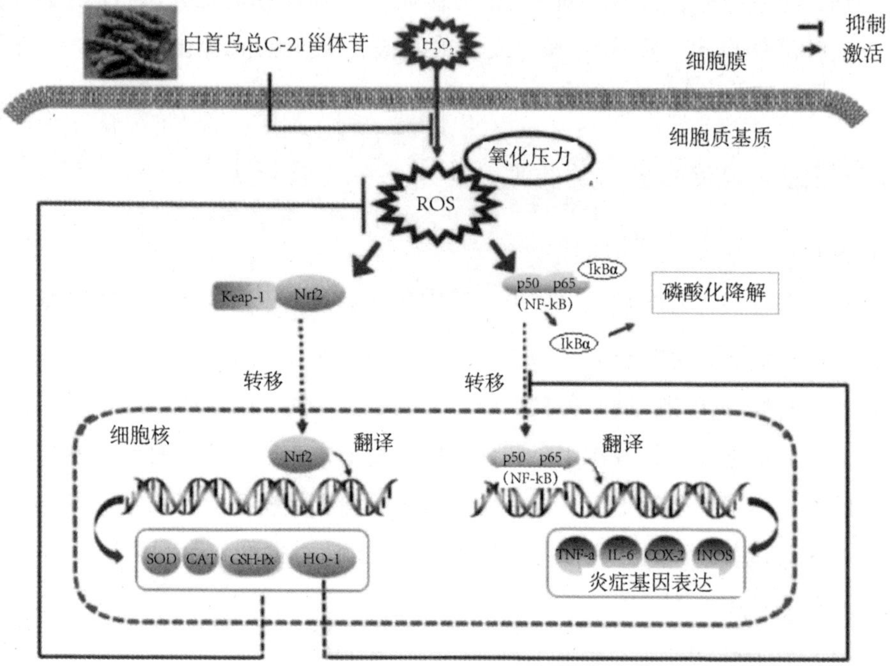

图 1-7 白首乌 C_{21} 甾苷化合物保护肝细胞（L02）的分子机制[55]

此外，王冬艳等[56]以高脂血症的大鼠作为研究对象，利用白首乌 C_{21} 甾体苷对成模的高脂血症大鼠进行血脂调节和肝脏保护作用研究。结果发现，与对照组相比，各高脂组大鼠血清中 TC、TG 和 LDL-C 含量显著提高，HDL-C 显著性降低。使用的阳性对照药阿托伐他汀钙是临床常用调节血脂药物，属于羟甲戊二酰辅酶 A（HMG-CoA）还原酶抑制剂，能有效地减少或阻断体内胆固醇的合成。与模型组比较，阳性对照组和白首乌 C_{21} 甾体苷两个剂量组均可降低 TC；三个用药组均可降低 TG 含量；对 LDL-C 含量的降低作用中，阳性对照组强于白首乌 C_{21} 甾体苷两个剂量组，但对 HDL-C 含量的调节上，白首乌 C_{21} 甾体苷高剂量组比阳性对照组明显。因此，白首乌 C_{21} 甾体苷具有调节高脂血症大鼠的血脂作用，虽然白首乌 C_{21} 甾体苷在血脂的调节上降低低密度脂蛋白的作用不及阿托伐他汀钙，但血脂的调节作用中升高有益的高密度脂蛋白作用更明显，具体机制有待进一步研究。进一步实验表明，白首乌 C_{21} 甾苷能显著降低患症大鼠的肝脏指数和血清中天冬氨酸转氨酶（AST）以及丙氨酸转氨酶（ALT）的水平，并显著降低其肝脏中 MDA 的含量，从而证明白首乌 C_{21} 甾苷类化合物可以通过抑制脂质过氧化的反应，起到保肝护肝的作用。

张为[57] 等人研究了耳叶牛皮消（滨海白首乌）多糖对四氯化碳诱导的小鼠急性肝损伤的保护效果。将 80 只雄性昆明小鼠随机分为正常对照组、模型对照组、阳性对照组，大、中、小剂量给药组。大、中、小剂量给药组分别按 500、250、100 mg/kg 灌胃耳叶牛皮消多糖，阳性对照组 80 mg/kg 灌胃护肝片溶液，正常对照组和模型对照组以等体积生理盐水灌胃，共 7 天。第 7 天，模型对照组、阳性对照组和给药组按 10 mL/kg 腹腔注射 1% CCl_4 豆油溶液，正常对照组腹腔注射等体积生理盐水。24 h 后比较各组丙氨酸氨基转移酶（ALT）和天冬氨酸氨基转移酶（AST）的含量。结果发现，耳叶牛皮消多糖能显著降低各组 ALT 和 AST 含量的升高（$P<0.05$），从而证明耳叶牛皮消多糖对四氯化碳所致小鼠急性肝损伤具有一定的保护作用。

（2）抗肿瘤作用

借助二乙基亚硝胺诱发的大鼠肝癌模型，贾翎[58] 等研究了白首乌 C_{21} 甾苷类化合物对肝癌大鼠体内细胞因子的作用。实验结果表明，与正常组相比，模型组大鼠腹腔巨噬细胞产生 IL-1 的能力显著降低（$P<0.05$）；与模型组相比，白首乌苷小剂量治疗组大鼠腹腔巨噬细胞产生 IL-1 的能力在第 16、21 周均显著升高（$P<0.05$）。同时，与正常组相比，模型组大鼠脾细胞产生 IL-2 的能力显著下降（$P<0.01$，$P<0.05$）；与模型组相比，白首乌苷各剂量治疗组大鼠脾细胞产生 IL-2 的能力在第 16 周显著升高（$P<0.05$，$P<0.01$），白首乌苷中剂量治疗组大鼠脾细胞产生 IL-2 的能力在第 21 周也显著升高（$P<0.05$）。此外，与模型组相比，白首乌苷中剂量治疗组大鼠脾细胞产生 IFN-γ 的能力在第 21 周显著升高（$P<0.01$）。该实验提示，白首乌苷可通过促进有抗肿瘤功效的细胞因子的释放，提高肝癌模型大鼠的免疫功能，从而发挥抗肿瘤的作用。

Dong[59] 等从白首乌的根中分离出八种新的 C_{21} 甾体糖苷，即 cynanotins A-H，以及十五种已知的类似物。他们测试了所有分离物对五种人类肿瘤细胞系（HL-60、SMMC-7721、A-549、MCF-7 和 SW480）的体外抑制活性。研究发现 13 种化合物对 HL-60 细胞系显示出中等的细胞毒活性，IC50 值范围为 11.4~37.9 μM；3 种化合物对五种人类肿瘤细胞系显示出显著或中等的细胞毒活性，

IC50 值范围为 11.4~36.7 μM；另有化合物对 HL-60、SMMC-7721、MCF-7 和 SW480 细胞系表现出中等的细胞毒活性，IC50 值为 12.2~30.8 μM。与阳性对照（IC50：35.0 μM）相比，一些化合物对 MCF-7 细胞表现出更强的潜在抑制活性（IC50：16.1~25.6 μM）。

陈蒋丽[60] 等在进一步抗肿瘤的研究机制中发现，白首乌 C_{21} 甾苷体外对四种结肠癌细胞（CT-26、HT-29、SW-620 和 HCT-116）有明显的增殖抑制作用，并呈剂量和时间依赖性；白首乌 C_{21} 甾苷能增加结肠癌细胞 G0/G1 期的比例，同时降低 S 期和 G2/M 期的比例，使细胞阻滞于 G1 期而无法进入 S 期；白首乌 C_{21} 甾苷能增加晚期凋亡细胞的比例，但对早期凋亡和坏死细胞无明显影响；白首乌 C_{21} 甾苷能下调结肠癌细胞中周期蛋白 CDK6、cyclinD1 和 CDK4 的表达，且具有明显的量—效关系；白首乌 C_{21} 甾苷对移植性 CT-26 和 HT-29 肿瘤的生长具有明显的抑制作用。因此，白首乌 C_{21} 甾苷抗肿瘤作用的机制与诱导细胞凋亡、下调周期蛋白的表达、阻滞细胞周期、促使肿瘤组织坏死有关。

Peng[61] 等对白首乌 C_{21} 甾苷成分告达庭 3-O-β-D-磁麻糖苷的抗肿瘤活性进行了研究，结果表明，白首乌 C_{21} 甾苷以时间和剂量依赖性方式抑制 SMMC7721 细胞的生长，导致细胞周期停滞在 G0/G1 期。此外，该化合物通过激活 caspase 3 诱导 SMMC7721 细胞凋亡而不是坏死，而 caspase 3 抑制剂 Ac-DEVD-CHO 可以减弱白首乌 C_{21} 化合物诱导的细胞凋亡。因此，白首乌 C_{21} 甾苷的抗癌活性可部分归因于其抑制细胞增殖和诱导与 caspase 3 激活相关的细胞凋亡。

（3）保护心肌

Qian[62] 等人从白首乌中分离得到 29 种 C_{21} 甾苷类化合物，并测试了它们对由 H_2O_2 损伤的大鼠肾上腺髓质嗜铬细胞（PC12）的神经保护作用。研究表明，除 1、2、3、7、22、26 株外，其他分离株对 H_2O_2 诱导的 PC12 细胞损伤具有显著的保护作用。与维生素 E 相比，在这些活性化合物中，5、9、10、19~21 和 24 在 1μM 的浓度下表现出更好的效率（$P<0.001$）。此外，通过 Annexin V-FITC/碘化丙啶（PI）双染色流式细胞仪检测，化合物 9、14、15 和 19 在 1μM 剂量下可明显抑制 H_2O_2 损伤的 PC12 细胞凋亡，表明这些化合物可能产生与抑制受损细胞凋亡相关的神经保护作用。另外，在这些活性甾体糖

苷中，它们中的大多数具有糖基短的糖苷配基 C 和 D，这意味着 C-12 上的肉桂酰基和不超过四个糖单元可能对其作用至关重要。

而在体内实验中，惠勇[63,64] 等对心肌缺血—再灌注大鼠 ig 白首乌的 C_{21} 甾苷类化合物，发现该化合物组合能显著降低血浆肌钙蛋白（cTnT）、IL-6 以及肿瘤坏死因子-α（TNF-α）的含量，并可以减轻心肌组织的形态损伤，缩小其梗死面积。进一步的研究证实，白首乌 C_{21} 甾苷化合物的使用，可以显著提高充血性心力衰竭（CHF）大鼠微血管密度（MVD）的含量；同时，SDF-1 mRNA 以及基质细胞衍生因子-1（SDF-1）蛋白的表达也显著提高，表明白首乌 C_{21} 甾苷化合物对心肌的保护机制可能是由于其可以促进心脑血管的形成以及促进 SDF-1 表达相关。

（4）免疫调节

在白首乌的免疫调节功能的研究方面，Qin[65] 等在初步生物活性测定中，评估了 9 种从白首乌中分离的 C_{21} 甾苷类化合物对体外 LPS 诱导的 B 淋巴细胞和 Con A 诱导的 T 淋巴细胞增殖的抑制作用。结果显示，部分化合物显示出显著抑制 B 淋巴细胞增殖的活性，以环孢菌素 A（CsA）作为阳性对照（IC50＝1.15 μM），IC50 值的范围为 0.64～38.80 μM，9 种化合物对 T 淋巴细胞增殖有活性，IC50 值为 1.63～40.93 μM（CsA：IC50＝0.26 μM）。本实验说明，白首乌 C_{21} 甾苷化合物对于调节机体免疫力具有重要作用，也是对其抗肿瘤作用机制的很好补充。

（5）抗氧化、抗衰老

陈炳阳[66] 等从耳叶牛皮消中分离得到了 5 个苯乙酮类化合物，分别鉴定为 cynandione A（Ⅰ）、cynandione B（Ⅱ）、cynandione C（Ⅲ）、cynanchone A（Ⅳ）、cynantetrone（Ⅴ），进一步研究发现，这些苯乙酮类化合物能够增强 H_2O_2 损伤诱导的 PC12 细胞中超氧化物歧化酶 SOD、过氧化氢酶（CAT）和谷胱甘肽过氧化物酶（GSH-PX）的活性，从而抑制 H_2O_2 引起的氧化损伤。因此推测，耳叶牛皮消中分离得到的苯乙酮类化合物对 H_2O_2 诱导的 PC12 细胞的保护作用部分是通过提高细胞内的抗氧化酶活性来实现的，从而对文献报道苯乙酮类化合物的抗氧化机制进行了补充。

宋祥云[46] 等通过对老龄小鼠 ig 给予泰山白首乌中的苯乙酮化合物，6 周后发现，衰老小鼠血清端粒酶（TEL）、超氧化物歧化酶（SOD）、谷胱甘肽过氧化物酶（GSH-PX）活力下降，血清丙二醛（MDA）含量增高，表明衰老小鼠体内产生氧化损伤，脂质过氧化物的体内蓄积量增大。而给药组小鼠血清TEL、SOD、GSH-PX 活力明显升高，MDA 含量显著降低，表明白首乌提取物对衰老小鼠 TEL 的活性、SOD、GSH-PX 的活性有明显提高，并能抑制 MDA 含量的增加，增强机体清除体内过多氧化自由基的能力，对机体的抗氧化及抗衰老起一定的调节作用。说明白首乌提取物中的苯乙酮化合物可以通过提高抗氧化酶的活性减轻过多氧化自由基对机体的损害。

谢凯强[67] 通过 DPPH 测试方法发现，白首乌提取物中的白首乌二苯酮和 2，5-二羟基苯乙酮的抗氧化活性最强。此外，李青[68] 等人目的探讨白首乌粗多糖对小白鼠的抗疲劳及耐缺氧、耐高温能力的影响。他们从白首乌（耳叶牛皮消）中提取粗多糖，将动物随机分为 4 组，每组 10 只，分别为对照组，高、中、低剂量组，连续给小鼠灌胃 8 天后，观察不同剂量对小鼠负荷游泳时间、耐缺氧时间、耐高温时间的影响。实验结果，白首乌粗多糖能显著延长小鼠负荷游泳时间、耐缺氧时间及耐高温时间，从而证实了白首乌粗多糖对小白鼠抗疲劳及耐缺氧、耐高温能力起着明显的作用。此外，赵雪[69] 采用 PMP 柱前衍生化法分析白首乌多糖的单糖组成，结果表明，白首乌多糖主要是由半乳糖醛酸、半乳糖、阿拉伯糖、鼠李糖、葡萄糖醛酸和甘露糖组成，其摩尔比为甘露糖：鼠李糖：葡萄糖醛酸：半乳糖醛酸：半乳糖：阿拉伯糖 = 0.058：0.280：0.071：1.455：0.918：0.469。采用 4 种抗氧化活性测定的方法，对滨海白首乌抗氧化清除自由基能力进行分析和研究，结果表明：白首乌多糖具有一定的清除 DPPH 自由基、超氧自由基、$ABTS^+$ · 自由基能力，并且随着多糖浓度的增加，清除率逐渐增高。清除 DPPH 自由基、超氧自由基、$ABTS^+$ · 自由基能力的 IC _（50）分别为 0.5543mg/mL、0.5881mg/mL 和 0.1232 mg/mL，其中清除 $ABTS^+$ · 自由基能力较强，与 VC 接近；白首乌多糖的 ORAC 值为 109.94 μmol Trolox/g，表明白首乌多糖具有较强的抗氧化能力。此外，通过建立 TNF-α 诱导人脐静脉血管内皮细胞产生氧化应激反应模型，来研究白首乌多糖的抗氧化性。结果发现，白首乌多糖可显著提高由 TNF-α 诱导的人脐静脉血管内皮细胞的活力和 SOD 酶活性，显著抑制细胞中的活性氧（ROS）

含量,这表明白首乌多糖能够减少血管内皮细胞的氧化损坏。

(6)神经保护

岳荣彩[70]发现白首乌二苯酮具有神经保护活性。白首乌二苯酮能下调脑特异性蛋白(DPYSL2)和高迁移率族蛋白(HMGB1)的表达,从而发挥抗脑缺血的作用,并且能通过抑制 RAF-MEK-ERK1/2 通路起到抗谷氨酸兴奋毒性的作用;在体内药效的研究中发现,白首乌二苯酮能够降低大脑缺血—再灌注损伤后的神经功能缺失的评分,延长大鼠的存活率。

具体机制方面[70]:DPYSL2 是一种脑特异性蛋白,对于轴突生长和轴突-树突发育起到了很重要的作用,DPYSL2 可通过与微管蛋白二聚体结合并促进微管的组装来调控轴突的生长和分支 021。在遭遇神经退行性疾病的成人脑组织,如海马区、嗅系统和小脑中广泛表达 221,并且可以在神经元损伤后促进轴突的生长。磷酸化的 DPYSL2 参与了阿尔茨海默病的神经纤维的缠结。在中风过程中,观察到钙蛋白酶导致的 DPYSL2 分叉的现象,但是起因不明。比较蛋白质组学的分析结果表明,cynandione A 下调 PC12 细胞中 DPYSL2 的表达,并且在 MCAO 大鼠脑组织中也发现 cvnandione A 剂量依赖的抑制 DPYSL2 的截留($P<0.05$ vs. control)。DPYSL2 的 C 末端区域是结合驱动蛋白 1(kinesin-1)非常重要的一环,是轴突再生的必要条件。因此,实验研究结果证明 cynandioneA 抑制 DPYSL2 的分叉,从而防止脑缺血损伤后 DPYSL2 功能的丧失,起到促进脑组织功能恢复的作用。此外,研究人员推测 cynandione A 可以通过阻碍 HMGB1(high mobility group box1,近年来发现的一种炎症介质)水平的升高来减少脑缺血引起的脑梗死体积。

(7)降低血脂

杨小红等[71]采用高脂饮食喂养小鼠造模,研究结果发现,采用高脂饲料喂养的实验组大鼠的血清三酰甘油(TG)、总胆固醇(TC)以及低密度脂蛋白胆固醇水平(LDL-C)显著升高;而给予低剂量白首乌多糖对高脂症大鼠的 TG、LDL-C 和高密度脂蛋白胆固醇水平(HDL-C)无显著影响,但可以使 TC 极显著地降低。

采用高脂饲料配方喂食大鼠来诱导其高脂血症,实验结果表明,白首乌多糖能显著降低高脂血症大鼠的 TC、TG 和 LDL-C,升高 HDL-C,且高剂量组各项指标之间均无明显差异,说明高剂量的白首乌多糖具有降血脂功能,对高脂血症的发生有一定的预防作用。白首乌多糖能够显著提高高脂血症大鼠的 HDL-C/TC 水平,说明其对冠心病和动脉粥样硬化有一定的预防作用。

(8)其他作用

除上述药理功能以外,白首乌提取物还可以对酪氨酸酶的活性产生作用。王晓岚[72]等人为了探讨白首乌对黑素合成的影响,从白首乌中提取分离了多糖、C_{21} 甾苷及磷脂,用蘑菇酪氨酸酶多巴速率氧化法测定了白首乌含有的多糖、C_{21} 甾苷及磷脂对蘑菇酪氨酸酶活力的影响。结果表明,白首乌含有的多糖对酪氨酸酶二酚酶活力有显著的抑制作用,IC50 为 31.8 μg/mL,多糖是酪氨酸酶的可逆性抑制剂,抑制类型为竞争性抑制,磷脂对酪氨酸酶的抑制作用较弱,而 C_{21} 甾苷对酪氨酸酶起激活作用,提示白首乌含有的多糖有可能被用作皮肤增白剂或作为色素沉着抑制剂,也有可能成为安全有效的食品褐变抑制剂。

此外,卢连华等[73]按照最大耐受量(MTD)法进行实验,对大鼠每天 2 次 ig 给予 0.08 g/kg 白首乌粉末的水溶液,连续 14 天观察动物状态及死亡状态发现,大鼠体质量正常增加,处死后解剖肝、肾、肺等脏器未发现异常改变;又通过 Ames 实验发现,白首乌对鼠伤寒沙门氏菌 TA97、TA98、TA100、TA1024 种菌株无诱变作用;在小鼠微核实验中发现,白首乌无致小鼠骨髓嗜多染红细胞微核作用;在小鼠精子畸形实验中得出,白首乌无致小鼠精子畸形的作用。赵鑫等[74]给予小鼠 ip 白首乌 C_{21} 甾体总苷,发现白首乌 C_{21} 甾体总苷的 LD50 值为 721.2675 mg/kg。

1.3.2.2 滨海白首乌的抗肥胖作用研究

(1)实验材料与仪器

滨海白首乌精粉(含量 100%);4% 多聚甲醛、20% 的戊二醛、葡萄糖、戊巴比妥钠和肝素钠;C57BL/6J 小鼠(雄性,4 周龄,SPF 级,体重 10~12 g);全自动生化分析仪(Hitachi 7020)、离心机、水浴锅、PCR 仪。

(2)实验方法

实验动物分组与饲养:将 30 只 C57BL/6J 小鼠饲养于江苏省医药职业学院实验动物中心,适应性培养一周后,随机分为 3 组,对照组小鼠(Con,$n=10$)饲喂正常脂肪含量的饲料(脂肪供能 10%),高脂组小鼠(High-fat diet,HF,

$n=20$)饲喂高脂饲料(脂肪供能45%)诱导肥胖,12h光照,12h黑暗,恒温恒湿,自由采食和饮水,记录每周体重增长情况。在小鼠连续饲养9周肥胖模型建模成功后。将肥胖组小鼠(HF)随机均分为两组,其中处理组(High-fat diet with Bai Shouwu,HBS,$n=10$)换成含有10%白首乌精粉的高脂饲料,高脂对照组(HF)和空白对照组(Con)所喂的饲料不变。继续饲喂10天后,进行葡萄糖耐量试验:小鼠在禁食10h后(早晨8:30~下午18:30),给予2.5 g/kg葡萄糖腹腔注射,分别检测注射葡萄糖前(0 min)及注射后15、30、60、90、120 min各时间点血糖含量。

试验样品采集:灌胃结束后的小鼠空腹24小时,然后通过下腔静脉注射戊巴比妥钠麻醉,腹腔采血,分别采集腓肠肌、附睾脂肪和肝脏组织,液氮速冻,之后转入-70 ℃冰箱储存。采集的血液3000 r/min离心5 min分离血清,血清置于-70 ℃冰箱中冻存备用,全部采样在45 min内完成。称量小鼠体重,肝脏重、腓肠肌重和附睾脂重,并计算各个器官重与体重的比值。用全自动生化分析仪测定血清中葡萄糖、甘油三酯、胆固醇含量。

形态学指标检测:小鼠的肝脏、骨骼肌以及脂肪切片,4%多聚甲醛溶液固定,用油红O脂类染色法染色肝脏细胞,HE染色法染色骨骼肌以及脂肪细胞,检测小鼠的形态学指标。

统计与分析:所有数据都用Means±SEM.表示,统计分析采用SPSS 17.0 for Windows统计软件,通过单因素方差分析比较小鼠各组数据,$P<0.05$为差异显著,$P<0.01$为差异极显著。

(3)结果与分析

① 高脂饲喂九周造肥胖模型

如图1-8(A)所示,与对照组(Con)相比,高脂组(HF)小鼠从第2周到第9周体重显著升高($P<0.05$),并且高脂组相比对照组增加的体重达到20%以上,符合肥胖小鼠模型建立的基本要求。

如图1-8(B)所示,与对照组相比,高脂组小鼠无论是空腹血糖(0 min)还是在腹腔注射葡萄糖2.5 mg/kg体重后15 min、30 min、60 min、90 min和120 min血糖含量均显著升高($P<0.05$),说明高脂日粮饲喂9周后小鼠发生了葡萄糖不耐受。

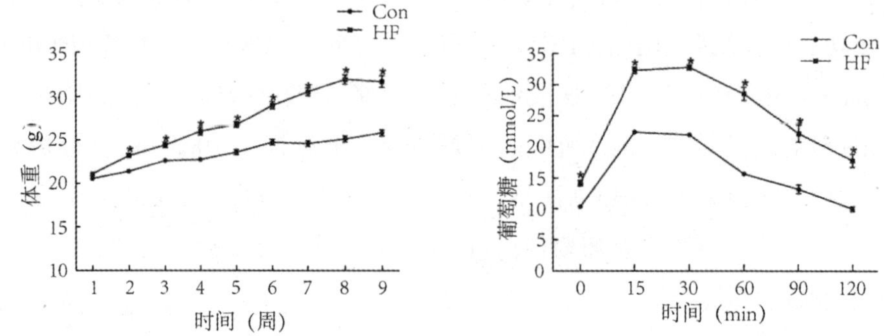

（A）小鼠生长曲线　　　　（B）葡萄糖耐受性检测

图 1-8　C57BL/6J 小鼠高脂日粮饲喂 9 周后体重变化及 GTT 检测结果

数据表示的是平均值±标准误；＊代表 Con 组与 HF 组差异显著，$P<0.05$

② 肥胖小鼠用含白首乌的高脂饲料喂养 10 天后 GTT 检测结果

如图 1-9A 所示，与 HF 组小鼠相比，HBS 组无论是空腹血糖（0 min）（$P=0.542$），还是在腹腔注射葡萄糖 15 min（$P=0.065$）、30 min（$P=0.000$）、60 min（$P=0.000$）、90 min（$P=0.000$）和 120 min（$P=0.003$）后血糖含量均有一定程度的降低，表明丁酸钠灌胃后能够在一定程度上缓解高脂日粮造成的小鼠葡萄糖不耐受。

如图 1-9B 所示，从表型上可以看出，HF 组小鼠要明显比 Con 组的小鼠肥胖，但当 HF 组的小鼠改用含白首乌的饲料饲喂后其体型明显减小，体重明显减轻。

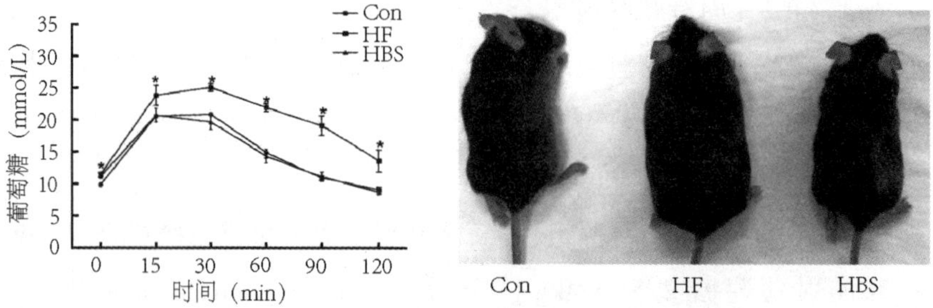

（A）　　　　（B）

图 1-9　喂养十天后对照组、高脂组和处理组的葡萄糖耐受情况

③ 肝脏、骨骼肌与脂肪组织的形态学变化

如图1-10所示，形态学检测结果表明：与HF组相比，HBS组的肝脏细胞中脂质含量明显减少，HBS组脂肪细胞的大小明显减小；但骨骼肌的HE染色结果显示，三组之间小鼠骨骼肌细胞大小无明显变化。

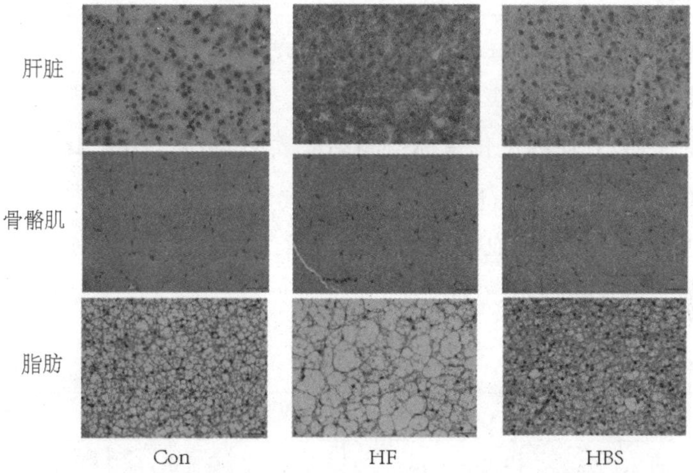

图1-10 白首乌对肥胖小鼠肝脏、骨骼肌和脂肪组织表型的影响

④ 生长指标的变化

如表1-6所示，生长指标结果表明：处理组（HBS）小鼠与高脂组（HF）相比，体重、棕色脂肪重、附睾脂肪重、附睾脂肪指数、棕色脂肪指数显著降低（$P<0.05$），肝重、肝指数、腓肠肌指数显著升高（$P<0.05$），腓肠肌重在两组之间无显著变化，表明白首乌缓解高脂诱导的小鼠肥胖。

表1-6 体重、肝脏、腓肠肌和附睾脂肪重量

因素	Control	HF	HBS
体重	25. 58±0. 38a	32. 15±0. 84b	26. 78±0. 58a
棕色脂肪重(g)	0. 08±0. 00a	0. 12±0. 01b	0. 08±0. 01a
肝脏重(g)	1. 04±0. 02a	1. 04±0. 03a	1. 19±0. 04b
腓肠肌重(g)	0. 28±0. 00	0. 29±0. 01	0. 28±0. 00
附睾脂肪重(g)	0. 42±0. 02a	1. 68±0. 17b	0. 60±0. 05a
肝脏指数	4. 08±0. 05a	3. 25±0. 06b	4. 43±0. 10c

续表

因素	Control	HF	HBS
腓肠肌指数	1. 08±0. 01a	0. 89±0. 02b	1. 04±0. 01a
附睾脂肪指数	1. 64±0. 08a	5. 15±0. 43b	2. 23±0. 16a
棕色脂肪指数	0. 31±0. 01a	0. 38±0. 02b	0. 30±0. 03a

注：数据表示的是平均值±标准误；无相同字母的两组之间代表差异显著，P<0. 05。

⑤ 血液中生化指标的变化

如表 1-7 所示，血液生化指标检测结果表明，与高脂组（HF）相比，处理组（HBS）小鼠的血糖含量、甘油三酯含量显著降低（P<0. 05），表明白首乌能显著降低高脂诱导的肥胖小鼠血液中的甘油三酯及血糖含量。但血清中的胆固醇（TCH）含量显著升高（P<0. 05）。

表 1-7　血清中的生化指标

因素	Control	HF	HBS
葡萄糖（mmol/L）	19. 22±0. 18a	22. 42±0. 88b	16. 93±0. 75c
甘油三酯（mmol/L）	0. 27±0. 03a	0. 24±0. 06a	0. 13±0. 01b
胆固醇（mmol/L）	2. 63±0. 06a	4. 76±0. 22b	5. 41±0. 08c

注：数据表示的是平均值±标准误；无相同字母的两组之间代表差异显著，P<0. 05。

（4）讨论

目前，肥胖的发病率越来越高，并且呈低龄化的趋势，已严重危胁人类的健康[75]。本试验采用 3 周龄雄性小鼠，高脂日粮饲喂 9 周后，通过检测小鼠体重以及葡萄糖耐受情况确定小鼠是否出现肥胖症状。结果表明，高脂饲喂的小鼠与正常日粮饲喂的小鼠相比体重明显升高，而且增加的体重达到 20% 以上，符合肥胖的基本指标[76]。此外，高脂日粮诱导的肥胖小鼠出现了明显的葡萄糖不耐受，以上结果表明，高脂日粮诱导 9 周后成功建立了小鼠肥胖模型。

高脂饲料造模成功后，改用含 10% 白首乌的高脂饲料饲喂肥胖小鼠，连续饲养 10 天后进行葡萄糖耐受检测。结果显示，与高脂组相比，处理组在各个时间点的血糖浓度显著降低。形态学指标显示，与高脂组相比，处理组肝脏中的脂质含量明显减少，且脂肪细胞的大小明显变小，并且处理组的体重、棕色脂肪重量、附睾脂肪重量、棕色脂肪指数、附睾脂肪指数与高脂组相比都显著降低。血液生化指标显示,处理组小鼠血清中的血糖和甘油三酯含量都显著低于高脂组,表明白首乌有明显的缓解高脂诱导小鼠肥胖的功效。

本实验中白首乌饲喂的小鼠肝脏中的脂质含量明显减少,而且血液中的血糖浓度与甘油三酯含量明显降低,但其肝脏的重量和血液中的胆固醇含量明显升高。已有研究表明,白首乌具有降血脂的功效[56,72]。因此,我们推测本实验中白首乌可能是通过影响小鼠体内的脂质代谢以达到缓解小鼠肥胖的效果。本研究初步表明,白首乌有预防和治疗小鼠肥胖的作用,但其在体内发挥生物学功能的具体分子机制还不清楚,需要在细胞和分子水平做进一步的深入研究。

1.4 滨海白首乌的开发及利用价值

滨海白首乌作为国家批准的药食同源产品,化学物质丰富,功能成分多样,具有较高的食用价值、药用价值、生态学价值、分子利用价值、观赏价值等,其加工过程中产生的废弃物如秸秆等也具有资源化利用的价值。

1.4.1 食用价值

滨海白首乌味苦甘涩,性微温,无毒,入肝、肾二经,为滋补、强健、补益药。因其滋补肝肾、强筋壮骨、养血补血、乌须黑发、收敛精气、生肌敛疮之效,一直被历代医家奉为延年防老的珍品。古籍记载,白首乌用于晚唐,盛行于早明,一直沿用至今。目前,95%的耳叶牛皮消产于江苏省滨海县,滨海县是中国著名的首乌之乡。

白首乌含有多种化学成分,其中最重要的有 C_{21} 甾苷类、多糖类、苯酮类等活性成分,这些成分与白首乌的多种药理活性密切相关。目前对白首乌功效作用的研究主要集中在抗肿瘤、保肝护肝、抗氧化以及免疫调节等方面[77]。此外,白首乌还含有钙、磷、铜等多种人体所必需的微量元素以及粗蛋白,这些都体现了白首乌具有明显的食用价值。

白首乌有粉剂(或片剂)泡沸水喝、片剂熬汤喝、片剂熬粥喝、片剂泡药酒等多种方式食用,可以达到滋阴补肾、乌发生发的效果,同时可以缓解腰膝乏力、阳痿、频繁遗精等症状。

1.4.2 药用价值

目前,C_{21}甾苷类化合物是白首乌中提取出来的种类最多的化学成分,同时也是公认的主要活性成分。白首乌中 C_{21} 甾苷类成分的药用价值主要体现在保肝、抗肿瘤、保护心肌以及免疫调节等方面。除了 C_{21} 甾苷类化合物外,白首乌中还含有黄酮类化合物、多糖类化合物等,具有抗氧化、抗衰老、神经保护以及降血脂等作用。

1.4.3 生态价值

白首乌喜温、喜光、怕荫蔽,易发生虫害,耐盐性能较好,最大耐盐浓度为0.4%,但在轻盐土或脱盐土中生长更好。有实验表明[78],在不同盐土上出苗时间和产量都不同:轻 盐 土(含盐 0.064%~0.28%)中的白首乌会较脱盐土晚 4 天,而中盐土(含盐 0.3%~0.38%)则会较轻,盐土再推迟 7 天左右;而重盐土中(含盐>0.38%)则很难出苗,即使少量出苗,也会随着土壤的返盐很难成苗。此外,盐分对白首乌的产量也有较大影响:轻盐土中白首乌平均产量为每亩477.75 kg,较脱盐土低 4.1%,而中盐土每亩则只有 145.95 kg 的产量,较对照低21.8%。因此,从经济角度考虑,适宜在脱盐土或轻盐土上种植。因此,白首乌的种植对于丰富和研究盐碱地的生态环境起着重要作用。

1.4.4 分子利用价值

目前,关于白首乌的研究多以活性物质的提取和分类为主,但分子水平的研究较少。孙淼[79]团队借助 PacBio 三代测序平台,对"滨乌一号"白首乌的转录组进行测序。获得高质量 Unigenes 共 42710 条,总长度为 113782167 bp。将上述 Unigenes 与 Nr、KEGG、GO、COG、Swissprot、Pfam 等数据库比对,分别获得41642、19502、21997、31150、37710、37433 条注释,其中在"氨基酸代谢"(1967

条)、"脂质代谢"(1503 条)、"萜类化合物和聚酮化合物代谢"(350 条)等通路的注释有助于揭示滨海白首乌的药理物质代谢机制。进一步分析表明,类黄酮合成通路上可注释到 29 条 Unigenes,黄酮和黄酮醇合成通路上可注释到 2 条 Unigenes;类固醇合成通路上可注释到 68 条 Unigenes,油菜素类固醇合成通路上可注释到 12 条 Unigenes。通过这些潜力基因的鉴定,可以为滨海白首乌活性物质代谢的分子机制研究提供科学依据。此外,共检索到 2325 个 SSR 位点和 517 个 lncRNA,为滨海白首乌的种质鉴定、遗传图谱构建提供基础。同时,挖掘出 42 个转录因子,以 bHLH 家族、ERF 家族和 TCP 家族为主,它们可能参与了滨海白首乌的次级代谢产物调控网络。

白首乌分子水平的研究对于为滨海白首乌的重要活性物质代谢机制和功能基因研究奠定了理论基础,同时也为相关功能的进一步应用提供了基因来源。

1.4.5 观赏价值

白首乌属于萝藦科蔓性灌木,其藤蔓多分枝,有一定的攀缘性,一般长 100~150 cm,有的甚至可达 300 cm 以上[78]。白首乌的叶片呈心脏形,单叶对生,且全缘无缺刻,其主蔓一般有 12~15 对叶片,长的可达 30 对以上。白首乌的茎细长而中空,内有汁液,叶腋间有分枝,且分枝上可再分枝。白首乌的花序呈伞状,一般成簇开放;其单枝结果一般 1~3 个,多的可达 5~7 个;其荚果圆长,于尖端略弯,荚长一般 5~7 cm,长的可达 10 cm 以上;每个荚结上都会有淡黄色且扁平的小粒种子,数量一般为 40~50 粒,种子上一般带有白色绒毛,成熟后的荚果自行开裂,释放种子。

作为一种绿色植物,白首乌具有较高的观赏价值。除了大面积土地种植以外,也可以在家庭进行盆栽种植,美化环境。生长起来的白首乌,给人一种大自然的清新感觉,尤其是其藤蔓爬满篱笆或围栏的时候,放眼望去,满眼绿色,使人身心愉悦。

1.4.6 废弃物资源化利用价值

在白首乌的种植、加工过程中,会产生一些废渣废水、秸秆等废弃物,而这些废弃物中营养含量丰富,完全可以进行资源化利用。

宋萍萍[80]等对综合利用制作白首乌淀粉后的废渣废水中活性物质的加工工艺进行了研究，具体工艺如图 1-11 所示。利用本工艺可以生产出具有乌须发等保健作用的磷脂类产品及增强免疫力的多糖类产品，还可以提取具有医疗保健作用的白首乌总苷类成分，为资源的再利用提供了理论依据。

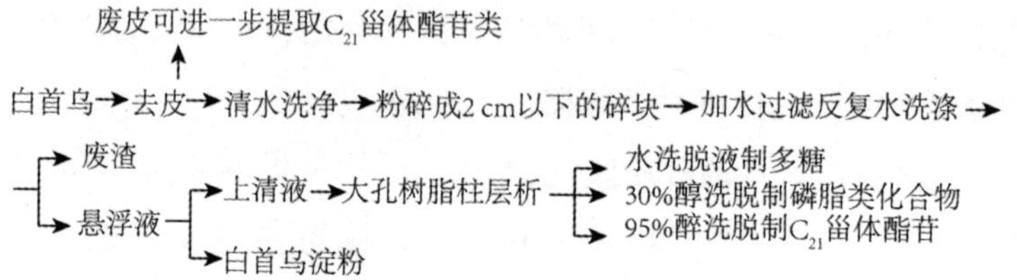

图 1-11 白首乌加工废渣、废水的资源化利用工艺[57]

该研究开发了一种无废渣、废水排放的环境友好的工艺对白首乌进行资源化利用，利用本工艺可以富集出调节免疫功能的磷脂类和多糖类成分及具有抗肿瘤的 C_{21} 甾体酯苷类成分。废皮中 C_{21} 甾体酯苷含量较高(9.410 g/kg)，可单纯利用溶剂提取纯化法对其进行综合利用；废液中的活性成分可利用大孔树脂柱层析进行富集，洗脱条件为水液、30%乙醇、95%乙醇。随着自首乌磷脂类洗护产品、多糖类保健产品及抗肿瘤药品开发的产业化发展，白首乌综合利用价值将真正得到体现。

朱德伟[81]等以白首乌茎叶(秸秆)为原料，配合苹果渣等辅料，利用乳酸菌和酵母菌对其进行发酵处理，制得了生物秸秆饲料。此方法不仅可以提高滨海白首乌秸秆的适口性，而且可以积累乳酸、益生菌等有益活性成分，极大地提高其营养价值。利用猪的饲喂实验表明，该生物发酵饲料不仅可以促进猪的采食量及其生长发育状态，而且可以提高其肉质的蛋白质含量、降低其脂肪含量，进而提高猪肉的品质。与已有的技术相比，该技术优势如下。

第一，该技术提供的含白首乌茎叶的猪饲料，将白首乌茎叶与米水、沙葱、少量葡萄酒混合接入罗伊氏乳杆菌发酵，沙葱中的硫化物能够在发酵过程中逐渐挥发而减少，从而降低沙葱的辛辣刺激味，避免单一饲用沙葱或将沙葱直接与常规饲料辅料配合使用由于其刺激性而不能长期食用的问题。

第二，发酵后的白首乌茎叶消除了苦涩味，沙葱中的硫化物能够与葡萄酒及苹果发酵物中的有机酸相互作用，产生较为鲜香的特殊味道，使制备得到的猪饲料具有较佳的适口性，能够提高猪的食欲；同时，苹果发酵物中还含有大量膳食纤维,能够促进猪肠胃消化,提高采食量,促进猪生长。

第三,在发酵过程中,能够将不易吸收的大分子物质转化成小分子物质,促进猪对营养物质的吸收,提高猪肉中营养成分的含量。另外,在发酵过程中能够产生有益微生物,有益于猪肠道健康。

第四,沙葱中含有黄酮类物质及多糖,白首乌茎叶中含有多糖,黄酮类物质具有杀菌抗菌的作用,能够杀灭猪肠道内的有害微生物;多糖具有增强机体免疫力的作用,能够帮助猪抵御外界病菌的侵入,有利于猪的健康生长。

第五,该工艺提供的含白首乌茎叶的猪饲料,喂食后能明显增加猪的体重,有促进猪生长的作用,同时还能提高猪肉中的营养成分,降低脂肪含量,食用更加营养健康。

第 2 章

滨海白首乌内生菌资源挖掘与应用技术

2.1 引言

2.1.1 白首乌中药用成分 C_{21} 甾体苷

2.1.1.1 白首乌的药理作用

白首乌具有抗肿瘤、调节免疫力、抗氧化、抗衰老、调血脂、促进毛发生长、保护脏器等多种药理活性[1,2]，其内含的 C_{21} 甾体皂苷被公认为白首乌的特征性抗肿瘤活性成分[3]。从原植物中寻找具有高效低毒的 C_{21} 甾类衍生物，直接应用于临床或作为新药合成的半成品治疗恶性肿瘤的研究具有积极意义。

2.1.1.2 白首乌活性成分 C_{21} 甾体苷

白首乌中的特征性抗肿瘤活性成分 C_{21} 甾体苷[4,5] 是一类含有 21 个碳原子的甾体衍生物，是由甲戊二羟酸的生物合成途径转化衍生而来，由植物中分离出的甾类都是以孕甾烷（pregnane）或其异构体为基本骨架，如图 2-1 所示。糖基通常由脱氧糖组成，有的也为葡萄糖。又由于分子中酯键的存在，因此一般亲脂性也比较低。按照甾体酯基苷元的不同可以分为 4 类：告达庭苷元类（Caudatin）、开德苷元类（Glucoside）、萝藦苷元类（Kidjoranin）、加加明苷元类（Gagamin）。

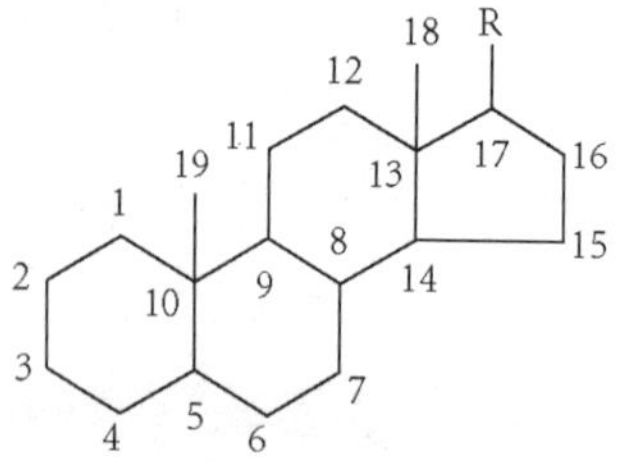

图 2-1 C_{21} 甾体苷母核结构图

C_{21} 甾体苷大都是结晶形化合物或者无定型的粉末状中性物质，具有旋光性；水中溶解度低，可溶于甲醇、乙醇等溶剂，难溶于乙醚等非极性溶剂。

2.1.2　C_{21} 甾体苷的提取工艺

由于 C_{21} 甾体苷的化学结构复杂，其分离及结构鉴定工作难度大。到目前为止，主要分离及鉴定方法有：萃取、色谱分离、核磁共振等。目前，从植物中提取 C_{21} 甾体苷大多利用萃取原理，其中提取率主要受萃取剂浓度、提取时间、浸取温度及原料粉碎程度等参数影响。研究表明，乙醇（体积分数 61.25%）为溶剂，料液比为 1∶10（g∶mL），水浴温度为 75 ℃，提取 3 h 为最佳提取工艺。陶冠军[7] 等通过酸解等提取得到 C_{21} 总苷元，再经色谱分离和制备得到两种甾苷元，结合红外、质谱、核磁图谱分析，确定两种苷元分别为：告达庭和开德苷元。赖长志、窦静等[8] 综合运用多种色谱技术也成功分离出多种 C_{21} 甾体苷。

2.1.3　C_{21} 甾体苷的合成与转化

2.1.3.1　C_{21} 甾体苷合成转化途径

C_{21} 甾体苷是由甾体苷衍生成，不同生物体的甾体苷合成途径[9] 存在一定的差异，目前主要有两条生物合成途径[6]。大多数植物通过类异戊二烯生物途径（MVA）合成甾体，主要发生在细胞质，其分为三个阶段：第一阶段：以 3 个乙酰-CoA 分子在各种酶作用以及一系列磷酸酶、脱羧酶[10] 的作用下形成 5C 的异戊烯焦磷酸分子（IIP）。第二阶段：以 IIP 分子转化为具有活性的焦磷酸 *r*，*r*-二甲基烯丙酯（DMAPP）缩合形成二磷酸异戊二烯基同系物。第三阶段：以法尼基焦磷酸酯在鲨烯合酶[11,12] 的作用下头—头相接成鲨烯。在次生代谢末端酶系统的作用下再经一系列转化形成环阿屯醇。环阿屯醇经过环桉油醇、钝叶鼠曲草醇，并在一系列酶作用下形成各种植物甾醇，进而可形成甾体苷。在植物体内还存在另一种生物合成途径是 5-磷酸脱氧木酮途径，这一条途径不依赖甲羟戊酸的 IIP 合成途径[13]。这个过程主要包括以下三个阶段，其中第一阶段：由 3-磷酸甘油醛和丙酮酸在 5-磷酸脱氧木酮糖合成酶的催化下缩合形成 5-磷酸脱氧木酮糖（DOXP），然后在 DOXP 还原异构酶的作用下发生分子内重排和还原反应，生成 2-C-甲基-4-磷酸-4-D-赤藓糖醇（MEP）。第二阶段：酶催化作用形成 1-羟基-2-甲基-2-丁烯-4-焦磷酸

(HMBPP)，HMBPP 在 IIP/DMAPP 合成酶催化下最终形成 IIP 和 DMAPP，后续阶段与前一种途径相同。植物体内这两种途径存在于细胞的不同部位，少量的中间产物可以跨越质体膜，已有研究表明，IIP 的透性存在单向性，从质体向细胞质单向交换。在甾体生物合成途径中存在两种关键酶，分别是：3-羟基-3-甲基戊二酰 CoA 还原酶（HMGR）[14] 和鲨烯合酶（SQS）[15、16]。在 MVA 合成途径中，HMG-CoA 被 3-羟基-3-甲基-二酰 CoA 还原酶（HMGR）催化转化成 MVA，此为不可逆过程。因此，HMGR 被认为是该途径的第一限速酶[17、18]。鲨烯合酶（SQS）[19] 是催化两分子的 FPP 缩合产生鲨烯的关键酶[20]，处于代谢途径中 FPP 到其他产物的分支点上，而鲨烯是生物合成三萜、甾醇、胆固醇等萜烯类重要物质的共同前体（见图 2-2、图 2-3）。

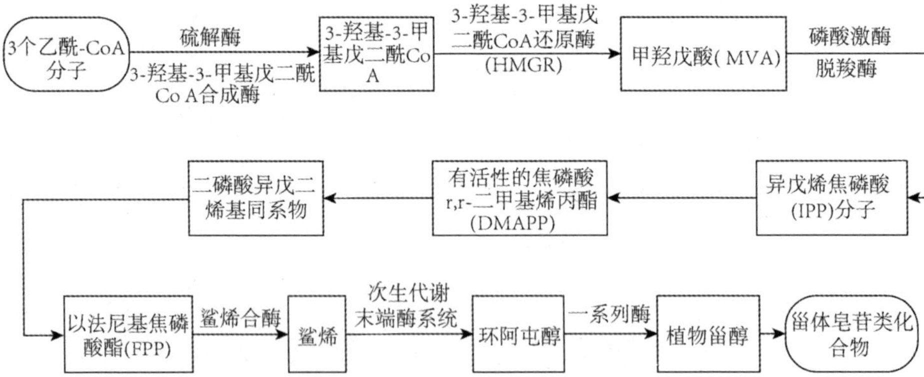

图 2-2　C_{21} 甾体苷的类异戊二烯生物合成途径（MVA）

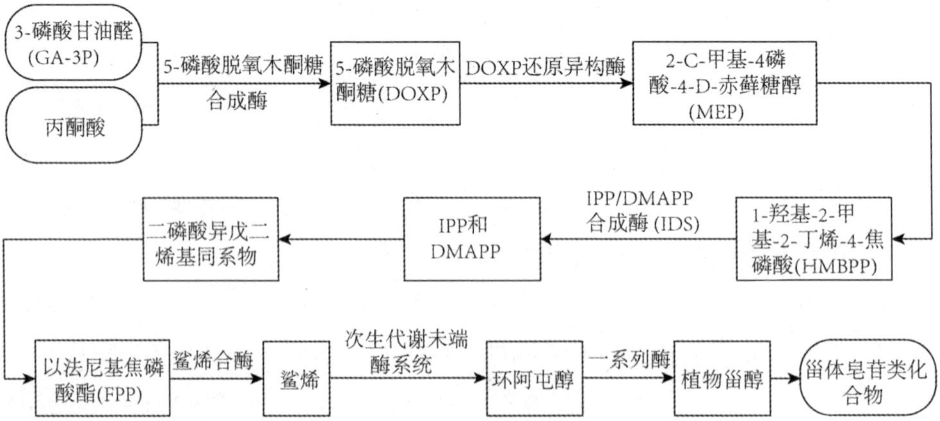

图 2-3　C_{21} 甾体苷的 5-磷酸脱氧木酮糖生物合成途径

2.1.3.2　微生物对 C_{21} 甾体苷的转化作用

植物内生菌与植物[13,21]之间具有相同次生代谢产物[22]合成途径，获得了相关基因的直接传递，生活在共同环境中经长期直接接触而传递吸收遗传物质，能够产生与宿主植物相同或相似的药用活性成分，即使寄生在其体内的不同属内生真菌也能产生相同或相近的化合物[23]。迄今为止，对植物内生菌[24]次级代谢产物的研究大多为真菌[25]和放线菌，细菌相对较少[26]。已有学者从植物内生菌中得到结构合理、活性更优的药物先导分子，对其代谢产物加以合理提取与分离得到的化合物：一方面能够辅助抗菌研究，另一方面也为抗生素药物耐药性研究的重要方面，这充分表明植物内生菌蕴藏巨大潜力。国内外已有研究表明，植物内生菌能够产生与宿主相同或相似的代谢产物，因此，可以从内生菌代谢物中寻找筛选具有药用活性的物质来替代稀缺珍贵、生长周期慢的宿主植物[27]。蒋圆婷等研究表明，黄槿内生菌可产生与宿主植物相同或相似的化学结构[28]，且其代谢产物中含有结构新奇的活性分子。王安然针对金粟兰属（Chloranthus swarts）植物的药理作用，从 65 株内生真菌中获得至少对一种植物病原真菌生长抑制率在 75% 以上的活性菌株 43 株，其中有 2 株菌的发酵液对 7 种病原菌具有较高的抑制活性，抑菌率均在 75% 以上[29]。刘赟从内喜树中分离筛选 4 株内生菌，对其培养后进行测定，发现菌种和发酵液中均含有喜树碱和羟喜树碱，而且发酵液中喜树碱、羟喜树碱含量均高于菌丝体中的含量[30]。近年来，中国药用植物内生真菌主要研究了其对药用植物生长发育、种子萌发、有效成分累积等方面的作用以及从药用植物内生真菌中筛选分离出具有抗菌、抗炎和抗肿瘤的天然活性物质。

由此可知，植物内生菌可以作为新型药物来源，在一定程度上解决药物生长缓慢、资源短缺等问题。

内生菌对中间产物具有一定的转化作用[31]，目前已有研究表明微生物能够转化 C_{21} 甾体苷。例如，李于善等[8]在 C_{21} 甾苷元 C_{11} α-羟化的两种微生物同步转化研究中，对白首乌 C_{21} 甾苷元告达庭甾苷元和开德甾苷元（Ⅱ）实现 C_{11} α-羟基化。刘靖等[14]以 4AD 为底物，筛选具有转化功能的微生物，得到了 3 株菌：*Beauveriabassiana* HCB-00059、*Rhizopus stolonife* HCB-00643 和 *Rhizopus stolonife* HCB-00644，从而确定了微生物转化甾体药物关键中间体 4AD。

Murray 和 Peterson（1950）应用黑根霉一步在孕酮的 11 位上导入了一个羟基，使孕酮合成皮质酮的过程减少到只有 3 步，并且收率高达 90%，被大量用于临床。研究表明，C_{21} 甾体能被部分真菌和细菌转，刘银春先以孕烯醇酮为唯一碳源从土壤样品中初步筛选能够转化 C_{21} 甾体苷的菌株，再将初筛得到的菌株接种于发酵培养基中，摇床培养后，投入适量的 Tween-80 C_{21} 甾体乳化液继续培养，最后进行 TLC 检测，进而根据检测结果筛选出具有转化 C_{21} 甾体能力的菌株。

目前，C_{21} 甾体苷需通过采挖大量药用植物块根进行提取，滨海白首乌原料受地理、季节和植物生长周期的限制，不能满足市场需求。因此，为保护现有野生药物资源，寻找可持续发展，具有再生性，对其研究开发无"来源受限""采收过度"等问题困扰的新药用资源已成必然趋势。从滨海白首乌根、茎、叶和种子等不同部位进行具 C_{21} 甾体苷合成能力的内生菌筛选，并对其进行发酵优化，提高菌体对 C_{21} 甾体苷的转化率，可为 C_{21} 甾体苷大规模高产制备提供新途径。

2.2 滨海白首乌内生菌的筛选与鉴定

2.2.1 材料与方法

2.2.1.1 材料

（1）滨海白首乌

滨海白首乌（*Cynanchum auriculatum* Royle ex Wight.）植株采集于江苏省滨海县果老首乌种植基地，经表面冲洗、消毒等处理后，进行内生菌的分离。

（2）试剂

葡萄糖马铃薯试剂、琼脂粉、牛肉浸出粉、基因组提取试剂盒、PCR 即用试剂盒、DNA marker、琼脂糖、蛋白胨、葡萄糖、可溶性淀粉、溴甲酚紫、无水乙醇、乳糖、蔗糖、麦芽糖、对二甲氨基苯甲醛、浓盐酸、甲基红。

（3）实验仪器

PCR 扩增仪、电热恒温鼓风干燥箱、立式压力蒸汽灭菌锅、超净工作台、数显恒温水浴锅、SPH-111B 标准型大容量恒温培养摇床、高速离心机等。

2.2.1.2　试剂配制

（1）菌株筛选培养基

营养肉汤培养基：蛋白胨 10 g、NaCl 10 g、牛肉浸出粉 3.0 g、蒸馏水 1000 mL，pH 7.2~7.4，121 ℃灭菌 20 min，配制固体培养基时加 15~20 g 的琼脂粉。

马铃薯葡萄糖培养基：葡萄糖马铃薯试剂 26 g，蒸馏水 1 L，琼脂粉 22 g。

高氏一号培养基：可溶性淀粉 20.0 g、硝酸钾 1.0 g、磷酸氢二钾 0.5 g、氯化钠 0.5 g、硫酸镁 0.5 g、硫酸亚铁 0.001 g、水 1000mL。称取 20 g 可溶性淀粉，用 50 mL 水调成糊状后，倒入 950 mL 热水，搅匀后加入其他药品，使它溶解。调整 pH 值到 7.2~7.4，分装后灭菌，备用。

（2）理化性状分析用培养基

葡萄糖蛋白胨水培养基：蛋白胨 5 g 、葡萄糖 5g 、K_2HPO_4 2 g 、蒸馏水 1000mL、pH 调至 7.0~7.2。

蛋白胨水培养基：蛋白胨 10 g、NaCl 5 g、蒸馏水 1000 mL，pH 调至 7.6。

淀粉培养基：蛋白胨 10 g 、NaCl 5 g 、牛肉膏 5 g 、可溶性淀粉 2 g、琼脂 15~20 g、蒸馏水 1000 mL。

糖发酵培养基：蛋白胨水培养基 1000 mL、1.6% 溴甲酚紫乙醇溶液 1~2 mL、pH 调至 7.6，另配 20% 糖溶液（葡萄糖、乳糖、蔗糖等）各 10 mL。

吲哚试验试剂：对二甲氨基苯甲醛 5.0 g、乙醇 75 mL、浓盐酸 25 mL。

甲基红试剂：甲基红 0.1 g、95% 酒精 300 mL、蒸馏水 100 mL。

2.2.1.3　菌种筛选

（1）滨海白首乌样品表面消毒

用自来水将新鲜滨海白首乌植株冲洗干净，吸除表面水分，紫外杀菌 10 min。再以无菌水冲洗 3 次，吸水纸将表面的水分吸干，75% 乙醇溶液浸泡根、茎、叶、种子各 5 min，依次经无菌水冲洗 3 次，3% 次氯酸钠溶液浸泡

3 min，无菌水冲洗 5 次，保留最后一次无菌水冲洗液，待消毒检验用。

（2）内生菌的分离与纯化

滨海白首乌根，茎，叶，种子分别去皮切成小碎块（为 5~10 g），研钵中加入蒸馏水和少量石英砂研磨成匀浆；静置 30 min，取上清液 1 mL，蒸馏水依次稀释成 10^{-1}、10^{-2}、10^{-3}，得到 3 种不同浓度的组织液，取 100 μL 各浓度组织液，将其涂布于固体培养基上。将制备好的平板放于恒温培养箱中，倒置，培养 2~5 天；待平板上长出菌落，用平板画线方法反复分离纯化菌株，直至得到单一的纯菌落，编号并保存菌种。

（3）观察滨海白首乌内生菌菌落形态特征

观察筛选所得的 48 株滨海白首乌内生菌在固体培养基上的生长情况，并对菌落形态进行记录。

2.2.1.4 菌株的生理生化特性检测指标

甲基红试验、吲哚试验、淀粉水解试验、糖发酵试验、不同温度水平生长试验。

不同温度水平生长试验：将配制好的液体培养基以每试管 5 mL 的量分装好，在 121 ℃高压条件下灭菌 15 min，将待测菌株培养液，以相同的接种量（0.1 mL）接入液体培养基中摇匀，塞子封口，分别置于 22、27、32、37、60 ℃恒温培养箱中培养 1~2 天后，观察菌株的生长情况。

2.2.1.5 菌株的分子鉴定

（1）基因组提取

采集对数生长期发酵液，10000 rpm 离心 5 min，收集菌体沉淀，采用试剂盒法提取筛出菌基因组 DNA。

（2）PCR 扩增及产物检测

细菌通用引物为：27F/1492R。27F：5′-AGAGTTTGATCCTGGCTCAG-3′；1492R：5′-GGTTACCTTGTTACGACTT-3′

真菌通用引物为：ITS1/ITS4。ITS1：5’-TCCGTAGGTGAACCTGCGG-3’；ITS4：5’-TCCTCCGCTTATTGATATGC-3′

PCR 反应体系见表 2-1。

表2-1　PCR反应体系

反应底物	体积
dd H_2O	20μL
PCR Master	25μL
DNA模板	1μL
上游引物	2μL
下游引物	2μL

PCR反应条件见表2-2。

表2-2　PCR反应条件

循环数	变性	退火	延伸
30 cycle	94 ℃，30 s		
	94 ℃，20 s	细菌：52 ℃，40 s 真菌：46.7 ℃，40 s	细菌：72 ℃，1 min 20 s 真菌：72 ℃，45 s 72 ℃，20 s

2.2.2　结果与分析

2.2.2.1　滨海白首乌内生菌菌落形态及镜检结果

滨海白首乌内生菌菌落形态及镜检结果见表2-3。

表2-3　滨海白首乌内生菌菌落形态及镜检结果

菌株编号	菌落形态	革兰氏染色结果
YSG-2	菌落表面干燥，外缘不规则，菌落中心白点，由内向外呈同心圆形态，外周有白圈，质地不均匀	G+，可见孢子
YSG-3	菌落表面湿润，环状，中心较白，外圈呈淡黄色	G+，可见孢子
YSJY-4	表面干燥，分布均匀，形状不规则，肉色	G+，可见孢子
YSJ-5	菌落表面湿润，乳白色，呈滩状	G+，串联状

续表

菌株编号	菌落形态	革兰氏染色结果
YSG-7	菌落表面湿润，呈圆形，中心呈深黄色，外缘有透明圈	G-，短杆菌，有中央芽孢
YSJY-8	菌落表面湿润，呈圆形，中心呈深黄色，至外周颜色逐渐变淡	G+，短杆
YSG-9	菌落表面干燥，呈乳白色，形态不规则	G+，短杆菌
YSG-10	菌落表面湿润，乳黄色，外缘呈毛绒状，不规则	G+
YSG-11	菌落表面湿润，圆形，偏黄色，	G-，短杆菌，有中央芽孢
YSY-12	菌落表面干燥，圆形，深黄色	G+，长杆菌，有中央芽孢
YSY 原-14	菌落表面湿润，圆形，浅黄色，中心深白色，外围略透明，环状	G+，短杆菌，有中央芽孢
YSY-15	菌落表面湿润，圆形，乳白色（有臭味）	G-，短杆菌，有中央芽孢
YSJ-16	菌落表面湿润，乳黄色，滩状	G-，短杆菌，有中央芽孢
YSJ-17	菌落表面湿润，小黄点，不透光	G-，短杆菌
YSJ-18	菌落表面湿润，外缘不规则，背部蓬松，不透光，深白色	G+，节孢子
YSG-20	菌落呈圆形，蒲公英状，外围有白圈，质地蓬松	G+
YSG-21	菌落表面湿润，形态不规则，中央呈粉色，向外逐渐变淡，外围有透明白圈，由中央向外呈线状发散	G-，长杆菌
YSG-22	菌落半透明，呈不规则圆	G-，短杆菌
YSG-23	菌落表面湿润，圆形，橙黄色，略透光	G-，短杆菌，有中央芽孢
BHG-24	丝状，中央颜色较深，呈淡紫色，外围白色（约 10 天）	G+，串珠状
BHY-25	丝状，白色，外缘呈放射状（约 10 天）	G+，丝状
BHZ-27	菌落表面湿润，圆形，乳黄色，中央有颜色较浅圆环，外围颜色较浅	G+，长杆菌，有中央芽孢

续表

菌株编号	菌落形态	革兰氏染色结果
BHZ-28	菌落表面湿润，乳白色，外侧有颜色较浅圆环，外缘乳白色不规则	G+，短杆菌，有中央芽孢
BHZ-29	菌落表面湿润，圆形，乳黄色，内有较细圆环，外围有透明圈	G+，长杆菌，有中央芽孢
BHZ-30	菌落表面湿润，中央乳白色圆形，外围透明不规则	G+，短杆菌
BHY-31	菌落表面湿润，乳白色，内有颜色较浅圆环，外缘不规则	G+，短杆菌，有中央芽孢
BHY-32	菌落表面湿润，呈半透明同心圆状，橙红色	G+，短杆菌，有中央芽孢
BHJ-33	菌落表面湿润，浅黄色，圆形，半透明	G+，长杆菌，有中央芽孢
BHG-34	菌落表面湿润，呈圆环状，中央为白色，外围有透明圈	G+，短杆菌，有中央芽孢
BHZ-35	菌落表面湿润，乳白色，圆形，中央及外围颜色较深，外缘透明	G+，短杆菌，有中央芽孢
BHJ-38	菌落表面湿润，呈乳白色，同心圆状，外缘透明不规则	G+，长杆菌，有中央芽孢
BHJ-39	菌落表面干燥，毛绒状，中央墨绿色，外围白色，分界鲜明的同心圆	G+
BHY-40	菌落表面湿润，黄色，滩状，形态不规则	G+，孢子可见
BHJ-42	菌落表面湿润，呈乳白色放射状，中央颜色深，有圆环	G+，短杆菌，有中央芽孢
BHG-43	菌落表面湿润，中央颜色较深，呈肉粉色，外围乳白色，同心圆状，外缘不规则	G+，短杆菌，有中央芽孢
BHG-44	菌落表面湿润，中央颜色较深呈黑红色，外围为乳白色，不规则放射状	G+，长杆菌，有中央芽孢
BHG-45	菌落呈蒲公英状，乳白色	G−

续表

菌株编号	菌落形态	革兰氏染色结果
BHG-46	菌落呈丝状，中央颜色较深，呈淡紫色，外围白色	G-，可见菌丝
BHJ-47	菌落表面湿润，乳白色，呈滩状	G+，短杆菌，有中央芽孢
对照-48	菌落表面湿润，中央肉粉色圆形，外围乳白色不规则	G+，孢子可见

2.2.2.2 理化指标测定结果

滨海白首乌内生菌理化性状分析结果见表2-4。

表2-4 滨海白首乌内生菌理化性状分析结果

菌株编号	甲基红	吲哚	淀粉水解	糖酵解				培养温度（℃）				
				葡萄糖	蔗糖	乳糖	麦芽糖	22	28	30	37	60
YSG-2	+	−	−	+×	+√	+√	+√	+	+	+	+	−
YSG-3	−	−	−	+×	+√	+√	+√	+	+	+	+	−
YSJY-4	−	−	−	+√	+√	+√	−×	+	+	+	+	−
YSJ-5	+	−	−	+×	+×	+×	+×	+	+	+	+	−
YSG-7	−	−	−	−×	−×	−×	−×	+	+	+	+	−
YSJY-8	−	−	−	−×	+×	−×	−×	+	+	+	+	−
YSG-9	−	−	−	−×	−×	−×	+×	+	+	+	+	−
YSG-10	−	−	−	−×	+√	+√	−×	+	+	+	+	−
YSG-11	−	−	−	−×	−×	−×	+√	+	+	+	+	−
YSY-12	−	−	−	+×	+×	+√	−×	+	+	+	+	−
YSY-14	−	−	−	+×	−×	+×	−×	+	+	+	+	−
YSY-15	−	−	−	+×	+√	−×	+√	+	+	+	+	−
YSJ-16	−	−	−	−×	+√	−×	−×	+	+	+	+	−
YSJ-17	−	−	−	−×	+√	+√	−×	+	+	+	+	−
YSJ-18	−	−	−	+×	+×	+×	+×	+	+	+	+	−
YSG-20	−	−	−	+×	+×	+×	+√	+	+	+	+	−
YSG-21	−	−	−	+×	+√	+×	+√	+	+	+	+	−
YSG-22	−	−	−	+√	+√	+√	−×	+	+	+	+	−

续表

菌株编号	甲基红	吲哚	淀粉水解	糖酵解				培养温度（℃）				
				葡萄糖	蔗糖	乳糖	麦芽糖	22	28	30	37	60
YSG-23	-	-	-	+×	+×	+√	+√	+	+	+	+	-
BHG-24	-	-	-	-×	-×	-×	-×	+	+	+	+	-
BHY-25	+	-	-	+×	+×	+×	+√	+	+	+	+	-
BHZ-27	-	-	-	+×	+√	-×	+√	+	+	+	+	-
BHZ-28	+	-	-	+√	+√	-×	+×	+	+	+	+	-
BHZ-29	+	-	-	+×	+√	-×	+×	+	+	+	+	-
BHZ-30	-	-	-	+×	+√	-×	+√	+	+	+	+	-
BHY-31	-	-	-	+√	+√	-×	+×	+	+	+	+	-
BHY-32	-	-	-	+√	-×	-×	+√	+	+	+	+	-
BHJ-33	-	-	-	+√	-×	-×	-×	+	+	+	+	-
BHG-34	-	-	-	+√	+√	-×	+√	+	+	+	+	-
BHZ-35	-	-	-	+×	+√	-×	+√	+	+	+	+	-
BHJ-38	-	-	-	+×	+√	+√	+√	+	+	+	+	-
BHJ-39	-	-	-	-×	-×	-×	-×	+	+	+	+	-
BHY-40	-	-	-	-×	-×	-×	-×	+	+	+	+	-
BHJ-42	-	-	-	+×	+√	-×	+√	+	+	+	+	-
BHG-43	+	-	-	+√	+×	+√	+×	+	+	+	+	-
BHG-44	-	-	-	+×	+√	+√	+√	+	+	+	+	-
BHG-45	-	-	-	-×	-×	-×	-×	+	+	+	+	-
BHG-46	-	-	-	-×	+√	+√	+×	+	+	+	+	-
BHJ-47	-	-	-	+×	+√	-×	+√	+	+	+	+	-
对照-48	+	-	-	+×	+√	-×	+√	+	+	+	+	-
BHY-51	-	-	-	-×	-×	-×	-×	+	+	+	+	-

注：“+”表示阳性，“-”表示阴性，“√”表示产气，“×”表示不产气。

表 2-4 中，甲基红实验中，“+”表示阳性，即该菌能分解葡萄糖产酸，使培养基的 pH 降至 4.5 以下，“-”表示阴性，即该菌分解葡萄糖产酸量少或产生的酸进一步转化为其他物质又或是不能分解葡萄糖使培养基的酸度仍在 pH 为 6.2 以上；吲哚实验中，“+”表示阳性，即该菌能产生色氨酸酶分解蛋

白胨中的色氨酸，“-”表示阴性，即该菌不能产生色氨酸酶分解蛋白胨中的色氨酸；淀粉水解实验中，“+”表示阳性，即该菌有产生淀粉酶和利用淀粉的能力，“-”表示阴性，即该菌没有产生淀粉酶和利用淀粉的能力；糖酵解实验中，“+”表示阳性，即该菌可以利用该糖产酸，“-”表示阴性，即该菌不能利用该糖发酵，“√”表示杜氏小管中有气泡产生，即该菌可以利用该糖产气，“×”表示杜氏小管中没有气泡产生，即该菌不能利用该糖产气；不同温度水平生长实验中，“+”表示该菌可以在该温度下生长，“-”表示该菌不能在该温度下生长。

2.2.2.3 分子鉴定结果

(1) 菌株分子鉴定结果

菌株分子鉴定结果见表 2-5。

表 2-5 菌株分子鉴定结果

分类	菌株编号	Blast 相似菌	同源性（%）
细菌	YSG-3	枯草芽孢杆菌 *Bacillus subtilis strain* T5-36	98
	YSG-7	吲哚金黄杆菌 *Chryseobacterium indoltheticum*	98
	YSJY-8	菜豆萎蔫病菌 *Curtobacterium flaccumfaciens pv. flaccumfaciens strain* Cff10377	92
	YSG-9	巴氏葡萄球菌 *Staphylococcus pasteuri strain* BMC3N11	99
	YSG-10	细菌菌株 *Bacterium strain* BS2112	96
	YSG-11	枯草芽孢杆菌菌株 *Bacillus subtilis strain* BSEG04	98
	YSY-12	未培养细菌克隆 *Uncultured bacterium clone* DY B2	99
	YSY-14	细菌菌株 *Bacterium strain* I8	99
	YSY-15	葡萄球菌菌株 *Staphylococcus warneri strain* 20	99
	YSJ-16	微杆菌 KT69 *Microbacterium* sp. KT69	98
	YSJ-17	细菌 BS2149 *Bacterium strain* BS2149	98
	YSG-21	芽孢杆菌 *Bacillus* sp. M-230-17	99
	YSG-22	表皮葡萄球菌 *Staphylococcus epidermidis strain* H92	99
	YSG-23	未培养细菌克隆 *Uncultured bacterium clone* CT 14CIBD05	98
	BHZ-27	蜡样芽孢杆菌 *Bacillus cereus strain* Mn2-4	99
	BHZ-28	蜡样芽孢杆菌 *Bacillus cereus strain* BMC3N4	99

续表

分类	菌株编号	Blast 相似菌	同源性（%）
细菌	BHZ-29	花椒芽孢杆菌 *Bacillus zanthoxyli strain* GB52	99
	BHZ-30	芽孢杆菌 *Bacillus* sp. *strain* MBL_ B21	99
	BHY-31	苏云金芽孢杆菌 *Bacillus thuringiensis strain* Y4	99
	BHY-32	蜡样芽孢杆菌 *Bacillus cereus strain* GT48	99
	BHJ-33	寡养单胞菌 *Stenotrophomonas* sp. *strain* XJI	99
	BHG-34	蜡样芽孢杆菌 *Bacillus cereus strain* T3M5	99
	BHZ-35	蜡样芽孢杆菌 *Bacillus cereus strain* T3M5	99
	BHJ-38	鞘氨醇单胞菌 *Sphingomonas koreensis*	99
	BHY-40	蜡样芽胞杆菌 *Bacillus* sp. *strain* FA2-253	99
	BHJ-42	蜡样芽孢杆菌 *Bacillus cereus strain* SSPR6	99
	BHJ-47	蜡样芽孢杆菌 *Bacillus cereus strain* LJOSL	97
	BHJ-48	蜡样芽孢杆菌 *Bacillus cereus strain* BMC3N4	99
真菌	YSJY-4	烟曲霉 *Aspergillus fumigatus*	100
	YSJ-5	茄镰刀菌 *Fusarium solani voucher* MHE I MC	99
	YSJ-18	真菌 *Fungal* sp. RTS5	94
	BHJ-39	毕赤酵母 *Pichia kudriavzevii isolate* CK1	91
	BHG-43	毕赤酵母 *Pichia kudriavzevii isolate* CK6	94
	BHG-44	果炭疽菌 *Colletotrichum fructicola strain* HB5	97
	BHY-51	炭疽菌 *Colletotrichum* sp. MJ37	97
放线菌	YSG-2	根瘤菌属 *Rhizobium* sp. *strain* LrSB2	98
	YSG-20	泛菌 *Pantoea*	99
	BHG-24	根瘤菌 *Rhizobium*	98
	BHY-25	菠萝泛菌 *Pantoea ananatis*	97
	BHG-45	根瘤农杆菌 *Agrobacterium tumefaciens*	99
	BHG-46	根瘤农杆菌 *Agrobacterium tumefaciens*	97

（2）不同类型筛出菌株系统发育树

应用通用引物（16S r RNA/18S r DNA 基因）对筛出菌基因组进行 PCR 扩增，并测序，按筛出菌类型构建系统发育树[32]。由图 2-4～图 2-6 可知，滨海白首乌筛出内生菌中细菌与真菌主要来源于滨海白首乌根、茎、叶，放线菌主要来源于滨海白首乌根与叶。其中，细菌多为芽孢杆菌，真菌多为根霉菌，放线菌多为根瘤菌。

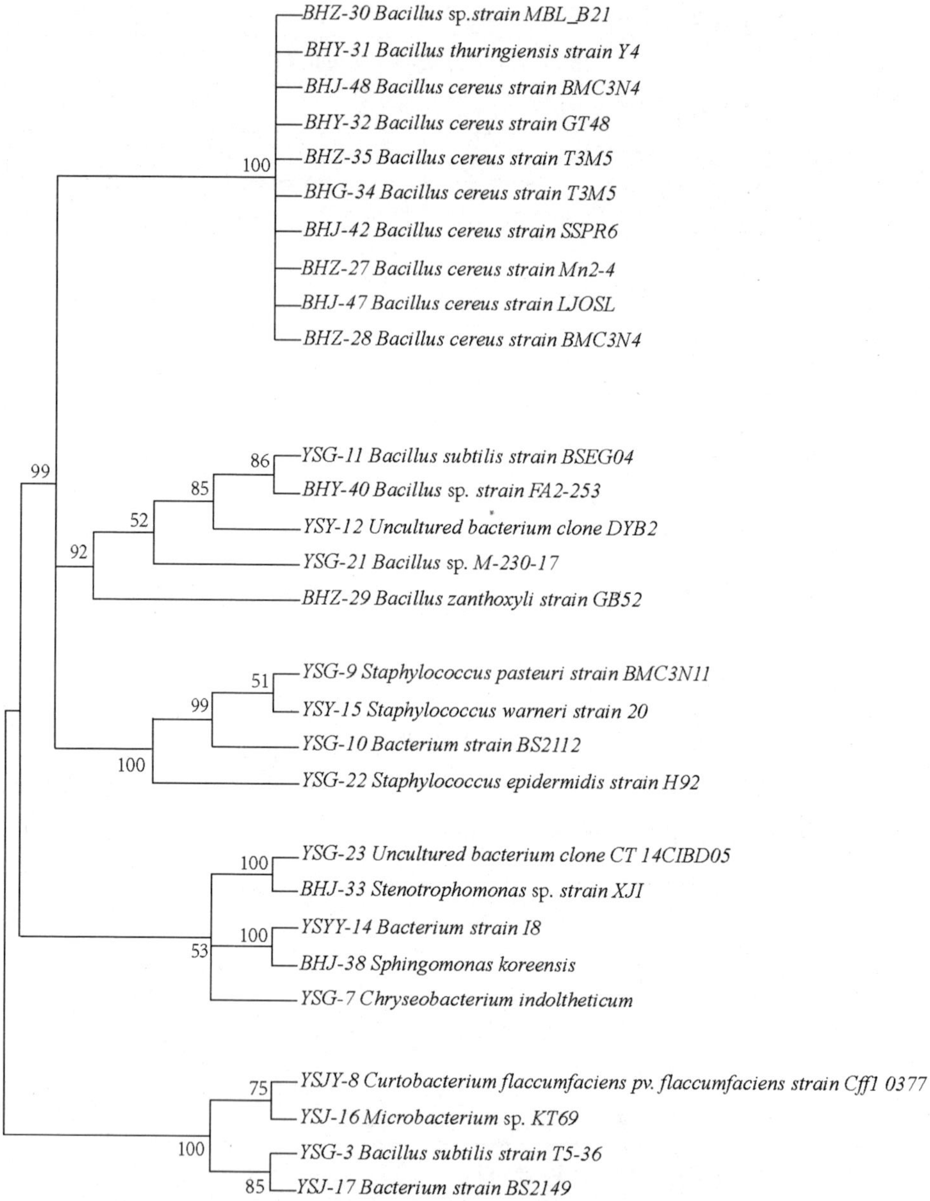
BHZ-30 Bacillus sp.strain MBL_B21
BHY-31 Bacillus thuringiensis strain Y4
BHJ-48 Bacillus cereus strain BMC3N4
BHY-32 Bacillus cereus strain GT48
BHZ-35 Bacillus cereus strain T3M5
BHG-34 Bacillus cereus strain T3M5
BHJ-42 Bacillus cereus strain SSPR6
BHZ-27 Bacillus cereus strain Mn2-4
BHJ-47 Bacillus cereus strain LJOSL
BHZ-28 Bacillus cereus strain BMC3N4
YSG-11 Bacillus subtilis strain BSEG04
BHY-40 Bacillus sp. strain FA2-253
YSY-12 Uncultured bacterium clone DYB2
YSG-21 Bacillus sp. M-230-17
BHZ-29 Bacillus zanthoxyli strain GB52
YSG-9 Staphylococcus pasteuri strain BMC3N11
YSY-15 Staphylococcus warneri strain 20
YSG-10 Bacterium strain BS2112
YSG-22 Staphylococcus epidermidis strain H92
YSG-23 Uncultured bacterium clone CT 14CIBD05
BHJ-33 Stenotrophomonas sp. strain XJI
YSYY-14 Bacterium strain I8
BHJ-38 Sphingomonas koreensis
YSG-7 Chryseobacterium indoltheticum
YSJY-8 Curtobacterium flaccumfaciens pv. flaccumfaciens strain Cff1 0377
YSJ-16 Microbacterium sp. KT69
YSG-3 Bacillus subtilis strain T5-36
YSJ-17 Bacterium strain BS2149
100
99
86
85
52
92
51
99
100
100
100
53
75
100
85

图 2-4 滨海白首乌筛出内生细菌系统进化树

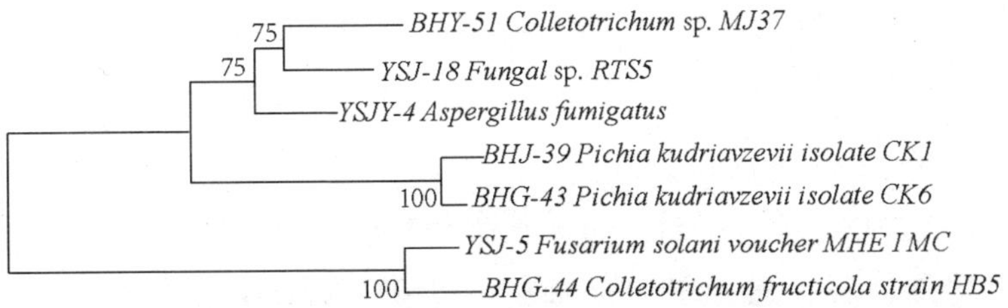

图 2-5　滨海白首乌筛出内生真菌系统进化树

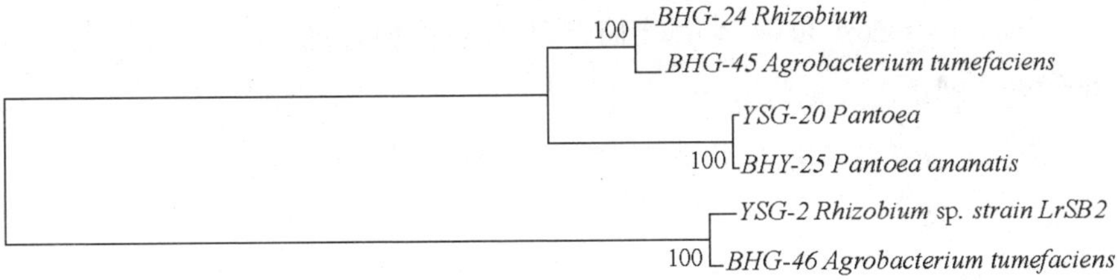

图 2-6　滨海白首乌筛出内生放线菌系统进化树

2.2.3　讨论

该部分试验综合菌种理化性状分析及分子鉴定，对滨海白首乌内生菌种属鉴定、菌种特性的分析较为全面。据报道，通过传统微生物学分离培养方法，对滨海白首乌内生细菌的研究较多，现今已从中药滨海白首乌的根部分离得到 10 株内生细菌[26]，优势菌多为芽孢杆菌属，其中 4 株为革兰氏阴性菌，其余 6 株为革兰氏阳性菌。本试验共筛选出滨海白首乌内生菌 41 株，其中 28 株细菌、7 株真菌、6 株放线菌；10 株为革兰氏阴性菌，其余 31 株为革兰氏阳性菌；细菌与真菌筛自滨海白首乌根、茎、叶，放线菌筛自滨海白首乌根与叶[33]。细菌多为芽孢杆菌，真菌多为根霉菌，放线菌多为根瘤[22]。综合菌落形态、理化性状分析及分子鉴定结果，确定了其中 3 株高产 C_{21} 甾体苷的内生菌分别为：内生细菌 BHY-32 为蜡样芽孢杆菌（*Bacillus cereus*），内生真菌 BHG-44 为胶孢炭疽菌（*Colletotrichum gloeosporioides*），内生放线菌 BHG-45 为根瘤农杆菌（*Agrobacterium tumefaciens*），鉴定结果具有较高的严密性及准确性。

2.2.4　本节小结

第一，从滨海白首乌不同组织部位共筛选得到 41 株内生菌，其中，细菌

28 株，真菌 7 株，放线菌 6 株。

第二，筛出内生菌中，革兰氏阳性菌 31 株，占比为 75.6%；革兰氏阴性菌 10 株，占比为 24.4%。

第三，筛出内生菌不具备产生淀粉酶和利用淀粉的能力。41 株菌均不能产生色氨酸酶分解蛋白胨中的色氨酸。17.07% 可以利用葡萄糖产酸产气；48.78%可以利用葡萄糖产酸。53.65%可以利用蔗糖产酸产气；19.51%可以利用蔗糖产酸。29.26% 可以利用乳糖产酸产气；14.63% 可以利用乳糖产酸；43.90%可以利用麦芽糖产酸产气；19.51%可以利用麦芽糖产酸。

第四，筛出内生菌的生长温度范围较一致，为 22～37 ℃，对环境温度变化的适应性较强。

2.3 滨海白首乌内生菌中 C_{21} 甾体苷代谢水平分析

2.3.1 材料与方法

2.3.1.1 材料

（1）菌种

滨海白首乌不同组织部位分离得到的 41 株内生菌。

（2）仪器

超纯水仪、超净工作台、数显恒温水浴锅、恒温培养摇床、高速离心机、可见分光光度计等。

2.3.1.2 方法

（1）菌种扩培与发酵培养

将筛选出的滨海白首乌内生菌扩培后转接至不同类型的培养基，设置 3 个平行组及对照空白组，接种量为 1%，适宜温度，150 rpm 培养。

（2）C_{21} 甾体总苷含量的测定

取适量发酵液 10000 rpm 离心 10 min，取 1 mL 上清液于试管中，以优化后的香草醛比色法进行反应。反应结束，立刻转移至冰水浴，终止反应并加入 10 mL 冰乙酸，混匀。在最佳测定波长下，测定数据并记录。

2.3.2　C_{21} 甾体苷总含量的测定结果

2.3.2.1　细菌

由表 2-6 可知，4 株菌（BHY-32、BHG-34、BHJ-47、BHG-48）产 C_{21} 甾体苷的能力显著高于其他 24 株菌（$P<0.05$），含量分别为：0.52 mg/mL、0.45 mg/mL、0.54 mg/mL、0.63 mg/mL。4 株菌均在培养 120 h 时，发酵液中 C_{21} 甾体苷含量较高。

表 2-6　滨海白首乌内生细菌发酵液中 C_{21} 甾体总苷浓度

菌种编号	培养时间（h）			C_{21} 甾体苷含量均值（mg/mL）
	72	120	168	
YSG-7	0.20±0.002	0.01±0.005	0.06±0.000	0.03±0.022
YSJY-8	-0.10±0.002	0.11±0.017	0.02±0.003	0.04±0.051
YSG-9	-0.0±0.002	0.16±0.011	0.20±0.001	0.11±0.100
YSG-10	-0.03±0.001	0.03±0.005	0.06±0.011	0.02±0.037
YSG-11	0.51±0.011	0.45±0.002	0.40±0.012	0.45±0.045
YSY-12	-0.03±0.001	0.02±0.001	0.07±0.000	0.02±0.041
YSY-14	0.17±0.024	0.42±0.055	0.38±0.032	0.32±0.110
YSY-15	0.15±0.001	0.19±0.001	0.15±0.007	0.16±0.019
YSJ-16	0.01±0.002	0.04±0.002	0.10±0.002	0.05±0.037
YSJ-17	-0.04±0.00	0.27±0.017	0.01±0.007	0.11±0.127
YSG-21	0.00±0.002	0.04±0.002	0.11±0.007	0.05±0.045
YSG-22	0.36±0.009	0.41±0.010	0.27±0.006	0.35±0.058
YSG-23	0.09±0.009	0.07±0.010	0.21±0.011	0.12±0.062
BHZ-27	0.02±0.003	0.12±0.012	0.05±0.009	0.06±0.042
BHZ-28	0.38±0.009	0.51±0.004	0.40±0.003	0.43±0.057

续表

菌种编号	培养时间（h）			C_{21} 甾体苷含量均值（mg/mL）
	72	120	168	
BHZ-29	0. 09±0. 001	0. 45±0. 017	0. 51±0. 006	0. 35±0. 185
BHZ-30	0. 19±0. 009	0. 66±0. 012	0. 30±0. 005	0. 38±0. 201
BHY-31	0. 16±0. 014	0. 41±0. 011	0. 41±0. 010	0. 33±0. 118
BHY-32	0. 39±0. 011	0. 63±0. 009	0. 55±0. 009	0. 52±0. 100
BHJ-33	-0. 01±0. 001	0. 02±0. 003	0. 06±0. 002	0. 02±0. 029
BHG-34	0. 30±0. 002	0. 66±0. 004	0. 39±0. 004	0. 45±0. 153
BHZ-35	0. 22±0. 012	0. 33±0. 008	0. 18±0. 005	0. 24±0. 063
BHJ-38	-0. 05±0. 001	-0. 01±0. 002	-0. 05±0. 001	-0. 04±0. 019
BHY-40	0. 05±0. 001	0. 03±0. 002	0. 33±0. 018	0. 14±0. 137
BHJ-42	0. 22±0. 001	0. 31±0. 006	0. 14±0. 002	0. 22±0. 069
BHG-46	0. 28±0. 023	0. 43±0. 004	0. 32±0. 006	0. 34±0. 063
BHJ-47	0. 42±0. 023	0. 64±0. 022	0. 57±0. 024	0. 54±0. 092
BHG-48	0. 54±0. 006	0. 69±0. 005	0. 67±0. 009	0. 63±0. 066

2.3.2.2 真菌

比色法测定真菌发酵液 C_{21} 甾体苷含量[35]，结果表明，可代谢 C_{21} 甾体苷的滨海白首乌内生真菌占比为75%，其中滨海白首乌内生真菌 BHG-44 C_{21} 甾体总苷浓度显著高于其他菌株（$P<0.05$），培养 48 h 发酵液中含量达到 0. 5 mg/mL，如表 2-7 所示。

表 2-7 滨海白首乌内生真菌发酵液中 C_{21} 甾体总苷浓度

编号	时间（h）		
	48	96	144
YSJY-4	-0. 062±0. 044b	-0. 005±0. 020b	0. 041±0. 027b
YSJ-5	0. 371±0. 070b	-0. 019±0. 050b	-0. 011±0. 039b
YSG-9	0. 287±0. 328b	-0. 102±0. 143b	-0. 005±0. 090b
YSJ-18	0. 178±0. 062ab	0. 309±0. 026ab	0. 138±0. 174ab
BHJ-39	-0. 076±0. 058b	-0. 150±0. 015b	0. 095±0. 062b

续表

编号	时间（h）		
	48	96	144
BHG-43	−0. 017±0. 140b	0. 408±0. 223b	0. 073±0. 337b
BHG-44	0. 500±0. 286a	0. 450±0. 145a	0. 391±0. 242a
BHY-51	0. 160±0. 045b	0. 077±0. 140b	0. 126±0. 215b

2. 3. 2. 3　放线菌

由表 2-8 可以看出，72～144 h 为滨海白首乌内生放线菌的生长繁殖及产酶积累的过程，144～216 h 为滨海白首乌内生放线菌 C_{21} 甾体苷的代谢旺盛期。随着培养时间的增加，YSG-2、YSG-3、BHG-24、BHG-45 发酵液中的 C_{21} 甾体苷总含量呈不断上升趋势。通过 C_{21} 甾体苷总含量测定结果分析，BHG-45 代谢 C_{21} 甾体苷含量最高，且 216 h 终止发酵后 C_{21} 甾体苷最终含量为 0. 60±0. 05 mg/mL，显著高于其他菌（$P<0.05$）。

表 2-8　滨海白首乌内生放线菌发酵液中 C_{21} 甾体总苷浓度

菌株名称	C_{21} 甾体总苷含量（mg/mL）		
	72 h	144 h	216 h
YSG-2	0. 00±0. 00b	0. 00±0. 01ab	0. 20±0. 02ab
YSG-3	0. 00±0. 01ab	0. 00±0. 00b	0. 40±0. 03ab
YSG-20	0. 00±0. 00ab	0. 10±0. 01ab	0. 00±0. 00b
BHG-24	0. 11±0. 01a	0. 10±0. 01b	0. 40±0. 01ab
BHY-25	0. 00±0. 01ab	0. 10±0. 01ab	0. 10±0. 02ab
BHG-45	0. 01±0. 00a	0. 10±0. 00a	0. 60±0. 05a
BHG-46	0. 00±0. 00b	0. 00±0. 00b	0. 00±0. 00b

2. 3. 3　讨论

本研究通过对滨海白首乌内生菌进行筛选得到 28 株细菌，其中 14 株能够合成 C_{21} 甾体苷，占总菌株的 50%；其中最高含量为 0. 67±0. 009 mg/mL，比目前已报道内生菌产 C_{21} 甾体苷的含量[36] 高出约 4 倍。选择 BHY-32 进行后续代谢指标的测定。发酵液中含 C_{21} 甾体苷的滨海白首乌内生真菌占比为 75%，其中菌株 BHG-44 发酵液中 C_{21} 甾体总苷浓度显著高于其他菌株，含量达到 0.5 mg/mL，该指标为其他植物源或真菌的 10～100 倍，具有鲜明优势。因此，选定 BHG-44 作为后续研究对象。从滨海白首乌根块中共筛选出 7 株滨海白首乌内生放线菌，均能不同程度地产出 C_{21} 甾体苷。其中，菌株 BHG-45 发酵液中 C_{21} 甾体苷含量最高，为 0.60±0.05 mg/mL。本试验研究结果在一定程度上为后续工作奠定了基础。

2.4 滨海白首乌内生菌中 C_{21} 甾体苷代谢产物分析

2.4.1 材料与方法

2.4.1.1 材料

(1) 菌种

BHY-32、BHG-44、BHG-45。

(2) 试剂

冰醋酸、丙酮、乙醇、乙醚、乙腈、蒸馏水。

(3) 仪器

Agilent 高效液相色谱仪、液质联用仪。

2.4.1.2 方法

(1) 发酵液中 C_{21} 甾体苷的提取工艺

①两步法纯化 C_{21} 甾体苷

第一步（萃取）：称取 0.005g 标准品，加入 1mL 乙醇（萃取剂），混匀静置 30min。

第二步（沉析）：在上述溶液中加入沉析剂（混合有机溶剂乙醚及丙酮），

两种成分的体积比为 1∶1。设置萃取剂与沉析剂比为 1∶1～7，摇匀，1000 rpm 离心 1 min，40 ℃水浴挥发至无液体残留，晶体析出，称量晶体重量，确定最优体积比。

②C_{21} 甾体的提取和纯化

样品浓缩：取 10mL 菌种发酵液，10000 rpm 离心 5 min，各取上清液 4 mL，分别置于 60 ℃烘干和−20 ℃预冻 24 h 后真空冷冻干燥 24 h，得到干燥样品 A 和样品 B。

样品纯化：干燥样品中各加入 8 mL 乙醇，匀浆器打匀，10000 rpm 离心 5 min，取上清 8 mL。加入混合有机溶剂 32 mL 摇匀，1000 rpm 离心 1 min，40 ℃水浴挥发至无液体残留。

（2）紫外全波长扫描

将纯化样品用 60% 的乙醇水溶液定容至 2 mL 中，摇匀，经微孔滤膜（0.22 μm）过滤后，稀释 10 倍备用。各取样品以及对照品 2 μL 进行紫外全波长扫描。

（3）样品处理工艺优化

将样品 A 和样品 B 用 60% 乙醇水溶液定容至 2mL 中，摇匀，经微孔滤膜（0.22 μm）过滤后，稀释 10 倍，备用。

精密称取各标准品适量，用甲醇溶解定容制成每毫升含告达庭 0.165 mg、青洋参苷元 0.633 mg、孕烯醇酮 0.5 mg 的混合溶液，经微孔滤膜（0.22 μm）过滤后，稀释 10 倍，备用。

（4）HPLC 鉴定

色谱条件：Alltima C18 色谱柱（250 mm×4.6 mm，5 μm）；采用乙腈（A）-水（B）梯度洗脱（0～10 min，35% A；10～15 min，35%～44% A；15～25 min，44% A；25～28 min，44%～50% A；28～36 min，50% A；36～38 min，50%～56% A；38～46 min，56% A；46～64 min，56%～74% A；64～72 min，74% A 流速 1mL/min）；柱温 35 ℃；检测波长为 263 nm；进样量 10 μL。

（5）LC-MS 法鉴定 C_{21} 甾体苷

色谱条件为：Alltima C18 色谱柱（250 mm×4.6 mm，5 μm），采用乙腈（A）-水（B）梯度洗脱（0～10 min，35% A；10～15 min，35%～44% A；15～

25 min，44% A；25～28 min，44%～50% A；28～36 min，50% A；36～38 min，50%～56% A；38～46 min，56% A；46～64 min，56%～74% A；64～72 min，74% A）；流速 1mL/min；柱温 35 ℃；检测波长为 263 nm；进样量 10 μL。

2.4.2 结果与分析

2.4.2.1 两步法优化结果

如图 2-7、图 2-8 所示，两步法优化结果显示，沉析剂为乙醇：混合有机溶剂体积比 1∶4 时，结晶率最高，为 1.69%，BHG-44 发酵液提取纯化真空冷冻干燥结晶物比烘干干燥结晶物质量多 2%。

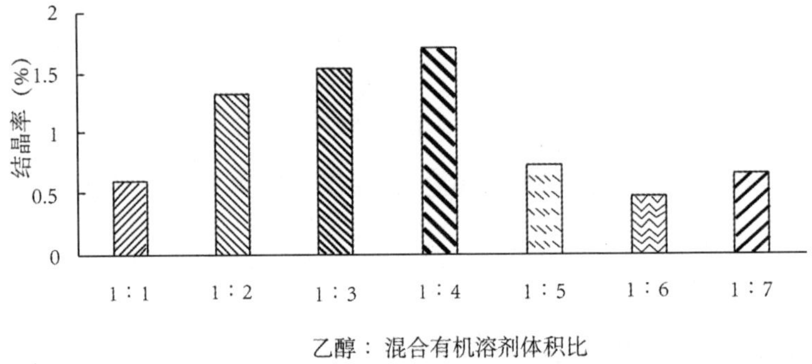

图 2-7 乙醇与混合有机溶剂最佳体积比

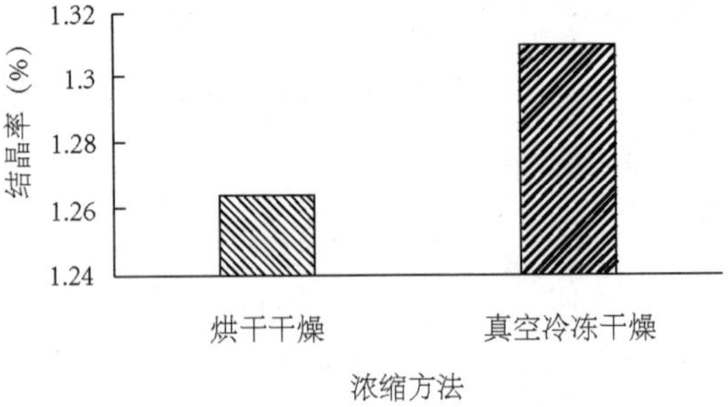

图 2-8 不同浓缩方法结晶率比较

2.4.2.2 紫外全波长扫描结果

紫外全波长扫描得到样品 A、样品 B 在 263 nm 附近存在一个吸收峰，在该特征波长条件下的色谱图杂质峰较少，并且与文献中的检测 C_{21} 甾体苷波长一致，所以，选择 263 nm 作为 C_{21} 甾体苷 HPLC 的检测波长。

2.4.2.3　样品处理工艺优化

（1）细菌

在液相色谱条件下，细菌样品 A、样品 B 中的 C_{21} 甾体苷成分达到基线分离，色谱图见图 2-9。

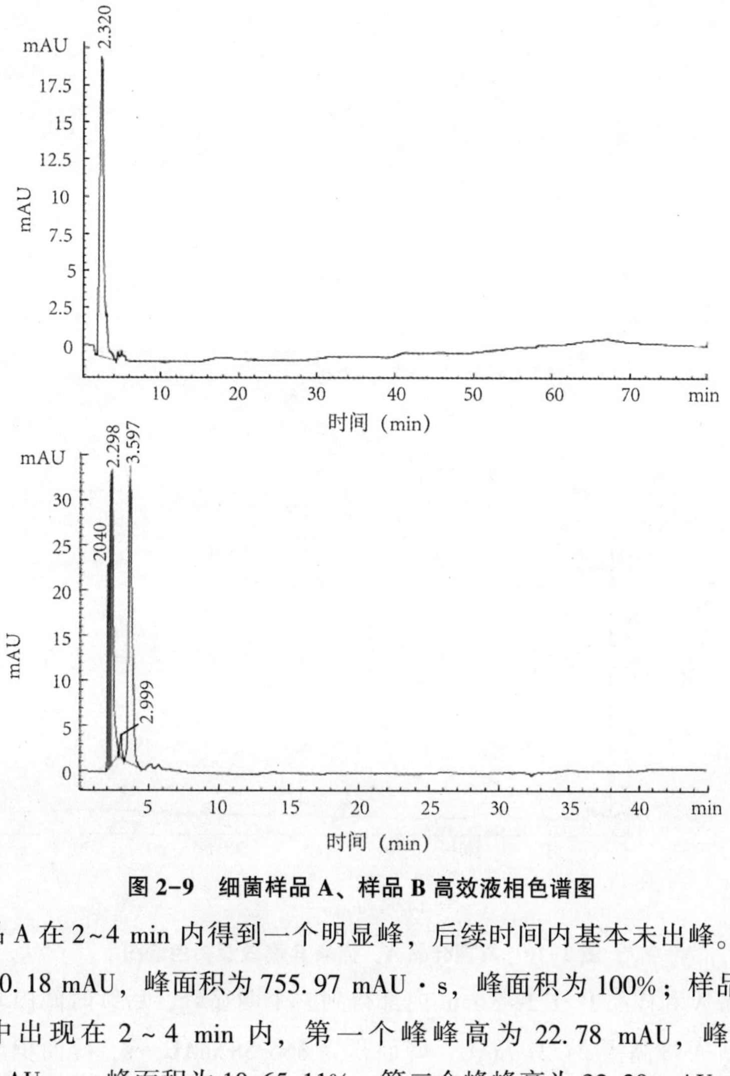

图 2-9　细菌样品 A、样品 B 高效液相色谱图

样品 A 在 2~4 min 内得到一个明显峰，后续时间内基本未出峰。样品 A 峰高为 20.18 mAU，峰面积为 755.97 mAU · s，峰面积为 100%；样品 B 含 4 个峰集中出现在 2 ~ 4 min 内，第一个峰峰高为 22.78 mAU，峰面积为 142.74 mAU · s，峰面积为 10.65.11%；第二个峰峰高为 32.39 mAU，峰面积为 236.01 mAU · s，峰面积为 17.61%。第三个峰峰高为 32.79 mAU，峰面积为 358.98 mAU · s，峰面积 26.79%。第四个峰峰高为 32.83 mAU，峰面积为 579.61 mAU · s，峰面积 43.25%。

（2）真菌

在液相色谱条件下，真菌样品 A、样品 B 中的 C_{21} 甾体苷成分达到基线分离，色谱图见图 2-10。

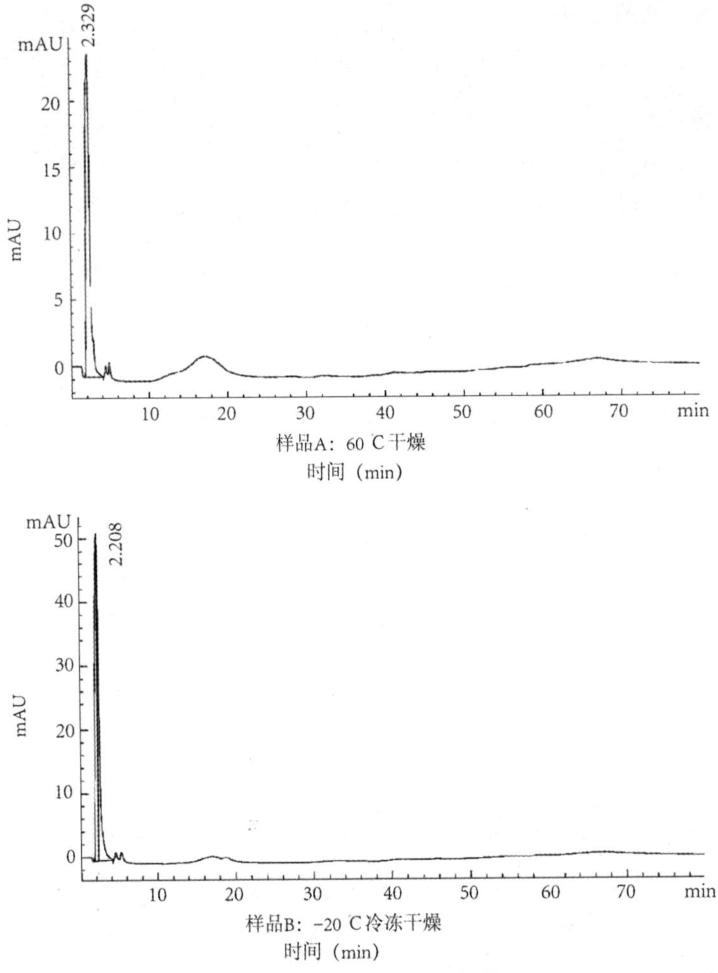

图 2-10　真菌样品 A、样品 B 高效液相色谱图

样品 A 和样品 B 在 2~3 min 内都得到一个明显峰，后续时间内基本未出峰。样品 A 峰高为 24. 31 mAU，峰面积为 866. 58 mAU · s，峰面积为 100%；样品 B 含两个峰，第一个峰峰高为 51. 26 mAU，峰面积为 956. 3997 mAU · s，峰面积为 53. 11%；第二个峰峰高为 51. 43 mAU，峰面积为 843. 59 mAU · s，峰面积为 46. 89%。

（3）放线菌

在色谱条件下，60 ℃烘干处理过的样品 A 和真空冷冻干燥处理过的样品 B 中的 C_{21} 甾体苷成分达到基线分离，如图 2-11 所示，HPLC 两个样品都存在明显主峰，峰形尖锐对称，峰面积为 100%。

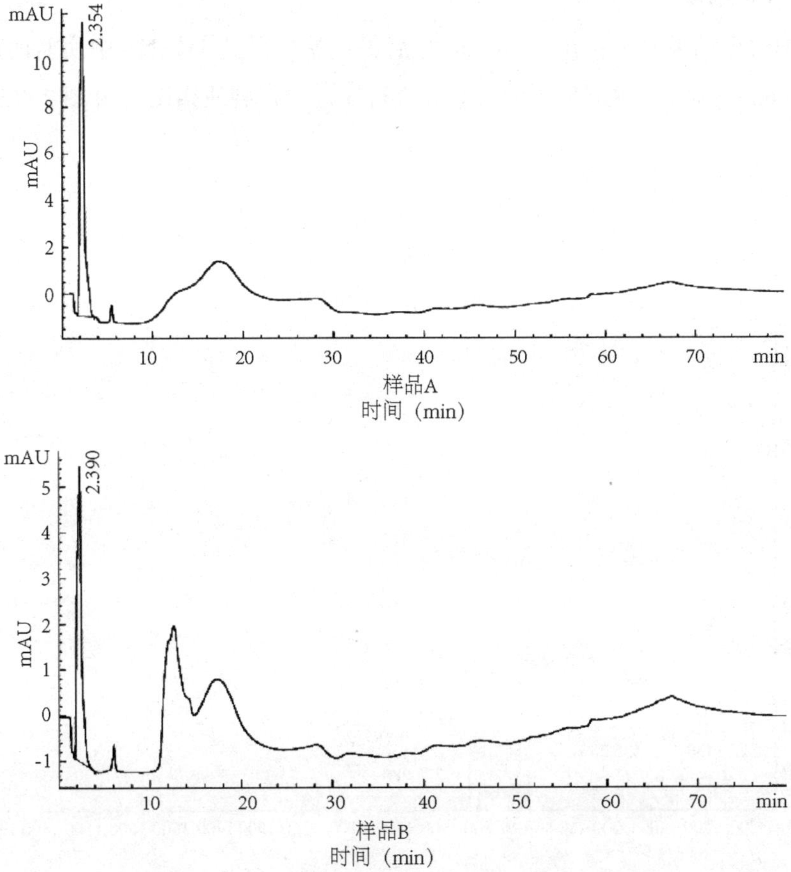

图 2-11　放线菌样品 A、样品 B 高效液相色谱图

样品 A 和样品 B 在 2～3 min 内都得到一个明显峰。样品 A 峰高为 12.52 mAU，峰面积为 433.49 mAU · s，峰面积为 100%；样品 B 峰高为 6.47 mAU，峰面积为 225.09 mAU · s，峰面积为 100%。两种方式得到的样品 HPLC 都出现明显峰，且峰数量少，得到的化合物较纯。因此，60 ℃烘干干燥方法得到的样品含量相对较高。

综上所述，采用烘干干燥工艺及冷冻干燥工艺处理样品，两种不同方式得到的样品 HPLC 都出现明显主峰，且峰相对集中，可以判断提纯方法较好，得到的化合物较纯。样品 B 峰高高于样品 A。样品 B 丰度同样高于样品 A。因此，真空冷冻干燥方法得到的浓缩样品效果较好。

2.4.2.4 LC-MS 鉴定结果

（1）细菌

HPLC 结果显示，在 0~10min 之后不出峰，因此 LC-MS 中实验时间缩短为 10 min。对 LC 图谱得到的每个峰进行质谱，得到质谱图（见图 2-12）。

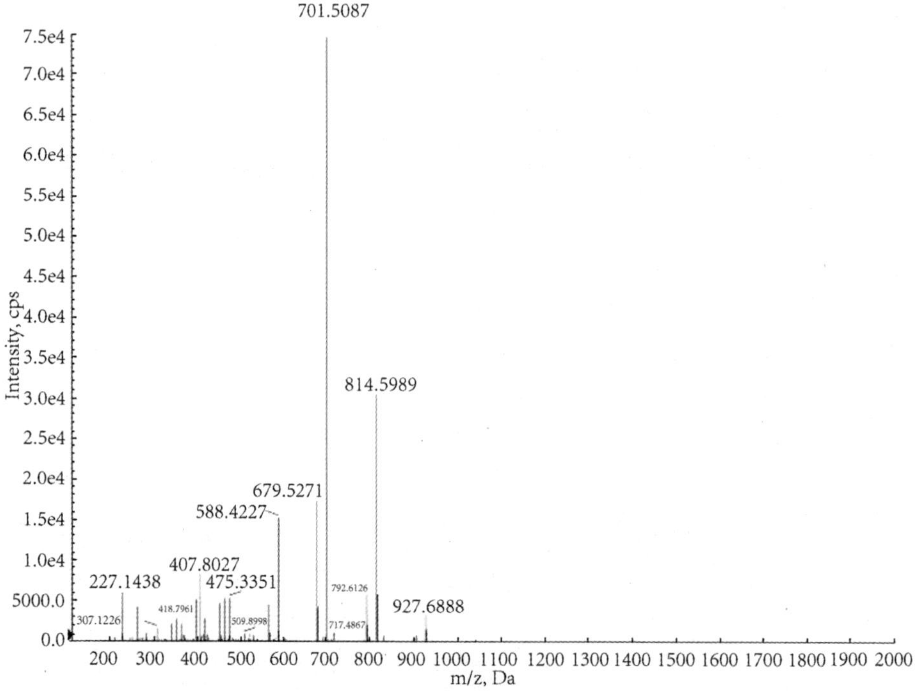

图 2-12　菌株 BHY-32 发酵液中 C_{21} 甾体苷的 LC-MS 鉴定结果

根据质谱图谱合理性分析选定图为分析对象，图谱中最高质量端为 m/z 927.68 Da。对比相关文献中 C_{21} 甾体苷质谱结果，得到该 C_{21} 甾体苷分子离子峰为［M+Na］$^{+}$。确定纯化物中含 C_{21} 甾体苷，且相对分子质量与隔山消苷 C_1N 一致。

（2）真菌

HPLC 结果显示，在 0~10min 之后不出峰，因此 LC-MS 中实验时间缩短为 10 min。对 LC 图谱得到的每个峰进行质谱，得到谱图（见图 2-13）。

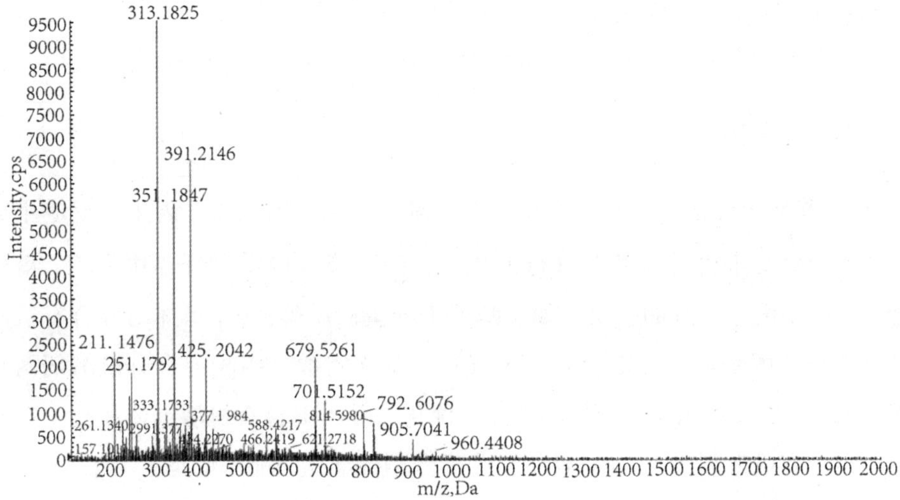

图 2-13　菌株 BHG-44 发酵液中 C_{21} 甾体苷的 LC-MS 鉴定结果

根据质谱图谱合理性分析，图谱中最高质量端为 m/z 960.44 Da。对比相关文献中 C_{21} 甾体苷质谱结果，得到该 C_{21} 甾体苷分子离子峰为 $[M+Na]^+$。确定纯化物中含 C_{21} 甾体苷，而且相对分子质量与 C_{21} 物质隔山消苷一致。

（3）放线菌

HPLC 结果显示，在 0~10min 之后不出峰，因此 LC-MS 中实验时间缩短为 10 min。对 LC 图谱得到的每个峰进行质谱，得到谱图 2-14。

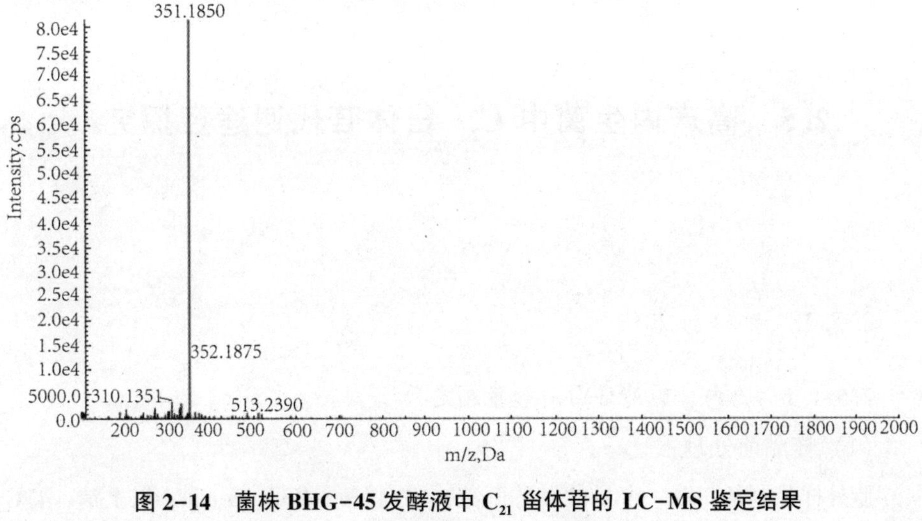

图 2-14　菌株 BHG-45 发酵液中 C_{21} 甾体苷的 LC-MS 鉴定结果

根据质谱图谱合理性分析，图谱中最高质量端为 m/z 513.24 Da。对比相

关文献中 C_{21} 甾体苷质谱结果，得到该 C_{21} 甾体苷分子离子峰为［M+Na］$^+$。确定纯化物中含 C_{21} 甾体苷，而且相对分子质量与 C_{21} 物质开德苷元一致。

2.4.3 讨论

C_{21} 甾体苷可溶于乙醇等有机溶剂，难溶于水，与乙醚、丙酮等反应生成晶体。建立两步法对发酵液进行纯化：乙醇一步提取浓缩样品中的 C_{21} 甾体苷，去除不溶于乙醇的杂质，如发酵液中的蛋白质等；C_{21} 甾体与混合有机溶剂（乙醚：丙酮=1：1 混合）生成晶体，加入乙醇、丙酮混合有机溶剂两步提纯 C_{21} 甾体。利用孕烯醇酮标准品，优化乙醇：混合有机溶剂体积比，在乙醇：混合有机溶剂为 1：4 条件下，孕烯醇酮标准品结晶率最高，为 1.6%。

乙醇—混合有机溶剂两步法提取纯化发酵液得到 C_{21} 甾体总苷，紫外全波长扫描在 263 nm 处均得到峰值，与一般其他类型 C_{21} 甾体检测波长一致。纯化物进行 HPLC 分析，谱图出峰单一，峰形尖锐对称，证明两步法提纯得到的 C_{21} 甾体苷较纯。经液质联用法分析高产内生菌所产 C_{21} 甾体苷的类型分别为：隔山消苷 C_1N（wilfosideC_1N）、隔山消苷 C_3N（wilfosideC_3N）、开德苷元（Kidjolanin）。植物体中的常见 C_{21} 甾体苷类型为告达庭、萝藦苷元、开德苷元、通关藤苷，与内生菌发酵液中常见化合物类型存在一定的差异[34]。

2.5 高产内生菌中 C_{21} 甾体苷代谢途径探究

2.5.1 材料与方法

2.5.1.1 胞内、胞外蛋白质含量测定

（1）样品前处理

胞外样品制备：取一定量的发酵菌液，10000 rpm 离心 10 min，取上清，4 ℃保存。

胞内样品制备：取一定量的发酵菌液，10000 rpm 离心 10 min，去上清。收集菌体沉淀，10 mmol/L Tris-HCl 缓冲液清洗，10000 rpm 离心 10 min，去上清，重复上述步骤 2~3 次。在菌体沉淀中加入 20 mL 10 mmol/L Tris-HCl 缓冲液，冰浴条件下超声破碎（工作 3 s，停止 6 s，共 40 min）。破碎后，8000 rpm，4 ℃，离心 15 min，取上清，4 ℃保存。

（2）试剂的配制

牛血清白蛋白标准溶液的配制：准确称取 100 mg 牛血清白蛋白，溶于 100 mL 蒸馏水中，即为 1000 μg/mL 的原液。

蛋白试剂的配制：考马斯亮蓝 G-250 的配制，称取 100 mg 考马斯亮蓝 G-250，溶于 50 mL 90%乙醇中，加入 85%（*W/V*）的磷酸 100 mL，最后用蒸馏水定容到 1000 mL。

（3）标准曲线的绘制

取 6 支试管取样，充分混匀，静置 2 min。测定并记录 OD595 nm 的吸光度，并绘制标准曲线。

（4）胞内、胞外蛋白含量检测

取提取液 1 mL 于试管中，加入 5 mL 考马斯亮蓝 G-250 蛋白试剂，充分混合，静置 2 min。测定并记录 OD595 nm 的吸光度，并计算胞内外蛋白含量。

2.5.1.2　蛋白多样性分析

（1）试剂配制

①分离胶（5 mL 12%）

H_2O 1.6 mL，30% mix 2 mL，1.5 M Tris pH 8.8 1.3 mL，10% SDS 50 μL，10% APS 50 μL，TEMED 2 μL。

②浓缩胶（3 mL 5%）

H_2O 2.1 mL，30% mix 500 μL，1M Tris（pH 6.8）380 μL，10% SDS 30 μL，10% APS 30 μL，TEMED 3 μL。

③电泳缓冲液（Tris-甘氨酸缓冲液 pH 8.3）

称取 Tris 6.0 g，甘氨酸 28.8 g，SDS 1.0 g，用无离子水溶解后定容至 1 L。

④染色液

考马斯亮蓝 R-250。

⑤脱色液

乙醇：冰乙酸=5：3。

（2）SDS-PAGE 样品前处理

第一步，分别取处理过的胞内、胞外蛋白上清液 5 mL，加入 4 倍体积的甲醇，加入 1 倍体积的氯仿，再加入 3 倍体积的双蒸水，涡旋 20 s 或剧烈上下摇动 20 s，4 ℃放置 30 min；

第二步，10000 rpm、4 ℃离心 15 min，去掉上层相和下层氯仿相，小心取出中间的蛋白沉淀（尽量去除有机溶剂）；

第三步，加入 2×蛋白 buffer，煮 15 min，3500 rpm 离心 3 min，取处理后的胞内、胞外上清进行 SDS-PAGE 蛋白电泳。

（3）SDS-PAGE 聚丙烯酰胺凝胶电泳

将上述处理样品进行 SDS-PAGE 电泳，并分析结果。

2.5.1.3　HMGR 酶学动力学分析

（1）母液制备

1 M Tris-HCl：称取 1.2114 g 的 Tris 加入 8 mL 的超纯水，滴加盐酸，直至 pH 为 7.0，滴定至 10 mL；

1 mM 乙酰-CoA 母液：1 mg 样品加 1 mL 的超纯水充分溶解后，再加入 0.235 mL 灭菌超纯水混匀；

7.5 mM NADPH 母液：10 mg 样品，加入 1 mL 灭菌超纯水充分溶解后，再加入 0.6 mL 灭菌超纯水混匀；

40 mM DTT：10 mg 样品，加入 0.62 mL 灭菌超纯水充分溶解后，再加入 1 mL 灭菌超纯水混匀。

（2）样品前处理

10000 rpm，5 min 离心收集发酵液或胞内提取液，取 1 mM 乙酰-CoA 母液至 3 倍体积的上述样品中，使其终浓度为 0.24 mM。37 ℃反应 12 h，检测 HMGR 酶活性。

（3）酶活测定

对照组 NADPH 的氧化速率（a）：在反应体系中加入 10 μL 上清液，立即计时，在 340 nm 处每隔 30 sec 检测 NADPH 的氧化情况，连续测定 5 min。

试验组 NADPH 的氧化速率（b）：在反应体系中加入 10 μL 添加乙酰—CoA 的处理样品后，立即计时，在 340 nm 处每隔 30 sec 检测 NADPH 的氧化情况，连续测定 5 min（见表 2-9）。

表 2-9　HMGR 酶活测定反应体系

样品名称	添加量（μL）
1 M Tris-HCl	5
7.5 mM NADPH	1
40 mMDTT	10

（4）酶活计算公式

由公式（1-1）给出：

$$\text{HMGR 相对活性（U/mg-protein）} = \text{酶液稀释倍数} \times \Delta A340 \times V_1 / (\varepsilon * d * C * V_2) \quad (1-1)$$

式中：$\Delta A340 = \Delta A340b - \Delta A340a$；

ΔAb、ΔAa——平均每分钟相对对照组的吸光度变化值；

V_1——反应体系体积（μL）；

ε——NADPH 的吸光系数（6.22×10^{-6} $pmol^{-1}cm^{-1}$）；

d——测定光源直径（0.67 mm）；

C——蛋白浓度（mg/mL）；

V_2——加入反应体系中的酶液体积（10 μL）。

2.5.1.4　代谢关键酶 SQS 基因克隆与检测

（1）引物设计

内生细菌：从 NCBI 网址下载 Bacillus altitudinis、Bacillus safensis、Bacillus pumilus 等 12 株菌的 SQS 基因中间序列为基础，采用 Megalign 4.0 软件对高度保守区域序列进行序列分析（见表 2-10）。

查找 12 株菌的 16S rDNA 序列，通过软件 MEGA 7.0、clustalx1.81 对高产 C_{21} 甾体苷的滨海白首乌内生细菌构建系统发育树并确定菌株的系统分类及亲缘关系，利用 Primer Primer 5.0 软件根据亲缘性设计鲨烯合酶（SQS）特异性引物。

内生放线菌：从 NCBI 网址下载相关农杆菌/根瘤菌的 SQS 基因中间序列，采用 Megalign4.0 软件对高度保守区域序列进行序列分析，并通过 16S rRNA 确定菌株的系统分类及亲缘关系。利用 Primer 5.0 软件根据亲缘性设计鲨烯合酶（SQS）特异性引物[37]。

内生真菌：从 NCBI 网址下载相关胶孢炭疽菌的 SQS 基因中间序列，采用 Megalign4.0 软件对高度保守区域序列进行序列分析，并通过 18S rRNA 确定菌株的系统分类及亲缘关系。利用 Primer 5.0 软件根据亲缘性设计鲨烯合酶（SQS）特异性引物。

表 2-10　12 株含 SQS 基因序列的菌株信息

菌株序号	菌株名称
1	高地芽孢杆菌 *Bacillus altitudinis*
2	沙福芽孢杆菌 *Bacillus safensis*
3	短小芽孢杆菌 *Bacillus pumilus*
4	枯草芽孢杆 *Bacillus subtilis*
5	萎缩芽孢杆菌 *Bacillus atrophaeus*
6	贝莱斯芽孢杆菌 *Bacillus velezensis*
7	黄海芽孢杆菌 *Bacillus marisflavi*
8	强壮芽孢杆菌 *Bacillus fortis*
9	耐盐芽孢杆菌 *Bacillus halotolerans*
10	解淀粉芽孢杆菌 *Bacillus amyloliquefacien*
11	巨大芽孢杆菌 *Bacillus megaterium*

（2）内生菌基因组 DNA 的提取

采集发酵液，10000 rpm 离心 5 min，收集菌体沉淀，利用试剂盒提取菌体基因组 DNA。

（3）模板质量检测

以 1% 的琼脂糖凝胶电泳检测提取基因组 DNA 的质量。微量分光光度 Nanophotometer 50 型超微量分光光度计测定提取基因组 DNA 的 A260 nm 和 A280 nm，选择 A260 nm/A260 nm 为 1.8~2.0 ng/μL 的样品进行 PCR 扩增。

（4）细菌和放线菌 SQS 基因克隆及检测

PCR 反应体系：ddH20 9.5 μL；SQS F1（10 μmoL/L）1 μL；SQS R1（10μmoL/L）1 μL；Template 1 μL；2×taq Master Mix 12.5 μL；总体积为 25 μL。

PCR 循环条件：95 ℃预变性 3 min；94 ℃变性 30 s；42 ℃退火 30 s；

72 ℃延伸 60 s；72 ℃修复延伸 10 min，35 个循环。

琼脂糖凝胶电泳：1.5%琼脂糖，1×TAE 电泳缓冲液，254 nm 紫外透射光下观察并拍照。

（5）真菌 SQS 基因克隆及检测

引物：上游（F）：5’-CTTTTCCATGCTGCCTA-3’

下游（R）：5’-GCTGTTCTTTTTACGC-3’

PCR 反应体系：ddH_2O 9.5 μL；SQS F1（10 μmoL/L）1 μL；SQS R1（10 μmoL/L）1 μL；TempLate 1 μL；2×taq Master Mix 12.5 μL；总体积为 25 μL。

PCR 反应条件：95 ℃预变性 3 min；94 ℃变性 30 s；42 ℃退火 30 s；72 ℃延伸 60 s；72 ℃修复延伸 10 min，35 个循环。

2.5.2　结果与分析

2.5.2.1　胞内、胞外蛋白质含量测定结果

（1）蛋白质含量的标准曲线

用 Excel 软件处理数据制作散点图（见图 2-15），并得出分泌蛋白含量测定的标准曲线方程为 $y=5.8629x-0.0025$，标准曲线散点图相关性系数 $R^2=0.9908$，线性良好，可用于后续蛋白含量检测。

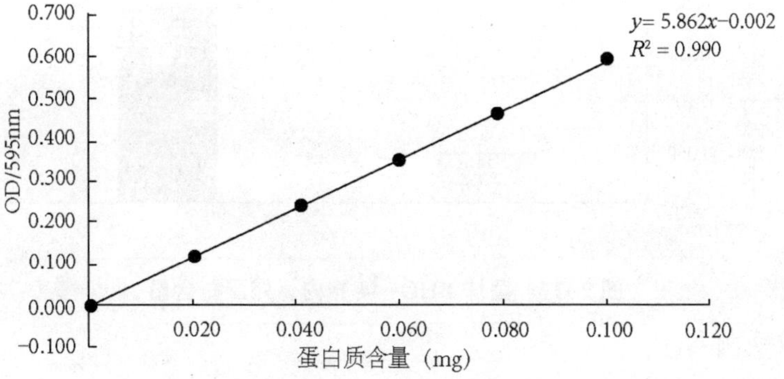

图 2-15　标准曲线

（2）胞内、胞外蛋白含量检测结果

①细菌

对 3 株高产细菌 BHY-32、BHG-34、BHG-48 进行胞内、胞外蛋白含量

的检测结果如下（见图 2-16）。

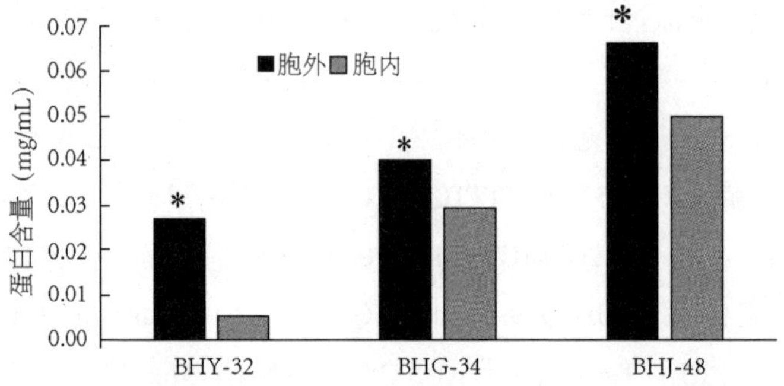

图 2-16 菌株 BHY-32、BHG-34、BHG-48 胞内、胞外蛋白含量

3 株细菌（BHY-32、BHG-34、BHG-48）胞内蛋白含量分别为：0.002±0.004、0.029±0.002、0.050±0.001 mg/mL，胞外可溶性蛋白含量分别为：0.027±0.003、0.040±0.004、0.067±0.034 mg/mL；3 株菌胞外可溶性蛋白含量显著高于胞内（$P<0.05$），且菌株 BHG-48 胞内、外蛋白含量显著高于另外 2 株菌（$P<0.05$）。据此分析，BHG-48 分泌可溶性蛋白的能力较强。

②真菌

真菌 BHG-44 胞内蛋白含量为 0.049±0.009 mg/mL，胞外分泌蛋白含量为 0.195±0.024 mg/mL，胞外显著高于胞内（$P<0.05$）（见图 2-17）。

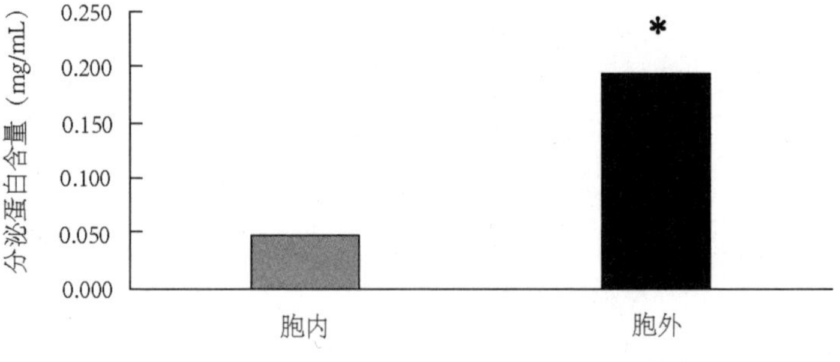

图 2-17 菌株 BHG-44 胞内、外蛋白含量

③放线菌

放线菌 BHG-45 胞内蛋白含量为 0.355±0.001 mg/mL，胞外分泌蛋白含量为 0.151±0.001 mg/mL，胞内显著高于胞外（$P<0.05$）（见图 2-18）。BHG-45 胞内蛋白的合成能力较强，结合代谢产物鉴定结果，推测 BHG-45 能合成代谢 C_{21} 甾体苷的关键酶。

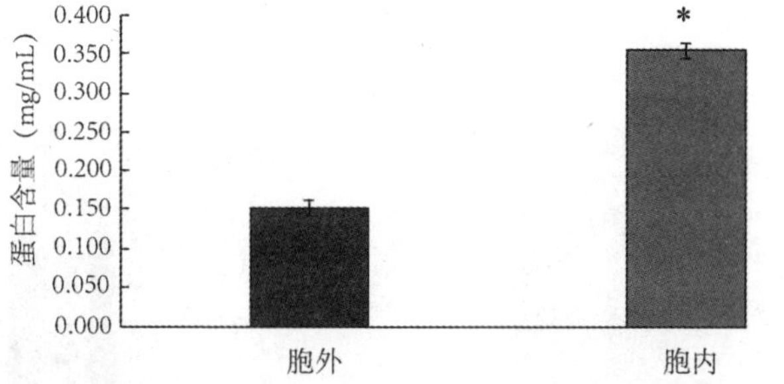

图 2-18　菌株 BHG-45 胞内、胞外蛋白含量

综上所述，内生细菌及真菌的胞外蛋白含量显著高于胞内（$P<0.05$），而内生放线菌的胞内蛋白含量显著高于胞外（$P<0.05$）。内生放线菌 BHG-45 胞内蛋白含量显著高于内生细菌及真菌，内生真菌 BHG-44 胞外可溶性蛋白含量显著高于内生细菌及放线菌。

2.5.2.2　蛋白多样性分析

通过 SDS-PAGE 聚丙酰胺凝胶电泳检测细菌 3 株高产内生细菌 BHY-32、BHG-34、BHG-48 的蛋白多样性，检测结果如图 2-19 所示。

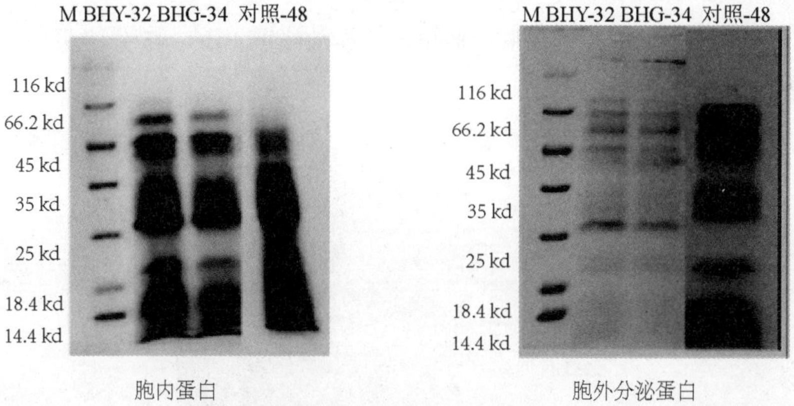

图 2-19　菌株 BHY-32、BHG-34、BHG-48 胞外蛋白 SDS-PAGE 电泳结果图

经文献查阅得知[12]，C_{21} 甾体苷合成代谢关键酶鲨烯合酶（SQS）的相对分子质量为 46.7~47.9 kd，HMGR 酶的相对分子质量为 63.3~64.3 kd。由图 2-20 可以看出，3 株菌 BHY-32、BHG-34、BHG-48 胞外蛋白多样性更丰富。在 45~66.2 kd，3 株菌胞内、外均有明显条带，推测 3 株菌均能合成并外分泌 C_{21} 甾体苷的两种关键酶。SDS-PAGE 电泳分析真菌 BHG-44 蛋白的多样性，结果如

图 2-20 所示。

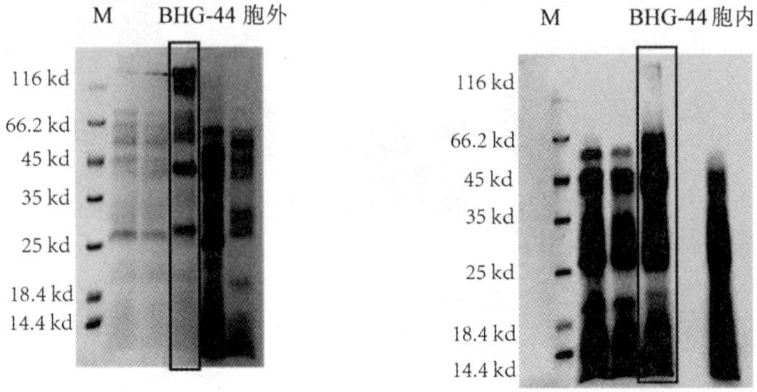

图 2-20 菌株 BHG-44 胞外蛋白 SDS-PAGE 电泳结果图

C_{21} 甾体苷合成代谢关键酶鲨烯合酶（SQS）的相对分子质量为 46.7～47.9kd，HMGR 酶的相对分子质量为 63.3～64.3kd。由图 2-21 可以看出，BHG-44 胞内、胞外蛋白都具有多样性，胞外蛋白丰度高于胞内。蛋白质分子标准量 Marker 的 45～66.2kd，均存在明显条带，SDS-PAGE 检测结果为阳性。推测 BHG-44 具有代谢 C_{21} 甾体苷的两种关键酶。

通过 SDS-PAGE 聚丙酰胺凝胶电泳分析放线菌 BHG-45 分泌蛋白多样性，检测结果如图 2-21 所示。

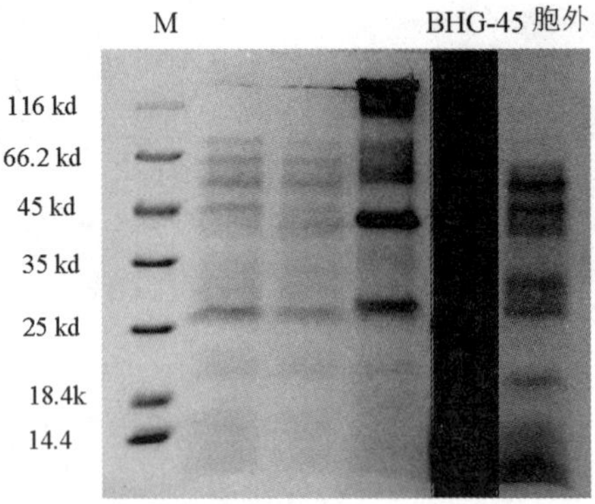

图 2-21 菌株 BHG-45 胞外蛋白 SDS-PAGE 电泳结果图

由图 2-21 可以看出，BHG-45 胞外蛋白多样性丰富，且在蛋白质分子标准量 Marker 的第二条带与第三条带（45～66.2 kd）之间，有明显条带，推测 BHG-45 能够合成代谢 C_{21} 甾体苷的两种关键酶。

2.5.2.3　SQS 酶基因检测

(1) 细菌

查找 12 株内生细菌的 16S rDNA，通过软件 MEGA 7.0、Clustalx1.81 对高产 C_{21} 甾体苷的滨海白首乌内生细菌构建系统发育树并确定菌株的系统分类及亲缘关系，利用 Primer 5.0 软件根据亲缘性设计鲨烯合酶（SQS）特异性引物。引物设计结果如表 2-11 所示。

表 2-11　SQS 特异性引物序列表

Primer	5'—3'	碱基数	纯化方法	GC（%）	Tm（℃）
SQS F1231	CTTTTCCATGCTGCCTA	17	HAP	47.1	48.9
SQS R1231	GCTGTTCTTTTTTACGC	17	HAP	41.2	45.6
SQS F1232	GCCTTTTCCATGCTGCCTA	19	HAP	52.6	55.7
SQS R1232	GCTTCTTTTAGCTGTTCTTTTTTAC	25	HAP	32.0	50.0

3 株内生细菌（BHY-32、BHG-34、BHG-48）PCR 产物经 1.5% 琼脂糖凝胶电泳，可见 750~1000 bp 处有明显条带，与理论值 889 bp 的 SQS 鲨烯合酶基因的目的片段长度相近[16][18]。因此，从滨海白首乌内生菌中筛出的 BHY-32、BHG-34、BHG-48 芽孢杆菌菌体中含有合成 C_{21} 甾体苷的关键酶—SQS 鲨烯合酶（见图 2-22）。

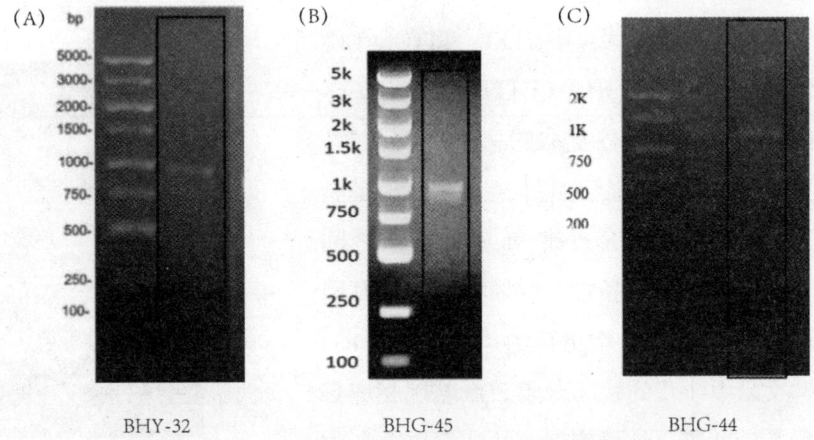

图 2-22　3 株菌中 SQS 酶基因检测凝胶电泳结果图

（2）真菌

从 NCBI 下载相关胶孢炭疽菌的 SQS 基因中间序列，采用 Megalign 4.0 软件对高度保守区域序列进行序列分析，并通过 18S rRNA 确定菌株的系统分类及亲缘关系。利用 primer 5.0 软件根据亲缘性设计鲨烯合酶（SQS）特异性引物。

引物设计结果为：上游 F1：5’ -TCCGAGTCAACACAAAACCT-3’；下游 R1：3’ -GGAAGAGAAAACAAGCGAGA-5’。真菌 BHG-44 菌株提取总 DNA 经过 1.5%琼脂糖凝胶电泳结果显示见图 2-23，比对 Marker 在 750～1k bp 存在明显条带。鲨烯合酶 SQS 基因特异性引物 PCR 扩增出长度为 889 bp 目的片段，与文献中涉及的鲨烯合酶 SQS 基因相应目的片段长度相符。因此可推测，BHG-44 菌株含鲨烯合酶 SQS 基因。

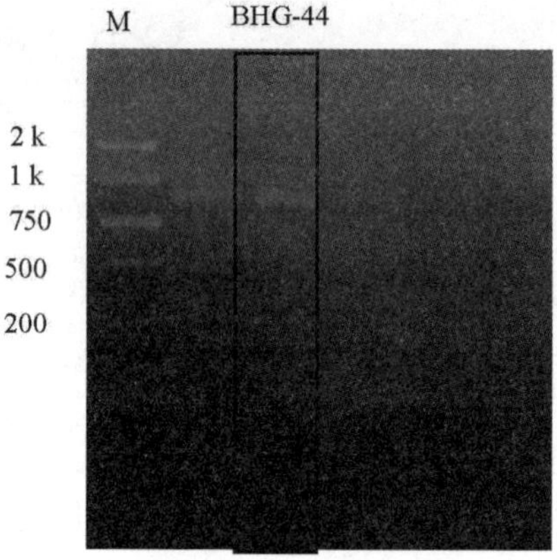

图 2-23　菌株 BHG-44 SQS 酶基因检测凝胶电泳结果图

（3）放线菌

从 NCBI 下载相关农杆菌/根瘤菌的 SQS 基因中间序列，采用 Megalign 4.0 软件对高度保守区域序列进行序列分析，并通过 16S rRNA 确定菌株的系统分类及亲缘关系。利用 Primer 5.0 软件根据亲缘性设计鲨烯合酶（SQS）特异性引物。引物设计结果为：上游 F1：TTTGCCGCCTATCTTCCC，下游 R1：CCTTTGCCAGCAGCCATT。放线菌 BHG-45 提取的总 DNA 经 1.5%琼脂糖凝胶电泳结果显示如图 2-24 所示。琼脂糖凝胶电泳图的第五条带和第六条带之间（750～1k bp）有明显条带。鲨烯合酶 SQS 基因特异性引物经 PCR 扩增出目的片段长度为 889 bp，与文献中涉及的鲨烯合酶 SQS 基因相应目的片段长度相符。结果表明，从滨海白首乌内生菌中筛出的 BHG-45 含 C_{21} 甾体苷的关键酶

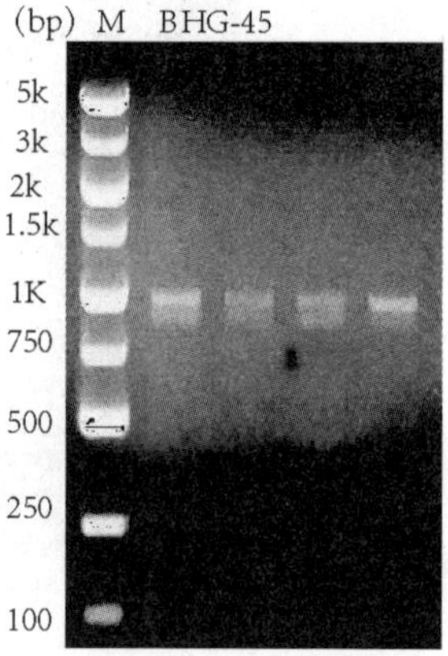

图 2-24　菌株 BHG-45 中 SQS 酶基因检测凝胶电泳结果图

鲨烯合酶 SQS 基因。

2.5.2.4　HMGR 酶学动力学分析结果

（1）细菌

通过酶活动力学分析，测得细菌 3 株菌 BHY-32、BHG-34、BHG-48 胞内酶活分别为：10.284±0.160 U、0.048±0.008 U、-0.0633±0.010 U，胞外酶活为 0.206±0.004 U、0.102±0.007 U、0.049±0.010 U，3 株细菌胞内酶活显著高于胞外（$P<0.05$）。其中，菌株 BHY-32 胞内、外 HMGR 酶活均显著高于其他 2 株菌（$P<0.05$）（见图 2-25）。结合 SDS-PAGE 聚丙烯酰胺凝胶电泳结果，推测 BHY-32 能够代谢合成 C_{21} 甾体苷的关键酶 HMGR 酶；菌体在胞内大量合成 HMGR 酶后分泌适量酶于胞外，参与合成 C_{21} 甾体代谢反应。据此分析，滨海白首乌内生菌能够通过类异戊二烯生物合成途径（MVA）合成 C_{21} 甾体苷。

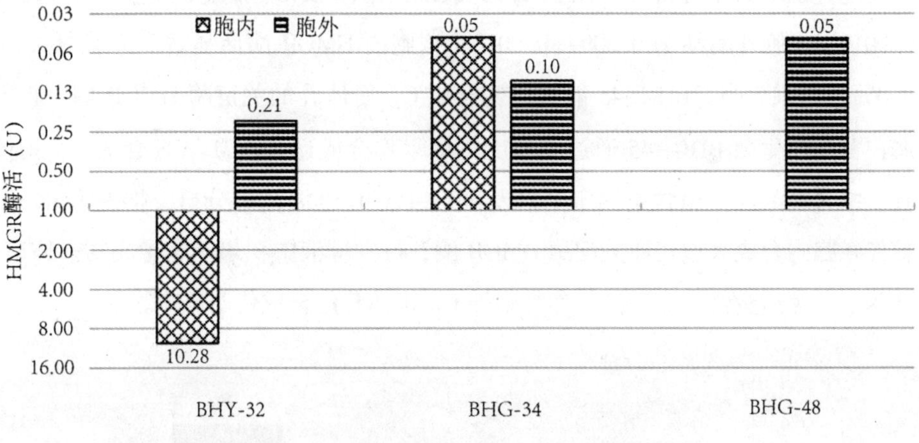

图 2-25　3 株高产菌种 HMGR 酶活测定结果图

（2）真菌

通过酶活动力学分析（见图 2-26），真菌菌株 BHG-44 胞外酶活为 0.0175 U±0.001 U，胞内酶活为 1.54 U±0.001 U，胞内酶活显著高于胞外（$P<0.05$）。BHG-44 能够合成代谢 C_{21} 甾体苷的关键酶 HMGR 酶。结合 SDS-PAGE 聚丙烯酰胺凝胶电泳结果，推测 BHG-44 合成大量代谢关键酶，参与合成代谢反应。据此分析，滨海白首乌内生菌 BHG-44 通过类异戊二烯生物合成途径（MVA）合成 C_{21} 甾体苷。

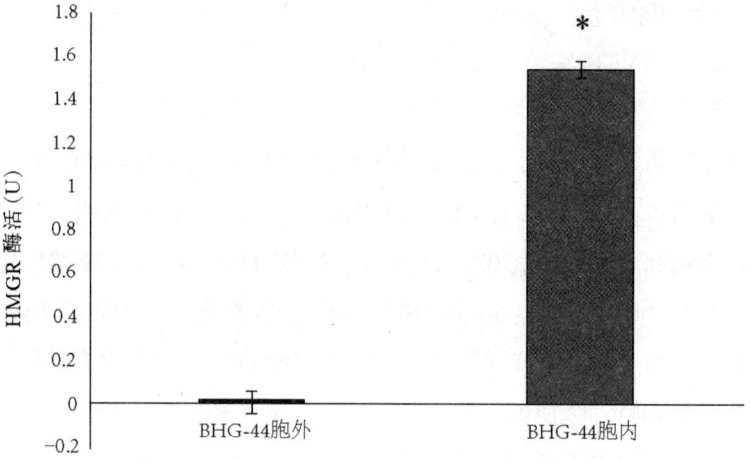

图 2-26　内生真菌 BHG-44 HMGR 酶活测定结果图

（3）放线菌

通过酶活力学分析（见图 2-27），放线菌菌株 BHG-45 胞内酶活为 0.0199±0.0010 U，胞外酶活为 0.0009±0.0010 U，胞内 HMGR 酶活显著高于胞外（$P<0.05$）。结果表明，BHG-45 能够代谢合成 C_{21} 甾体苷的关键酶 HMGR 酶，且滨海白首乌内生菌 BHG-45 通过类异戊二烯生物合成途径（MVA）合成 C_{21} 甾体苷。结合可溶性蛋白含量测定结果及 SDS-PAGE 电泳结果分析，推测 BHG-45 首先在胞内合成大量代谢关键酶 HMGR 酶，待发酵液中积累一定量底物前体后，向胞外分泌适量代谢关键酶，参与胞外 C_{21} 甾体苷的合成代谢反应。

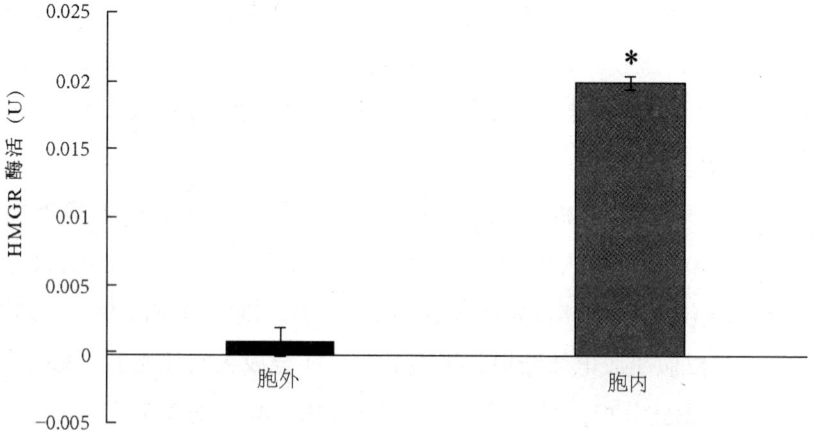

图 2-27　内生放线菌 BHG-45 HMGR 酶活测定结果图

2.5.3 讨论

目前，国内外关于滨海白首乌内生菌次级代谢产物的研究大多为真菌，细菌相对较少[17]。岳伟在何首乌中筛选出了 84 株内生真菌，在优势菌尖孢镰刀菌的发酵液中提取出了 5 种甾体苷，对癌细胞有明显抑制作用。本研究在最优产 C_{21} 甾体苷真菌中胞内、胞外均检测出 HMGR 酶活[38-40]，且 SDS-PAGE 结果显示菌种蛋白种类多样，C_{21} 甾体苷合成代谢关键酶鲨烯合酶（SQS）的相对分子质量为 46.7~47.9 kd，HMGR 酶的相对分子质量约为 63.3~64.3 kd，对比蛋白质分子标准量 Marker，在 45~66.2 kdSDS-PAGE 都存在明显条带，该菌 BHG-44 能够同时产代谢 C_{21} 甾体苷的关键酶：鲨烯合酶和 HMGR 酶。根据鲨烯合酶 SQS 引物，鉴定最优产 C_{21} 甾体苷真菌菌种基因，比对 Marker，在条带 1k bp 至条带 750 bp 之间存在明显条带。鲨烯合酶 SQS 基因特异性引物 PCR 扩增出长度为 889 bp 的目的片段，与文献中涉及的鲨烯合酶 SQS 基因相应目的片段长度相符[41]。因此得到，BHG-44 菌株含合成 C_{21} 甾体苷的关键酶——鲨烯合酶 SQS。

本研究对滨海白首乌内生细菌进行筛选得到了 28 株细菌，其中 14 株能够合成 C_{21} 甾体苷，选择高产 C_{21} 甾体苷的 3 株细菌（BHY-32、BHG-34、BHG-48）进行胞内、胞外蛋白质检测，3 株菌胞外可溶性蛋白含量显著高于胞内（$P<0.05$），且菌株 BHG-48 胞内、外蛋白含量显著高于另外两株菌（$P<0.05$）。据此分析，BHG-48 分泌可溶性蛋白的能力较强。设计 SQS 基因特异引物，PCR 产物经 1.5% 琼脂糖凝胶电泳，可见 750~1000 bp 处有明显条带，与理论值 889 bp 的 SQS 鲨烯合酶基因的目的片段长度相近。因此，从滨海白首乌内生菌中筛出的芽孢杆菌菌体中含有合成 C_{21} 甾体苷的关键酶——SQS 鲨烯合酶。在 HMGR 酶活测定中，3 株细菌表现出不同的特性，BHY-32 号菌株胞内酶活为 10.28±0.16 U，酶活性显著性高于另外两株；结合对 3 株菌的蛋白含量及 SDS-PAGE 聚丙烯酰胺凝胶电泳分析，可推测不同菌株合成 C_{21} 甾体苷的途径有所不同。研究推测：菌株 BHY-32 首先在胞内代谢产生较多且丰富的蛋白后外分泌于胞外，通过类异戊二烯生物途径（MVA）利用合成 C_{21} 甾体苷的两种关键酶［HMGR 酶和 SQS（鲨烯合

酶）］对 C_{21} 甾体苷进行合成，另外两株内生细菌（BHG-34、BHG-48）通过 5-磷酸脱氧木酮途径利用一种关键酶 SQS（鲨烯合酶）的参与对 C_{21} 甾体苷进行生物合成。

研究发现，滨海白首乌内生菌放线菌 BHG-45 胞内分泌可溶性蛋白的能力较强，结合代谢产物鉴定结果，推测 BHG-45 能合成代谢 C_{21} 甾体苷的关键酶，该菌能够同时产代谢 C_{21} 甾体苷的关键酶：鲨烯合酶和 HMGR 酶。基于上述结果，确定了该菌通过类异戊二烯生物合成途径（MVA）合成 C_{21} 甾体苷。在 SDS-PAGE 检测蛋白多样性时，BHG-45 胞内蛋白在经过优化处理后，条带仍出现弥散，推测该菌胞内蛋白极易降解，不易提取，后续蛋白提取可侧重对胞内蛋白的保护。通过酶活动力学分析，测得 BHG-45 胞内酶活为 0.0199±0.0010 U，显著高于胞外酶活测定（$P<0.05$），与可溶性蛋白含量测定结果一致。

2.5.4 本节小结

本试验综合 C_{21} 甾体苷代谢关键酶活性及基因检测、蛋白多样性分析，揭示：

第一，细菌菌株 BHY-32 可利用甾体苷的两种关键酶［HMGR 酶和 SQS（鲨烯合酶）］通过类异戊二烯生物途径（MVA）对 C_{21} 甾体苷进行合成，另外两株内生细菌（BHG-34、BHG-48）通过 5-磷酸脱氧木酮途径利用一种关键酶 SQS（鲨烯合酶）对 C_{21} 甾体苷进行生物合成。

第二，真菌菌株 BHG-44 中 C_{21} 甾体苷合成途径为类戊二烯生物合成途径（MVA）。

第三，放线菌菌株 BHG-45 先于胞内通过 HMGR 酶代谢合成鲨烯合酶相关底物的前体，后续前体并连同部分 HMGR 酶可能代谢出胞外，参与 C_{21} 甾体苷的合成，该菌通过类异戊二烯生物合成途径（MVA）合成 C_{21} 甾体苷。

2.6 高产内生菌发酵条件优化

2.6.1 材料与方法

2.6.1.1 材料

(1) 培养基

营养肉汤培养基、马铃薯葡萄糖肉汤培养基、高氏一号培养基。

(2) 试剂

7%香草醛-冰乙酸溶液：称取 0.35 g 香草醛试剂，溶于 5 mL 冰乙酸，配制成母液，取 100 μL 母液稀释于 100 mL 冰乙酸，配制成 7%香草醛-冰乙酸溶液。

2.6.1.2 发酵条件优化

(1) 正交实验设计

利用正交设计助手 2.0，选定接种量（0.5%、1%、2%）、pH（6、7、8）和温度（28 ℃、32 ℃、37 ℃）作为正交优化的 3 个参数并设计正交试验表（见表 2-12），明确最佳发酵条件，进一步提高 C_{21} 甾体发酵产率。

表 2-12　正交实验设计表

水平	A（温度/ ℃）	B（pH）	C（接种量/%）
1	28	6	0.5
2	32	7	1
3	37	8	2

(2) 发酵时间的选择

细菌 BHY-32：分别在 72 h、120 h、216 h 时取样，测定 C_{21} 甾体总苷含量，测定数据并记录，选出最优发酵时间。

真菌 BHG-44：分别在 48 h、96 h、144 h 时取样，测定 C_{21} 甾体总苷含量，测定数据并记录，选出最优发酵时间。

放线菌 BHG-45：分别在 72 h、144 h、216 h 时取样，测定 C_{21} 甾体总苷含量，测定数据并记录，选出最优发酵时间。

（3）优化后 C_{21} 甾体苷含量的测定

取适量发酵液 10000 rpm 离心 10 min，取 1 mL 上清液于试管中，在反应温度为 80 ℃、反应时间为 30 min、香草醛-冰乙酸浓度 7% 时反应。反应结束，立刻转移至冰水浴，终止反应并加入 10 mL 冰乙酸，混匀。在最佳测定波长 450 nm 下，测定数据并记录，选出最优产酶条件。

2.6.2 结果与分析

2.6.2.1 优化后 C_{21} 甾体总苷含量的测定

（1）细菌 BHY-32 优化后 C_{21} 甾体苷含量的测定

测定滨海白首乌内生菌 BHY-32 在不同正交条件下 C_{21} 甾体苷总含量变化如表 2-13 所示。

表 2-13 不同发酵条件下细菌 BHY-32 中 C_{21} 甾体总苷含量

实验编号	发酵培养不同时间（h）			均值（mg/mL）
	72	120	216	
1	0.15±0.005	0.09±0.001	0.06±0.003	0.10±0.005^{d}
2	0.12±0.001	0.20±0.001	0.08±0.003	0.13±0.006^{d}
3	0.91±0.010	1.28±0.005	0.91±0.008	1.03±0.021^{a}
4	0.19±0.005	0.18±0.003	0.08±0.001	0.15±0.006^{ab}
5	0.82±0.008	1.04±0.008	0.87±0.010	0.91±0.012^{d}
6	0.08±0.002	0.05±0.001	0.05±0.004	0.06±0.002^{d}
7	0.57±0.012	0.92±0.012	0.84±0.002	0.78±0.018^{bc}
8	0.15±0.004	0.11±0.003	0.11±0.006	0.12±0.002^{d}
9	0.12±0.001	0.16±0.005	0.09±0.002	0.12±0.004^{d}

注：表中不同字母代表多重比较结果，采用 LSD 法。同行中相间字母代表差异性极显著（$P<0.01$），相邻字母代表差异性显著（$P<0.05$），相同字母代表差异性不显著（$P>0.05$）。

由表 2-13 数据统计分析得到：不同实验条件下，菌体发酵产 C_{21} 甾体苷的含量不完全相同；但采用 LSD 法，综合其均值判断，发酵 120 h，菌株 BHY-32

发酵液中 C_{21} 含量显著高于其他实验组（$P<0.05$），因此，选定 120 h 进行正交分析。

（2）真菌 BHG-44 优化后 C_{21} 甾体总苷含量的测定

测定滨海白首乌内生菌 BHG-44 在不同正交条件下 C_{21} 甾体苷总含量变化如表 2-14 所示。

表 2-14　不同发酵条件下真菌 BHG-44 中 C21 甾体总苷含量

实验编号	发酵培养不同时间（h）		
	48	96	144
1	0.027	0.002	-0.033
2	0.077	0.029	0.0143
3	0.165	0.313	0.274
4	0.041	0.010	-0.003
5	0.039	0.084	0.035
6	0.092	0.249	0.234
7	0.070	0.086	0.067
8	0.007	-0.002	-0.001
9	0.138	0.182	0.245

由表 2-14 数据统计分析得到：不同实验条件下，菌体发酵产 C_{21} 甾体苷的含量不完全相同，综合可得，发酵 96 h 时，菌株 BHG-44 发酵液中 C_{21} 含量有明显峰值，因此，选定 96 h 进行正交分析。

（3）放线菌 BHG-45 优化后 C_{21} 甾体总苷含量的测定

内生菌 BHG-45 在不同发酵条件下，其发酵液中 C_{21} 甾体苷总含量变化如表 2-15 所示。

表 2-15　不同发酵条件下放线菌 BHG-45 中 C_{21} 甾体苷含量

实验编号	C_{21} 甾体总苷含量（mg/mL）		
	72 h	144 h	216 h
1	0.09±0.00	0.24±0.010	-0.05±0.00
2	0.07±0.00	0.10±0.00	-0.07±0.00

续表

实验编号	C_{21} 甾体总苷含量（mg/mL）		
	72 h	144 h	216 h
3	-0. 01±0. 00	0. 00±0. 00	0. 00±0. 01
4	0. 06±0. 00	0. 14±0. 00	0. 04±0. 00
5	0. 00±0. 00	0. 03±0. 00	0. 00±0. 00
6	0. 07±0. 00	0. 18±0. 01	0. 00±0. 00
7	0. 01±0. 00	-0. 02±0. 00	-0. 08±0. 00
8	0. 14±0. 00	0. 09±0. 00	0. 01±0. 00
9	0. 07±0. 00	0. 24±0. 01	0. 02±0. 00

随着发酵培养时间的增加，C_{21} 甾体苷总含量呈现先上升后下降的趋势。测定结果表明，在培养 144 h 时，不同正交实验组测得的 C_{21} 甾体苷总含量达峰值，故选定 144 h 进行正交分析。

2. 6. 2. 2　正交结果分析

（1）细菌 BHY-32 发酵优化结果

细菌 BHY-32 正交实验结果如表 2-16 所示。

表 2-16　细菌 BHY-32 正交实验结果分析表

编号	接种量（%）	pH	温度（℃）	浓度（mg/mL）
1	0. 5	6	28	0. 09
2	0. 5	7	32	0. 20
3	0. 5	8	37	1. 28
4	1	6	32	0. 18
5	1	7	37	1. 04
6	1	8	28	0. 05
7	2	6	37	0. 92
8	2	7	28	0. 11
9	2	8	32	0. 16
均值 1	0. 52	0. 40	0. 08	
均值 2	0. 42	0. 45	0. 18	

续表

编号	接种量（%）	pH	温度（℃）	浓度（mg/mL）
均值 3	0.40	0.50	1.08	
极差	0.12	0.10	1.00	

通过直观分析，温度、pH、接种量对细菌产 C_{21} 甾体苷的影响关系依次为：温度>接种量>pH。因此，温度对细菌产 C_{21} 甾体苷的影响最大。本实验选择的最优组合为 $A_1B_2C_3$，即当发酵培养接种量为 0.5%、pH 为 7、温度为 37 ℃时，菌体发酵产 C_{21} 的效果最佳，最高含量为 1.28 mg/mL。

（2）真菌 BHG-44 发酵优化结果

通过直观分析，3 个因素对 BHG-44 C_{21} 甾体含量的影响为：pH>温度>接种量，因此 pH 对本实验的影响最大。本实验选择的最优组合为：A1B3C3，即当接种量为 0.5%、pH 为 8、培养温度为 37 ℃时，培养条件最优，C_{21} 甾体浓为 0.605±0.036 mg/mL，相比优化前产率提高 20%（见表 2-17）。

表 2-17　真菌 BHG-44 正交实验结果分析表

编号	接种量（%）	pH	温度（℃）	OD_{450}
1	0.5	6	28	0.002
2	0.5	7	32	0.029
3	0.5	8	37	0.313
4	1	6	37	0.010
5	1	7	28	0.084
6	1	8	32	0.249
7	2	6	32	0.086
8	2	7	37	-0.002
9	2	8	28	0.182
均值 1	0.115	0.033	0.083	
均值 2	0.114	0.037	0.121	
均值 3	0.089	0.161	0.107	
极差	0.026	0.215	0.087	

（3）放线菌 BHG-45 发酵优化结果

通过直观分析，接种量、pH、温度对发酵液中 C_{21} 甾体苷含量的影响关系为：温度>pH>接种量。因此，培养温度对本实验的影响最大。考虑多重因素的影响，本实验选择的最优组合为：$A_3B_3C_3$，即当接种量为 2%、pH 为 8、培养温度为 32 ℃时，BHG-45 合成代谢 C_{21} 甾体苷的效果更优（见表 2-18）。

表 2-18 放线菌 BHG-45 正交实验结果分析表

编号	接种量（%）	pH	温度（℃）	OD_{450}
1	0.5	6	28	0.129
2	0.5	7	32	0.059
3	0.5	8	37	0.009
4	1	6	32	0.078
5	1	7	37	0.022
6	1	8	28	0.101
7	2	6	37	-0.004
8	2	7	28	0.052
9	2	8	32	0.128
均值 1	0.066	0.068	0.094	
均值 2	0.067	0.044	0.088	
均值 3	0.059	0.079	0.009	
极差	0.008	0.035	0.085	

2.6.3 讨论

滨海白首乌中 C_{21} 甾体苷具有抗肿瘤、调节免疫、抗氧化、抗衰老、调血脂、促进毛发生长、保护脏器等多种极高的药理活性[42]。但迄今为止，国内外对滨海白首乌的研究基本停留在原植物中化学成分的分离，而有关滨海白首乌内生菌是否可以转化或者直接合成 C_{21} 甾体苷的研究甚少，国内外关于滨海白首乌内生菌次级代谢产物的研究大多为真菌，细菌相对较少[43]。

相关研究显示，提高菌株代谢水平的方法除优化发酵条件外，还有降低分解代谢产物浓度，减少阻遏的发生、筛选抗生素抗性突变株、调节生长速率、使用诱导物[44] 等多种方法，研究拟对滨海白首乌高产内生菌株合成 C_{21} 甾体苷能力开展进一步的优化。本研究对高产 C_{21} 甾体苷的三株菌进行发酵条件优化，细菌 BHY-32 最优培养条件为接种量为 0.5%、pH 为 7、温度为 37 ℃，C_{21} 甾体浓度为 1.280±0.005 mg/mL，比优化前提高 91%；放线菌 BHG-45 最优培养条件为接种量 2%、pH 8、温度 32 ℃，BHG-45 合成代谢 C_{21} 甾体苷的效果更优；真菌 BHG-44 最优培养条件为接种量 0.5%、pH 8、温度 37 ℃，C_{21} 甾体浓度为 0.605±0.036 mg/mL，相比优化前提高 20%。优化后滨海白首乌内生菌产 C_{21} 的能力均有所提升，为相关报道的植物提取含量 10～100 倍，具有鲜明优势，研究为抗肿瘤药物的开发提供了新的途径[45]。

2.6.4　本节小结

本研究以高产 C_{21} 甾体苷的内生菌株：细菌 BHY-32、内生真菌 BHG-44、内生放线菌 BHG-45 为研究对象，通过对高产 C_{21} 甾体苷的菌株进行发酵条件优化，优化后滨海白首乌内生细菌产 C_{21} 甾体苷的能力比优化前提高了 91%，比目前传统植株产 C_{21} 甾体苷高出近 10 倍，滨海白首乌内生真菌产 C_{21} 的能力比优化前提高了 20%，滨海白首乌内生放线菌产 C_{21} 甾体苷的能力也有所提高。优化后滨海白首乌内生菌产 C_{21} 甾体苷的能力均有所提升，将极大地缓解工艺生产 C_{21} 甾体苷的压力。

2.7　本章小结

第一，滨海白首乌不同组织部位中存在一定比例的具 C_{21} 甾体苷合成能力内生菌，筛出比为 51.2%。

第二，建立的微生物发酵液中 C_{21} 甾体苷测定方法，其重复性、稳定性较好，可应用于具 C_{21} 甾体苷合成能力的滨海白首乌内生菌筛选。

第三，建立的微生物发酵液中 C_{21} 甾体苷浓缩、纯化方法，对 3 株高产菌发酵液进行处理，应用于其产物种类鉴定，效果较好。C_{21} 甾体苷类型存在多样性，且与植物体内分布的主要 C_{21} 甾体苷存在差异。

第四，揭示出 3 株滨海白首乌高产内生菌均通过类戊二烯生物合成途径（MVA）合成 C_{21} 甾体苷物质。

第五，优化发酵条件后，菌株产量均有所提高，其发酵液中 C_{21} 甾体苷含量为植物提取物的 10~100 倍，其应用前景广阔。

本研究首次从滨海白首乌中筛选出 27 株具有 C_{21} 甾体苷合成能力的内生菌。建立的香草醛比色法，重复性及稳定性较好，能高效检测发酵液中 C_{21} 甾体苷物质含量。建立的两步法能高效富集和纯化发酵液中的 C_{21} 甾体苷类物质。揭示了 3 株高产内生菌中 C_{21} 甾类物质合成途径为类戊二烯生物合成途径（MVA）。本研究为 C_{21} 甾体苷的生物合成提供了应用依据和技术支持。

C_{21} 甾体苷信息汇总表见表 2-19。

表 2-19　C_{21} 甾体苷信息汇总表

化合物名称	R1	R2	R3	R4	化学式	分子量
Caudatin 告达庭，牛皮消素	H	Ikem	OH	O	$C_{28}H_{42}O_7$	490.629
Cynanforidine	H	Bnz	OH	O	$C_{28}H_{36}O_7$	484
β-胡萝卜苷	H				$C_{35}H_{60}O_6$	576
aglycone	H	Bnz	H	O	$C_{23}H_{30}O_{11}$	482.478
Cynforine	H	Cin	H	β-O-Ikem	$C_{43}H_{49}NO_{18}$	867.8451
Wilforine 雷公藤次碱	H	Cin	H	β-O-Ikem	$C_{43}H_{49}NO_{18}$	867.8451
Deacylmetaplexigenin 去酰蓟萝摩苷元	H	H	OH	O	$C_{21}H_{32}O_6$	380
Gagaminine 加加明，萝藦胺	H	Cin	H	β-O-Nic	$C_{36}H_{43}O_8N$	617
Kidjolanin 、Kidjoranin 开德苷元	H	Cin	H	O	$C_{30}H_{38}O_7$	510

续表

化合物名称	R1	R2	R3	R4	化学式	分子量
Metaplexigenin 萝藦苷元	H	Ac	H	O	$C_{23}H_{3407}$	422
Penupogenin 本波苷元	H	Cin	OH	β-OH	$C_{30}H_{40}O_7$	512
Sarcostin 肉珊瑚苷元	H	H	OH	β-OH	$C_{21}H_{34}O_6$	382
Linelon, Deacylcynanchogenin 林里奥酮，去酰基牛皮消苷元	H	H	H	O		
Wilforidine	H	Cin	OH	β-O-Tig	$C_{36}H_{45}NO_{18}$	779
Caudatin 3-O-β-dit- 告达庭 3-O-β-吡喃洋地黄毒糖苷	RT1	Ikem	H	O	$C_{34}H_{52}O_{10}$	620
Caudatin 3-O-β-cym- 告达庭 3-O-β-磁麻吡喃糖苷	RT2	Ikem	H	O		
Kidjoranin 3-O-β-dit- 开德苷元 3-O-β-洋地黄毒糖苷	RT1	Cin	H	O		
Kidjoranin 3-O-β-cym- 开德苷元 3-O-β-磁麻糖苷	RT2	Cin	H	O		
Kidjoranin 3-O-α-cym- 开德苷元 3-O-α-迪吉糖-β-磁麻糖	RT3	Cin	H	O		
Cynanauriculoside Ⅰ 牛皮消新苷Ⅰ	RT4	Cin	H	O	$C_{76}H_{116}O_{30}$	1508
Cynanauriculoside Ⅱ 牛皮消新苷Ⅱ	RT5	Cin	H	O	$C_{77}H_{118}O_{30}$	1522
Auriculosides A 耳叶牛皮消苷 A	RT6	Ikem	H	O		
Auriculosides B 耳叶牛皮消苷 B	RT7	Ikem	H	O		

续表

化合物名称	R1	R2	R3	R4	化学式	分子量
Cynanauriculoside A 白首乌新苷 A	RT8	Ikem	H	O	$C_{55}H_{88021}$	1084
Cynanauriculoside B 白首乌新苷 B	RT9	Ikem	H	O	$C_{54}H_{86}O_{21}$	1070
Cynauriculoside A 白首乌苷 A	RT10	Cin	H	O	$C_{64}H_{96}O_{24}$	1248
Cynauriculoside B 白首乌苷 B	RT11	Ac	H	O	$C_{51}H_{82}O_{19}$	998
Cynauriculoside C 白首乌苷 C	RT12	Ikem	H	O	$C_{69}H_{110}O_{29}$	1402
WilfosideC_1G 隔山消苷 C_1G	RT10	Ikem	H	O	$C_{62}H_{100}O_{24}$	1228
WilfosideC_1N 隔山消苷 C_1N	RT11	Ikem	H	O	$C_{56}H_{90}O_{19}$	1066
WilfosideC_2G 隔山消苷 C_2G	RT13	Ikem	OH	O	$C_{61}H_{98}O_{24}$	1214
WilfosideC_2N 隔山消苷 C_2N	RT14	Ikem	OH	O		
WilfosideC_3G 隔山消苷 C_3G	RT15	Ikem	OH	O		
WilfosideC_3N 隔山消苷 C_3N	RT16	Ikem	OH	O	$C_{40}H_{78}O_{16}$	814
WilfosideD_1N 隔山消苷 D_1N	RT11	Bnz	OH	O	$C_{56}H_{84}O_{19}$	1060
WilfosideF_1N 隔山消苷 F_1N	RT16	Cin	OH	β-O-Ikem	$C_{65}H_{98}O_{20}$	1199
WilfosideG_1G 隔山消苷 G_1G	RT10	Cin	OH	β-O-Nic	$C_{70}H_{101}NO_{25}$	1356

续表

化合物名称	R1	R2	R3	R4	化学式	分子量
WilfosideK_1N 隔山消苷 K_1N	RT11	Cin	OH	O	$C_{58}H_{86}H_{10}$	942
WilfosideM_1N 隔山消苷 M_1N	RT11	H	OH	O	$C_{49}H_{80}O_{18}$	956
WilfosideW_1N 隔山消苷 W_1N	RT11	Cin	OH	β-O-Ikem	$C_{63}H_{94}O_{20}$	1172
WilfosideW_3N 隔山消苷 W_3N	RT16	Cin	OH	β-O-Tig	$C_{56}H_{82}O_{17}$	1027
Taiwannoside D	RT14	Cin	OH	O		
Auriculosides Ⅰ	RT17	Ikem	H	O	$C_{76}H_{124}O_{30}$	1516
Auriculosides Ⅱ	RT18	Ikem	H	O	$C_{67}H_{108}O_{27}$	1344
Auriculosides Ⅲ	RT19	Cin	H	O	$C_{78}H_{120}O_{30}$	1536
Auriculosides Ⅳ	RT20	Cin	H	O	$C_{70}H_{106}O_{29}$	1410
Gagaminin-3-O-β-L-cym-β-D-cym-α-L-dig-β-D-cym	RT21	Cin	H	β-O-Nic		
Gagaminin-3-O-β-L-cym-β-D-cym-α-L-dig-β-D-dit	RT22	Cin	H	β-O-Nic		
12-O-nic-3-O-β-L-cym-β-D-cym-α-L-dig-β-D-cym	RT21	Nic	H	β-OH		
Penupogenin-3-O-β-D-glu-β-L-cym-β-D-cym-α-L-dig-β-D-cym	RT23	Cin	OH	β-OH		
12-O-acetylsarcostin-3-O-β-L-cym-β-D-dit-β-L-cym-β-D-cym-β-D-dit	RT24	Ac	OH	O		
12-O-acetylsarcostin-3-O-β-L-cym-β-D-dit-β-L-cym-β-D-cym-αL-dig-β-D-cym	RT25	Ac	OH	O		

续表

化合物名称	R1	R2	R3	R4	化学式	分子量
Cynascyroside 桂皮苷						961.5

注：RT1：β-D-dit

RT2：β-D-cym

RT3：α-L-dig-B-D-cym

RT4：β-D-glc-α-L-cym-β-D-cym-α-L-cym-β-D-dit-α-L-cym-β-D-dit

RT5：β-D-glc-α-L-cym-β-D-cym-Q-α-L-cym-β-D cym-α-L-cym-β-D-dit

RT6：β-D-glc-α-L-cym-β-D-cym-β-D-ole-β-D cym

RT7：β-D-glc-β-D-cym-β-D-ole-β-D dit-β-D-cym

RT8：β-D-glC-β-D-cym-β-D-ole-β-D-cym

RT9：β-D-glc-β-D-ole-β-D-dit-β-D-cym

RT10：β-D-gc-α-L-cym-β-D-cym-α-L-dig-β-D--cym

RT11：α-L-cym-β-D-cym-α-L-dig-β-D cym

RT12：β-D-glc-β-L-glc-α-L-cym-β-D-cym-α-L-dig-β-D-cym

RT13：β-D-glc-α-L-cym-β-D-cym-α-L-dig-β-D-dit

RT14：α-L-cym-β-D-cym-α-L-dig-β-D dit

RT15：β-D-glc-β-D-cym-α-L-dig-β-D-cym

RT16：β-D-cym-α-L-dig-β-D-cym

RT17：β-D-glu-α-L-cym-β-D-cym-α-L-cym-β-D-cym-α-L-dig-β-D-cym

RT18：β-D-glu-α-L-cym-β-D-cym-β-D dit-α-L cym-β-D-dit-α-L-cym

RT19：β-D-glu-α-L-cym-β-D-cym-α-L-cym-β-D-cym-α-L-dig-β-D-cym

RT20：β-D-glc-β-D-glc-α-L-cym-β-D-cym-α-L-dig-β-D-cym

RT21：β-L-cym-β-D-cym-α-L-dig-β-D-cym

RT22：β-L-cym-β-D-cym-α-L-dig-β-D-dit

RT23：β-D-glu-β-L-cym-β-D-cym-α-L-dig-β-D-cym

RT24：β-L-cym-β-D-cym-β-L-cym-β-D-dit-β-D-dit

RT25：β-L-cym-β-D-dit-β-L-cym-β-D-cym-α-L-dig-β-D-cym

第3章

滨海白首乌生物信息学研究

3.1 耳叶牛皮消的全长转录组测序及其重要活性物质代谢通路的分析

3.1.1 材料与方法

3.1.1.1 试验材料及 RNA 提取

在本试验中，全长转录组高通量分析的样品为“滨乌一号”耳叶牛皮消，于 2020 年 7 月采自滨海白首乌种植生态园（120°12′20″ E，34°11′48″N）。分别采集耳叶牛皮消的组织（块根、茎、叶、花）并单独标记，使用液氮冷冻并转至−80 ℃冰箱保存，随后送至安徽通用生物股份有限公司提取总 RNA，提取的 RNA 质量满足高通量测序对样品质量的要求。检测合格后通过 Oligo（dT）磁珠富集带有 polyA 尾的 mRNA 进行文库构建。

3.1.1.2 转录组数据的获取与高质量读序的筛选

文库构建后，检测文库的质量。文库质检合格后，借助 PacBio SMRT[1] 进行全长转录组测序和生物信息学分析。首先，对原始 subreads 数据进行 Isoseq 分析，得到高、低质量的 Isoform 序列；其次，在有二代数据的情况下先对合并的高、低质量 Isoform 序列进行校正分析，再对校正后的序列进行去冗余分析，得到最终的非冗余转录本序列；最后，基于非冗余转录本序列，进行完整性评估、功能分类注释分析、代谢通路注释分析以及 SSR、LncRNA 等预测分析。

3.1.1.3 耳叶牛皮消转录组的基因功能注释

对耳叶牛皮消转录组 Unigenes 进行了 Nr、Pfam、KOG、Swiss−prot、KEGG 和 GO 等数据库的基因功能注释。注释使用的软件版本及参数如下：Nr、Swiss-Prot 注释：diamond（v0.8.22，e−value = 1e−5，−−more−sensitive）[2]；Pfam 注释：hmmscan（HMMER3，e − value = 0.01）[3]；KOG 注释：diamond（v0.8.22，e−value = 1e−3，−−more−sensitive）[2]；KEGG 注释：KAAS（r140224，e−value =

1e−10)[4]；GO 注释：Blast2GO[1]（v2.5，e-value=1e−6）。

3.1.1.4　耳叶牛皮消转录组的 SSR 位点预测

耳叶牛皮消 Unigenes 中 SSR 位点的检测采用的是 MISA（V20100927，默认参数）[5]、mreps（v2.6）[6] 和 trf（v4.04）[7]，判断标准为其中的单核苷酸重复至少 10 次，二核苷酸重复至少 6 次，三、四、五核苷酸重复次数至少 5 次。

3.1.1.5　耳叶牛皮消转录组的 LncRNA 预测

本研究使用 PLEK[8] 对耳叶牛皮消转录本进行 lncRNA 预测。通过 LncRNAs pipeline（v2015−02−11）[9] 对转录组文库中的 lncRNA 进行预测，并基于 TransDecoder（v5.5.0）[10] 的预测结果对候选 lncRNA 进行过滤，将过滤后得到的序列作为最终结果。对得到的 lncRNA 长度进行统计，使用 balstn[11] 将检测得到的 lncRNA 序列与已知的 lncRNA 序列进行比对，筛选出目标 lncRNA 序列（e-value≤1e−10，min-identity=90%，min-coverage=85%）。

3.1.2　结果与分析

3.1.2.1　耳叶牛皮消转录组数据分析

应用 PacBio[1] 三代测序平台完成对“滨乌一号”耳叶牛皮消转录组的测序工作，原始数据已上传至 NCBI 转录组数据库（NCBI 登录号：SRX10889362）。使用 SMRTLink 软件（v9.0）Iso−Seq 流程[12] 获取耳叶牛皮消的全长转录组信息（见图 3−1）。

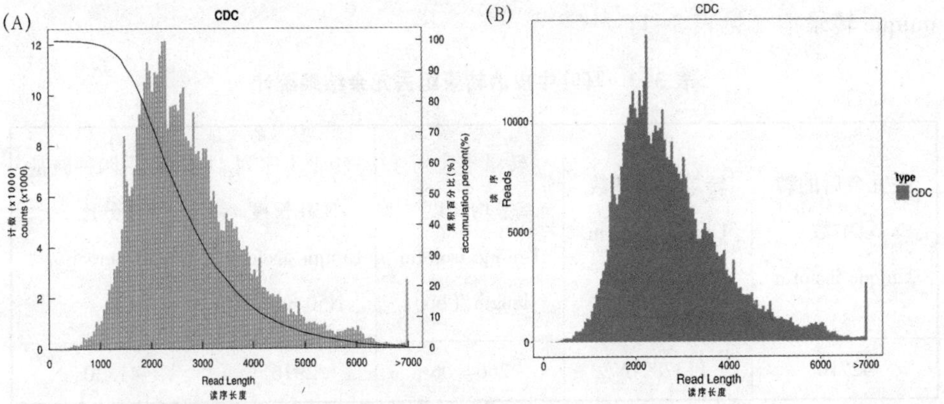

图 3−1　耳叶牛皮消全转录组 CCS 序列统计图

统计数据表明，本研究共获取 CCS 序列总数 486252 个，总碱基数为 1.358Gp（见表 3-1）。

表 3-1 耳叶牛皮消转录组 CCS 序列统计

CCS 序列总数 CCS reads	CCS 序列总碱基数 (Gp) Number of CCS bases	CCS 序列长度平均值 (bp) CCS Read Length (mean)	CCS 序列平均 pass 数 Number of Passes (mean)
486252	1.358	2794	29

获取 CCS 序列后，通过 ICE 算法[13] 对原始 CCS 序列进行分类矫正，得到一致性序列数 430985 条，高质量序列共 44281 条（见表 3-2）。

表 3-2 高质量全长非嵌合体序列结果统计

一致性序列数 unpolished flnc isoforms	高质量序列数 polished HQ isoforms	低质量序列数 polished LQ isoforms	高质量序列平均长度（bp） Mean high-quality isoforms read length
430985	44281	36	2663

筛选矫正后的转录本进行去冗余，得到 unique 转录本。同时，对于未比对到 GeneFamily 的序列，与前面得到的 unique 转录本进行合并，得到最终的 unique 转录本（见表 3-3）。

表 3-3 耳叶牛皮消转录组去冗余结果统计

去冗余后的转录本数 Unique isoform	转录本碱基数 Unique isoform bases（bp）	转录本序列 平均长度 Unique isoform length（bp）	转录本序列 N50 长度 Unique isoform N50（bp）	G&C 占四种碱基 百分比 GC percent (%)
42710	113782167	2664.06	2916	41.30

结果表明，去冗余后的 Unigenes 共有 42710 条，Unigene 平均长度为

2664. 06 bp，G/C 碱基对占比为 41. 30%（见图 3-2），这表明 Unigenes 的质量较好，基于 Unigenes 注释数据的可信度较高。

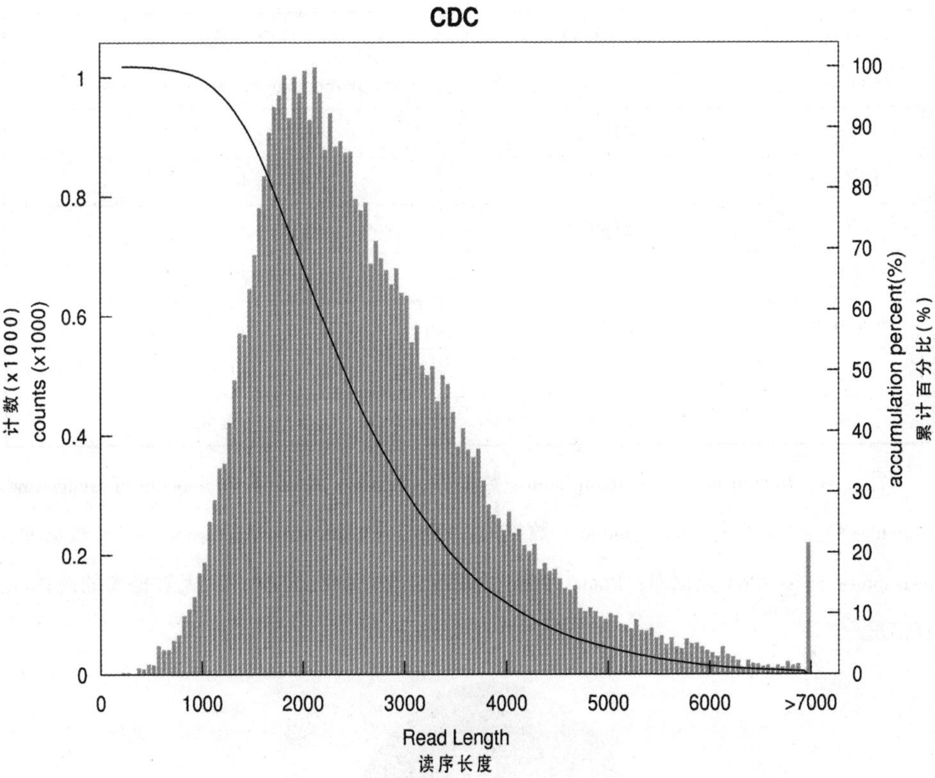

图 3-2　耳叶牛皮消转录组去冗余后转录本长度分布

3. 1. 2. 2　耳叶牛皮消 Unigenes 的功能注释

为了全面注释耳叶牛皮消的转录组信息，将 Unigenes 与 Nr、GO、KEGG 等数据库进行比对，最终得到 41667 条有注释信息的 Unigenes，占总 Unigenes 数量的 97. 56%。其中，有 41642 条 Unigenes 被注释到 Nr 数据库，注释比为 97. 50%；注释到 Swissprot 数据库的 Unigenes 有 37710 条，注释比为 88. 29%；注释到 GO 数据库的 Unigenes 有 21977 条，注释比为 51. 45%；注释到 KEGG 数据库的 Unigenes 有 19052 条，注释比为 44. 61%；注释到 COG 数据库的 Unigenes 有 31150 条，注释比为 72. 93%；注释到 Pfam 数据库的 Unigenes 有 37433 条，注释比为 44. 61%（见表 3-4）。经统计，16123 条 Unigenes 在 6 大数据库中均有注释（见图 3-3）；同时，也有部分 Unigenes 未得到注释结果，推测其属于功能未知的基因，在未来的耳叶牛皮消的基因组探索中具有较大的研究潜力。

表 3-4　耳叶牛皮消 Unigenes 注释统计

数据库 Database	注释数目 Annotation number	注释比例（%） percentage of annotation（%）
Nr	41642	97.50
KEGG	19502	44.61
GO	21997	51.45
COG	31150	72.93
Swissprot	37710	88.29
Pfam	37433	87.64
All	41667	97.56

注：Nr：RefSeq non-redundantproteins 数据库；KEGG：Kyoto Encyclopedia of Genes and Genomes 数据库；GO：Gene Ontology 数据库；COG：Clusters of Orthologous Genes 数据库；Swissprot：Swiss-Prot 数据库；Pfam：Pfam 数据库；All 为 Unigene 在六大数据库的总体注释情况。

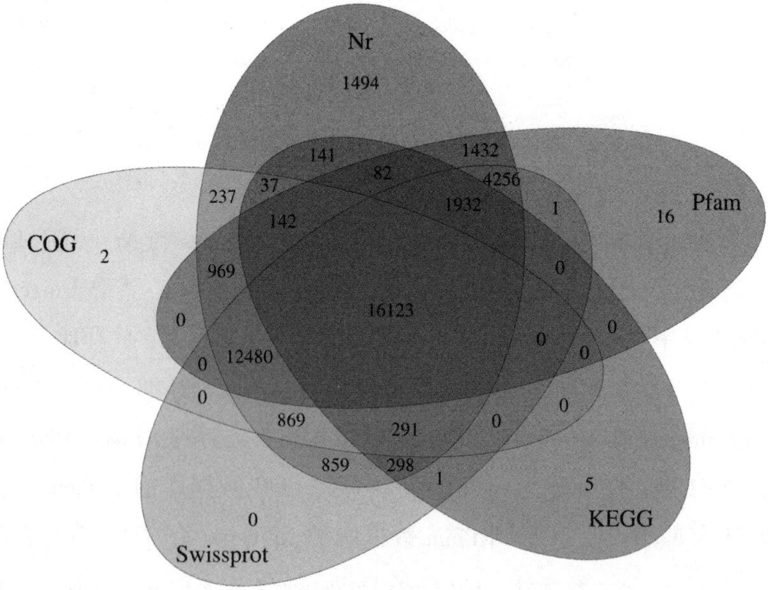

图 3-3　耳叶牛皮消 Unigenes 注释统计的韦恩图示

3.1.3　耳叶牛皮消 Unigenes 的功能分类

3.1.3.1　耳叶牛皮消 Unigenes 的 Nr 功能注释

由于世界范围内对萝藦科鹅绒藤属（*Cynanchum Linn.*）的基因组和转录组研究较少，相关数据极为缺乏，因此 Nr 注释物种相似度分析表明，与耳叶牛皮消 Unigenes 注释匹配程度较高的物种为中粒咖啡（*Coffea canephora*），注释比为 49.0%。次高的是芝麻（*Sesamum indicum*），注释比为 10.1%；其次为烟草（*Nicotiana tabacum*），注释比为 5.1%，毛绒状烟草（*Nicotiana tomentosiformis*），注释比为 4.2%，葡萄（*Vitis-vinifera*），注释比为 3.6%，美花烟草（*Nicotiana sylvestris*），注释比为 3.6%。此外，注释比较低的有马铃薯（*Solanum tuberosum*），注释比为 1.7%，可可（*Theobroma cacao*），注释比为 1.6%，耳叶牛皮消（*Cynanchum auriculatum*），注释比为 1.3%，番椒（*Capsicum annuum*），注释比为 1.3%，其他物种占比为 18.4%（见图 3-4）。

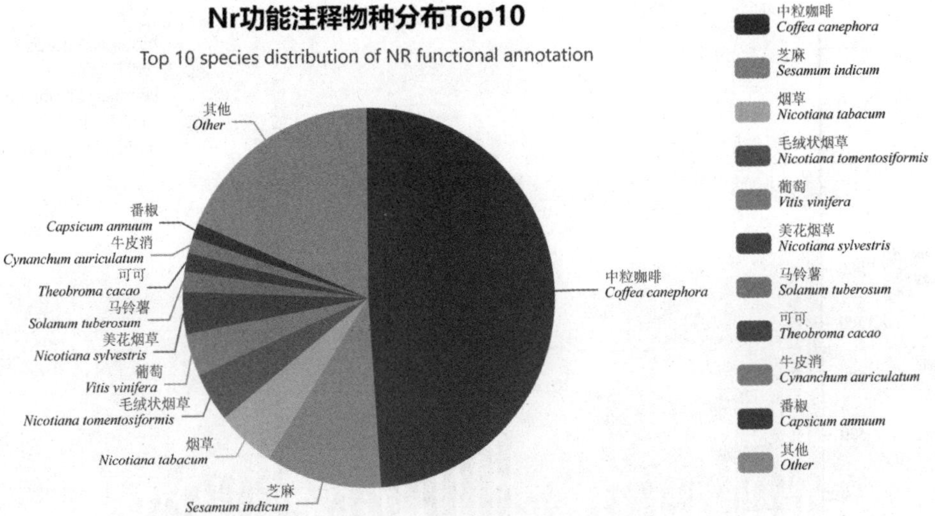

图 3-4　Nr 功能注释物种分布

3.1.3.2　耳叶牛皮消 Unigenes 的 GO 注释

对耳叶牛皮消 Unigenes 进行 GO 数据库分类注释，共有 21997 条 Unigenes 被注释为 21039 个 GO 功能，共 3 个大类 40 个小类。在"分子功能"（molecular function）这个一级分类中，共被注释到 8232 个 GO 功能，被分为 11 个二级分类，其中占比最高的是“催化活性”（catalytic activity），被注释到 3769 个功能，在该一级分类中占比 45.78%，这可能与耳叶牛皮消中的初级代谢产物和次级代谢产物的代谢活动旺盛密切相关。次高的是“结合”（binding），被注释到 3329 个功能，在该一级分类中占比为 40.44%。在“生物途径”（biological process）这个一级分类中，共被注释到 8326 个 GO 功能，并被分为 17 个二级分类，其中占比较高的有“代谢过程”（metabolic process），有 2856 个 GO 功能；“细胞过程”（cellular process）有 2060 个 GO 功能；“单一生物过程”（single-organism process）有 1132 个 GO 功能，分别占该一级分类的比例为 34.30%、24.74%、13.60%。在“细胞组分”（cellular component）中，共被注释到 4481 个 GO 功能，被分为 12 个二级分类，其中占比较高的有“细胞区域”（cell part），1211 个 GO 功能；“细胞器”（organelle），811 个 GO 功能；“生物膜”（membrane），共 742 个 GO 功能，分别占该一级分类的 27.03%、18.10%、16.56%（见图 3-5）。

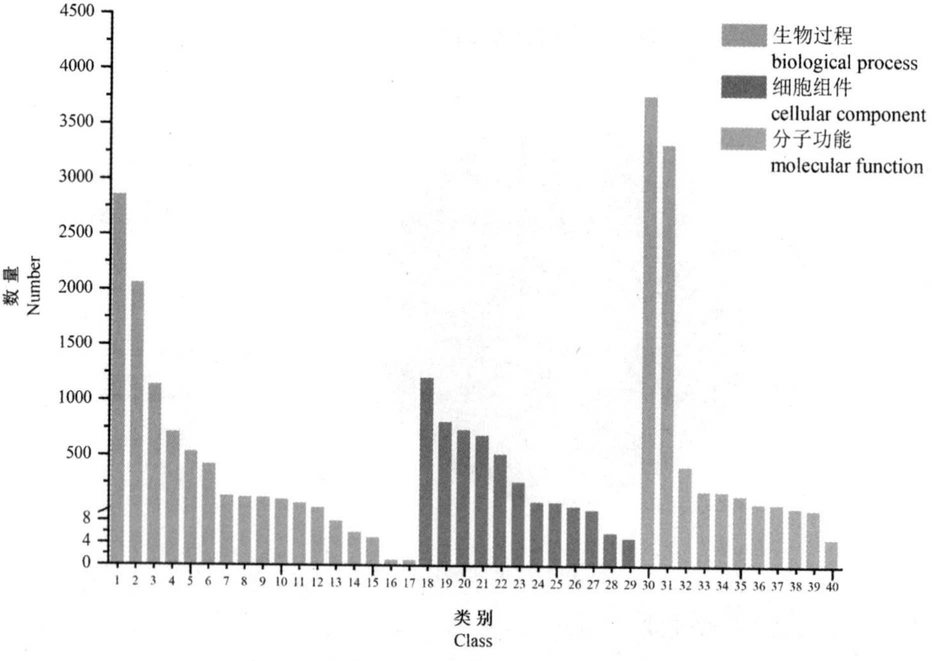

图 3-5 耳叶牛皮消 Unigenes 的 GO 功能分类

注：1：脱毒作用；2：生殖；3：生物附着；4：免疫系统过程；5：行为；6：生长；7：多细胞生物过程；8：生殖过程；9：多生物过程；10：细胞成分组织或生物发生；11：果实发育过程；12：刺激反应；13：生物调节；

14：定位；15：单生物过程；16：细胞过程；17：代谢过程；18：细胞连接；19：病毒体；20：膜腔；21：超分子复合体；22：胞外区；23：病毒部分；24：高分子复合物；25：细胞器部分；26：膜部分；27：膜；28：细胞器；29：细胞区域；30：分子传感器活性；31：转录因子活性，蛋白质结合；32：核酸结合转录因子活性；33：抗氧化活性；34：分子功能调节；35：电子载流子活度；36：信号传感器活动；37：结构分子活性；38：转运活性；39：结合；40：催化活性。

3.1.3.3　耳叶牛皮消 Unigenes 的 COG 分类

将耳叶牛皮消 Unigenes 与 COG 数据库进行比对，得到 31150 条有注释信息的读序，占到总注释数的 72.93%，共被分为 26 类。其中，“信号转导机制”（Signal transduction mechanisms）注释条目最多（6629 条），占到 COG 注释总数的 21.28%，其中具有较高研究价值的基因有 S-腺苷-L-甲硫氨酸脱羧酶原酶（SAMDC）合成基因和 LRR 受体蛋白激酶（LRR-RLK）合成基因，它们在其他物种中已被证明与植物的发育调控和信号转导密切相关[14]。次高的为“胞内运输、分泌和囊泡运输”（Intracellular trafficking，secretion，and vesicular transport），共有 2886 条被注释到，注释比 9.26%，而“细胞运动性”（Cell motility）得到注释的条目最少，仅有 17 条（见图 3-6）。

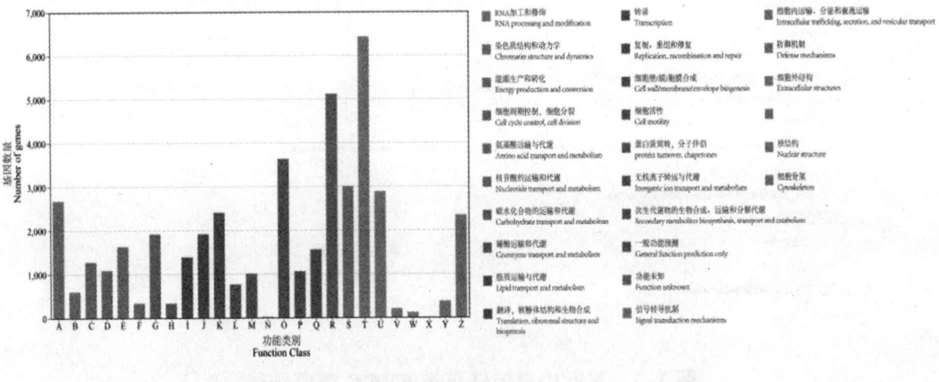

图 3-6　耳叶牛皮消 Unigenes 的 COG 分类结果

3.1.3.4　耳叶牛皮消 Unigenes 的 KEGG 注释

将耳叶牛皮消 Unigenes 与 KEGG 数据库进行比对，得到 36729 条有注释信息的读序，这些基因参与了 290 条代谢通路，被分为“细胞过程”（4196 条）、“环境信息处理”（5782 条）、“遗传信息处理”（5643 条）、“代谢”（13164 条）和“有机系统”（7944 条）5 个大类，其中，在“代谢”通路中可注释到的

Unigenes 占比最高(见图 3-7)。在“代谢”通路中,“碳水化合物代谢”代谢通路中注释到 2989 条 Unigenes,占比最高,这与耳叶牛皮消中丰富的多糖类物质积累相关。同时,在“氨基酸代谢”(1967 条)、“脂质代谢”(1503 条)、“萜类化合物和聚酮化合物代谢”(350 条)等通路的注释有助于揭示耳叶牛皮消的药理物质代谢机制。

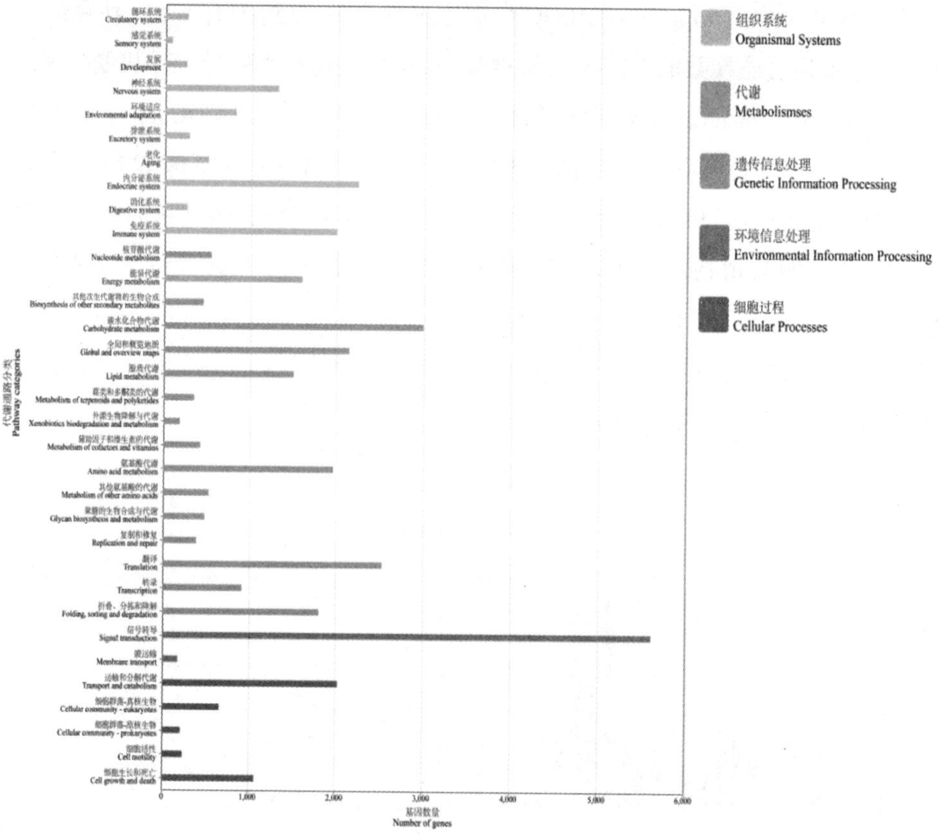

图 3-7　耳叶牛皮消转录组 KEGG 注释结果

同时,统计结果表明,“信号转导”(signal transduction)通路上有 5613 条注释,其中“植物激素信号转导”占比最高,包括芸苔素内酯、乙烯、脱落酸等植物激素的受体,且这些基因已被证明在皂苷[15]、黄酮[16]等次级代谢产物的代谢机制中发挥重要作用。此外,“膜运输”通路仅有 169 条注释,“感官系统”通路仅有 68 条注释,是获得注释量最少的通路(见表 3-5)。

表 3-5　耳叶牛皮消转录组的 KEGG 代谢通路(>1%的注释基因)

代谢通路 ID Pathway ID	代谢通路名称 Pathway name	Unigene 数目 Unigene number	代谢通路 ID Pathway ID	代谢通路名称 Pathway name	Unigene 数目 Unigene number
ko01200	碳代谢 Carbon metabolism	862	ko00190	氧化磷酸化 Oxidative phosphorylation	491
ko01230	氨基酸的生物合成 Biosynthesis of amino acids	821	ko04120	泛素介导的蛋白质水解 Ubiquitin mediated proteolysis	455
ko03040	剪接体 Spliceosome	715	ko00500	淀粉和蔗糖代谢 Starch and sucrose metabolism	442
ko03008	真核生物核糖体的生物合成 Ribosome biogenesis in eukaryotes	658	ko03015	mRNA 监控途径 mRNA surveillance pathway	430
ko04141	内质网中的蛋白质加工 Protein processing in endoplasmic reticulum	642	ko03018	RNA 降解 RNA degradation	414

续表

代谢通路 ID Pathway ID	代谢通路名称 Pathway name	Unigene 数目 Unigene number	代谢通路 ID Pathway ID	代谢通路名称 Pathway name	Unigene 数目 Unigene number
ko03013	转运 RNA RNA transport	623	ko00520	氨基糖和核苷酸糖代谢 Amino sugar and nucleotide sugar metabolism	409
ko03010	核糖核蛋白体 Ribosome	607	ko04626	植物病原相互作用 Plant–pathogen interaction	393
ko04075	植物激素信号转导 Plant hormone signal transduction	596	ko04151	PI3K–Akt 信号通路 PI3K–Akt signaling pathway	372
ko04144	胞吞作用 Endocytosis	513	ko04722	神经营养素信号通路 Neurotrophin signaling pathway	362

3.1.3.5 耳叶牛皮消的黄酮代谢通路发掘

对耳叶牛皮消转录组的基因注释数据进行分析，发现有 29 条 Unigene 被注释到了类黄酮代谢途径（ko00941），有 2 条 Unigene 被注释到黄酮和黄酮醇代谢途径（ko00944），黄酮类化合物已被证明具有抗菌[17]、抗炎[18]和神经保护作用[19]。

通过研究各代谢通路的注释信息，发现了多个参与耳叶牛皮消黄酮代谢途径的基因（见表 3–6），其中黄酮醇合成酶基因[20]、苯丙氨酸裂解酶基因[21]等已被证明可调控植物中类黄酮的生物合成机制。通过这些关键酶基因的进一步分析,可以为耳叶牛皮消黄酮类活性物质代谢的分子机制研究提供科学依据(见图 3-8)[22]。

表 3-6　耳叶牛皮消转录组黄酮类化合物合成相关基因

序号 No.	名称 Name	缩写 Abbreviation	KO 编号 KO ID
1	柚皮素 3-双加氧酶 Naringenin 3-dioxygenase	F3H	K00475
2	反式肉桂酸 4-单加氧酶 Trans-cinnamate 4-monooxygenase	CYP73A	K00487
3	咖啡酰辅酶 A 氧甲基转移酶 Caffeoyl-CoA O-methyltransferase	CCoAOMT	K00588
4	查耳酮合成酶 Chalcone synthase	CHS	K00600
5	查尔酮异构酶 Chalcone isomerase	CHI	K01859
6	4-香豆酸辅酶 A 连接酶 4-coumarate--CoA ligase	4CL	K01904
7	无色花色素双加氧酶 Leucoanthocyanidin dioxygenase	LDOX	K05277
8	黄酮醇合成酶 Flavonol synthase	FLS	K05278
9	类黄酮 3'-羟化酶 Flavonoid 3'-monooxygenase	F3'H	K05280
10	香豆酰基喹酸酯(香豆酰基莽草酸酯)3'-单加氧酶 Coumaroylquinate(coumaroylshikimate)3-monooxygenase	C3'H	K09754
11	苯丙氨酸裂解酶 Phenylalanine ammonia-lyase	PAL	K10775

续表

序号 No.	名称 Name	缩写 Abbreviation	KO 编号 KO ID
12	莽草酸羟基肉桂酰基转移酶 Shikimate O-hydroxycinnamoyltransferase	HCT	K13065
13	二氢黄酮醇 4-还原酶/黄酮 4-还原酶 Bifunctional dihydroflavonol 4-reductase/flavanone 4-reductase	DFR	K13082
14	类黄酮 3′,5′-经化酶 Flavonoid 3′,5′-hydroxylase	F3′5′H	K13083
15	异黄酮 7-O-甲基转移酶 Isoflavone-7-O-methyltransferase	IOMTs	K13262

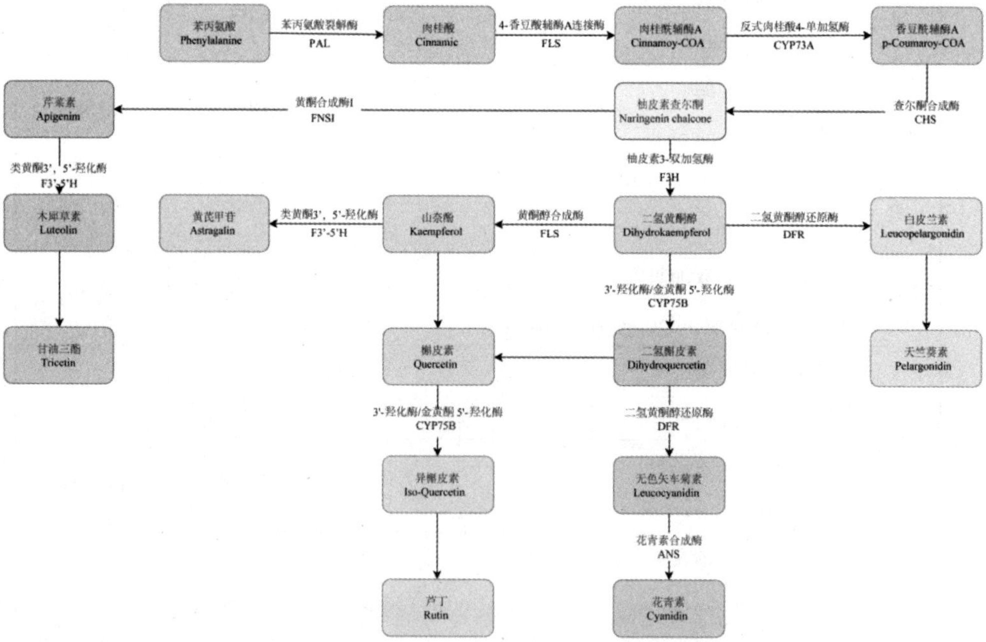

图 3-8　黄酮类物质代谢通路图示[22]

3.1.3.6　耳叶牛皮消的甾苷代谢通路发掘

甾苷类活性物质是植物中重要的次级代谢产物之一，具有抗病毒[23]、抗肿瘤[24]等药用潜力。聚焦耳叶牛皮消甾苷类活性物质的代谢通路，结果表明，有 5 条 Unigenes 被注释到了类固醇生物合成代谢途径（ko00100）。进一步分析表明，转录组数据库中存在多个参与耳叶牛皮消甾苷代谢途径的酶基因（见表 3-7）。与植物甾苷代谢 KEGG 通路进行比对（见图 3-9）[25]，本研究在类固醇生物合成通路中注释到 68 条 Unigenes，在油菜素类固醇生物合成通路中注释到 12 条 Unigenes，其中包括多个关键酶基因，如甾醇甲基转移酶基因[26]、固醇脱甲基酶基因[27]等。这些结果为耳叶牛皮消甾苷类化合物代谢途径中关键基因的克隆、鉴定和功能验证奠定坚实的基础。

表 3-7　耳叶牛皮消转录组中的甾苷合成相关基因

序号 No.	名称 Name	缩写 Abbreviation	KO 编号 KO ID
1	环戊烯醇合酶 Cyclopentenol synthase	CAS1	K01853
2	固醇 2,4-C-甲基转移酶 Sterol 2,4-C-methyltransferase	SMT1	K00559
3	植物 4,4-二甲基固醇 C-4α-甲基单加氧酶 The plant 4,4-dimethylsterol C-4α-Methyl	SMO1	K14423
4	植物 3β-羟基类固醇-4α-羧酸酯 3-脱氢酶 Plant 3β-Hydroxysteroid-4α-Carboxylate 3-dehydrogenase	3BETAHSDD	K23558
5	环桉脑油环异构酶 Cyclocineole cycloisomerase	CPI1	K08246
6	固醇 14α-脱甲基酶 Sterol 14α-Demethylases	CYP51	K05917

续表

序号 No.	名称 Name	缩写 Abbreviation	KO 编号 KO ID
7	δ14-固醇还原酶 δ14-sterol reductase	TM7SF2	K00222
8	胆固醇 δ-异构酶 Cholesterol δ-isomerase	EBP	K01824
9	植物 4α-单甲基固醇单加氧酶 Plant 4α-Monomethylsterol monooxygenases	SMO2	K14424
10	δ7-甾醇 5-去饱和酶 δ7 β-sterol 5-desaturase	SC5DL	K00227
11	7-脱氢胆固醇还原酶 7-dehydrocholesterol reductase	DHCR7	K00213
12	δ24-固醇还原酶 δ24 sterol reductase	DHCR24	K09828
13	24-亚甲基固醇 C-甲基转移酶 24 methylenesterol C-methyltransferase	SMT2	K08242

3.1.3.7 耳叶牛皮消的 SSR 位点分析

在耳叶牛皮消的 42710 条 Unigenes 中共搜索到 2325 个 SSR 位点，SSR 在耳叶牛皮消转录组中出现的频率为 5.44%。结果表明，SSR 位点重复类型共有 6 种（见图 3-10），重复次数最多的为单核苷酸（1566 个），占 SSR 位点总数的 67.35%；其次是三核苷酸重复（390 个）和双核苷酸重复（327 个），分别占比 16.77% 和 14.06%；比例较少的是四、五、六核苷酸重复，分别是 27 个（1.16%）、6 个（0.26%）、9 个（0.38%）。在检测出的 SSR 中，共有 85 种不同的重复基元，出现频率最多的重复基元是：A/T（1551 个），占比为 66.7%，AT/TA（151 个），占比 6.49%，CT/TC（100 个），占比 4.30%。上述 SSR 位点的分析结果，可为后续开展耳叶牛皮消的种质鉴定、构建遗传图谱等研究提供理论依据。

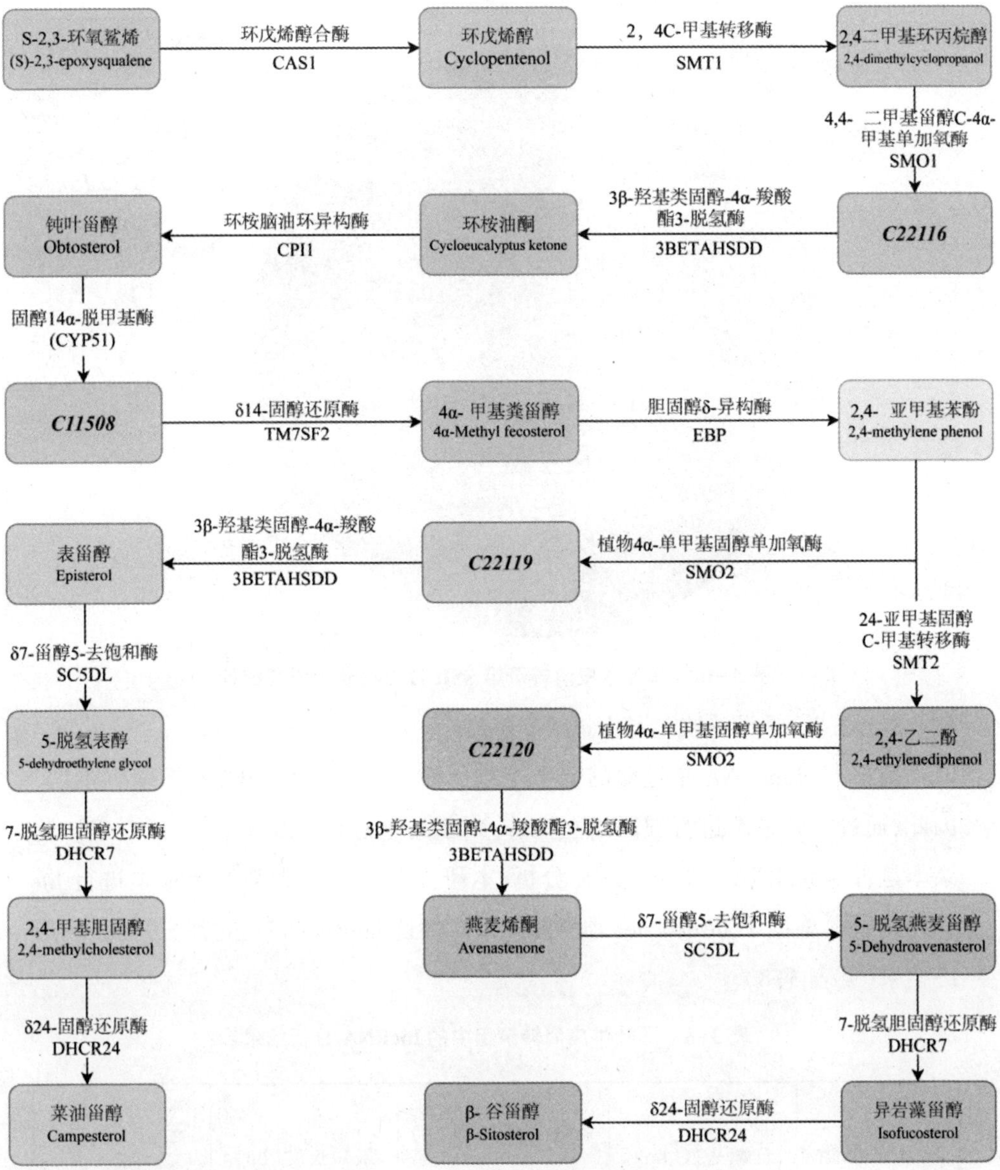

C22116 3beta-Hydroxy-4beta,14alpha-dimethyl-9beta,19-cyclo-5alpha-ergost-24(24(1))-en-4alpha-carboxylate

C11508 4alpha-Methyl-5alpha-ergosta-8,14,24(28)-trien-3beta-ol;Delta8,14-甾醇

C22119 3beta-Hydroxyergosta-7,24(24(1))-dien-4alpha-carboxylate

C22120 4alpha-Carboxy-stigmasta-7,24(24(1))-dien-3beta-ol

图 3-9　甾苷类物质代谢通路图示[27]

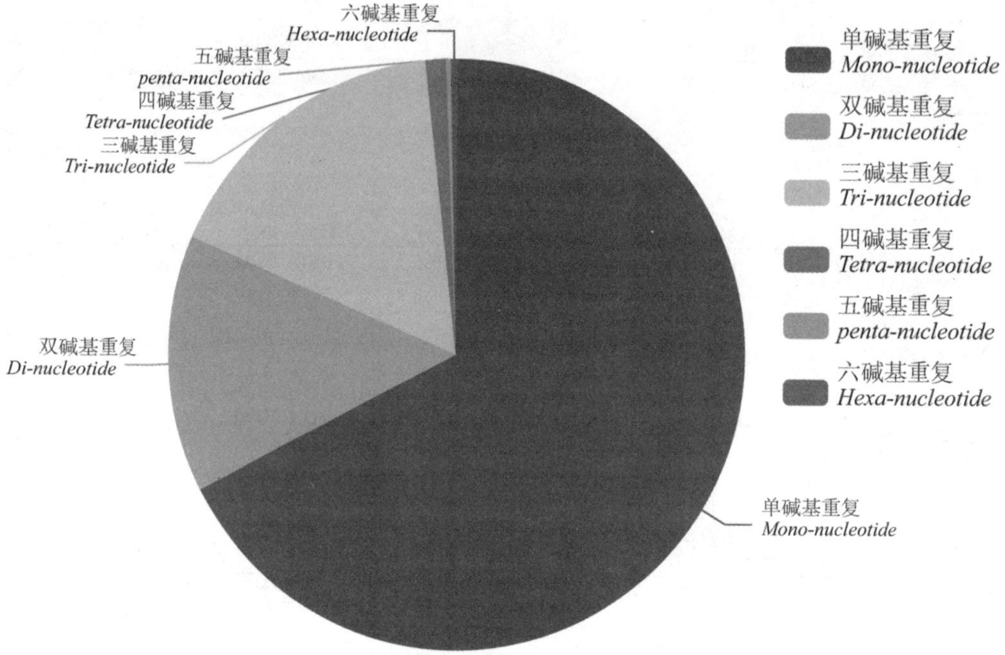

图 3-10 耳叶牛皮消转录组 SSR 位点核苷酸重复统计

3.1.3.8 耳叶牛皮消的 lncRNA 分析

植物中的 lncRNA 是近期的分子生物学研究热点，因 lncRNA 不编码蛋白，因此，通过对转录本进行编码潜能筛选，判断其是否具有编码潜能，可判定该转录本是否为 lncRNA。基于 PLEK 分析，本研究对耳叶牛皮消的转录本进行 lncRNA 预测，根据 Transdecoder 预测的结果对候选 lncRNA 进行过滤，进而获取最终结果（见表 3-8）。

表 3-8 耳叶牛皮消转录组中的 lncRNA 分析结果

lncRNA 数量 Reads Number	总碱基数（bp） Read Bases	平均序列长度（bp） Mean Read Length	最短长度（bp） Min Read Length	最大长度（bp） Max Read Length
517	995089	1924.74	223	6736

通过 BalstN 的比对和筛选，已知 LncRNA 与 Novel LncRNA 的长度分布比较以及在近缘物种基因组上的位置分析，本研究发现，耳叶牛皮消 lncRNA 包括以

下四类：intergenic lncRNA、intronic lncRNA，antisense lncRNA，sense lncRNA，其中 lncRNA 长度主要分布在 100～800bp 之间和 1200～3000bp 之间，分别占比为 27.32%和 32.17%（见图 3-11）。该研究结果将在未来耳叶牛皮消基因组的研究中提供额外信息，为耳叶牛皮消的生物学过程研究提供助力。

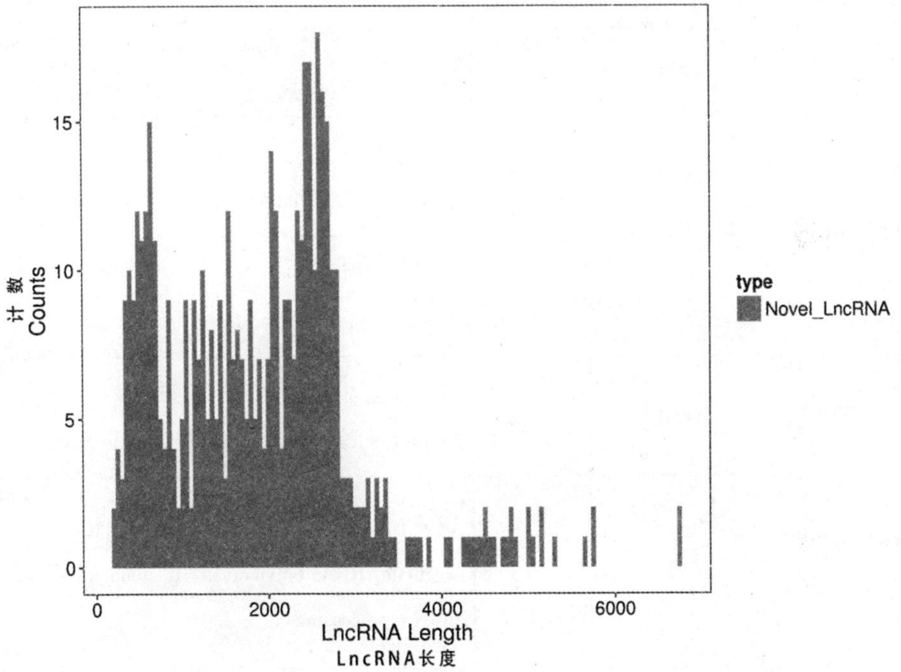

图 3-11 耳叶牛皮消转录组 LncRNA 统计结果

3.1.3.9 耳叶牛皮消的转录因子分析

转录因子在植物的发育和次生代谢产物的代谢机制中具有多层次调控的功能，可高效调控植物药理成分的生物合成机制。本研究从耳叶牛皮消转录组数据库中筛选出 42 个转录因子基因，被归类为 16 个转录因子家族：TFIIH、TFDP、TCP、AP2ETF、NFY、MYB、MYC、KDM、HSFF、ERF、BRF、ABF、GTE、bHLH、UNE、ABR（表 3-9），其中转录因子数目较多的家族有：*bHLH* 家族（8 个），*ERF* 家族（5 个）、*TCP* 家族（5 个）（见表 3-9，图 3-12）。*bHLH* 转录因子普遍参与了植物的光形态发生、光信号转导和次生代谢[28]，*ERF* 转录因子是胁迫反应的关键调节因子[29]，而 *TCP* 转录因子参与生物活性物质的合成，并介导植物规避逆境胁迫[30]。耳叶牛皮消中潜力转录因子的发掘，将有助于耳叶牛皮消药理成分调控网络的解析。

表 3-9 耳叶牛皮消中的转录因子及其所属家族

转录因子家族 Transcription factor family	转录因子 Transcription factor	KO 编号 KO NO.	功能注释 Functional annotion
TFIIH	TFIIH4	K03144	转录起始因子 Transcription initiation factor
	TFIIH3		转录起始因子 Transcription initiation factor
TFDP	TFDP1	K04683	控制细胞周期和 TGF-β 信号通路 Control cell cycle and TGF-β signalling pathway
TCP	TCERG1	K03144	调节 RNA 聚合酶Ⅱ延伸和 mRNA 加工 Regulate RNA polymerase Ⅱ elongation and mRNA processing
	TCP2		控制枝条发生；参与胚珠发育和光调节 Control shoot generation; Participate in ovule development and light regulation
	TCP4		控制枝条发生；参与胚珠发育 Control shoot generation; Participate in ovule development
	TCP9		参与 ICS1 表达的协调调控 Participate in coordinated regulation of ICS1 expression

续表

转录因子家族 Transcription factor family	转录因子 Transcription factor	KO 编号 KO NO.	功能注释 Functional annotion
AP2ETF	ANT	K09285	控制细胞增殖和胚珠发育 Control cell proliferation and ovule development
	AIL5		参与幼苗生长;调节花器官 Participate in seedling growth;Regulate floral organ
NFY	NFYA-7	K08066	识别并结合启动子中的 CCAAT 基序 Recognize and bind to CCAAT motif of promoter
	NFYB-1		识别并结合启动子;响应干旱胁迫 Recognize and bind to promoter; Response to drought stress
	NFYC-2		识别并结合启动子中的 CCAAT 基序;诱导花器官;参与氧化应激转录激活 Recognize and bind to CCAAT motif of promoter; Induce floral organ; Participate in transcriptional activation of oxidative stress
	NFYC-9		识别并结合启动子中的 CCAAT 基序;响应光周期和赤霉酸途径的开花信号 Recognize and bind to CCAAT motif of promoter; Response to photoperiod and flowering signal in gibberellic acid pathway

续表

转录因子家族 Transcription factor family	转录因子 Transcription factor	KO 编号 KO NO.	功能注释 Functional annotion
MYB	MYB44	K09422	介导植物响应植物激素和非生物胁迫 Mediate plant response to phytohormone and abiotic stress
	MYB48	K09422	介导植物响应植物激素和非生物胁迫 Mediate plant response to phytohormone and abiotic stress
	MYB108	K09422	调节黄酮醇的生物合成 Regulate flavonol biosynthesis
MYC	MYC2	K13422	参与光调节和侧根形成;调节次生代谢产物合成;参与氧化应激反应 Participate in light regulation and lateral root emergence; Regulate secondary metabolite synthesis; Participate in oxidative stress response
	MYC28		参与植物激素的信号转导 Participate in phytohormone signal transduction
KDM	KDM3	K15601	参与组蛋白的去甲基化 Participate in demethylation of histone
HSFF	HSFFA-1b	K09419	参与温度响应 Participate in temperature response
	HSFFA-4b		

续表

转录因子家族 Transcription factor family	转录因子 Transcription factor	KO 编号 KO NO.	功能注释 Functional annotion
ERF	ERF1	K14516	参与植物发育;整合乙烯和茉莉酸信号;响应胁迫 Participate in plant development; Integrate ethylene and jasmonate signals; Response to stress
	EREBP	K09286	参与应激因子转导通路 Participate in transduction pathway of stress factor
	RAP2-12	K09286	激活缺氧基因表达;调控乙烯代谢 Activate hypoxia gene expression; Regulate ethylene metabolism
	ERF07		调控脱落酸代谢;响应胁迫 Regulate abscisic acid metabolism; Response to stress
	ERF053	K09286	调节气孔开闭;响应干旱胁迫 Regulate stomatal closure; Response to drought stress
BRF	BRF1	K15196	调控 RNA 聚合酶Ⅲ系统 Regulate RNA polymerase Ⅲ system
ABF	BZIP1	K14432	参与糖信号转导;参与氨基酸代谢 Participate in sugar signal transduction; Participate in amino acid metabolism
GTE	GTE10		参与花器官的形态建成;参与淀粉积累;参与生长素合成 Participate in floral organ morphogenesis; Participate in starch accumulation; Participate in auxin synthesis
	GTE9		
	GTE1		

续表

转录因子家族 Transcription factor family	转录因子 Transcription factor	KO 编号 KO NO.	功能注释 Functional annotion
bHLH	bHLH143	K08066	响应重金属胁迫 Response to heavy metal stress
	bHLH78		促进开花 Promote flowering
	bHLH144		调控种子发育 Regulate seed development
	bHLH18		应答低温胁迫 Response to cold stress
	bHLH79		响应寒冷和干旱胁迫 Response to cold and drought stresses
	bHLH68		参与萜类物质合成 Participate in terpenoids synthesis
	bHLH35		参与腋芽和花器官发育 Participate in axillary buds and floral development
	bHLH30		参与叶器官发育 Participate in leaf development
UNE	UNE12		参与胚珠受精 Participate in ovule fertilization
ABR	ABR1		负调节脱落酸信号通路;参与种子萌发;响应胁迫 Negatively regulate abscisic acid signaling pathway; Participate in seed germination; Sress response

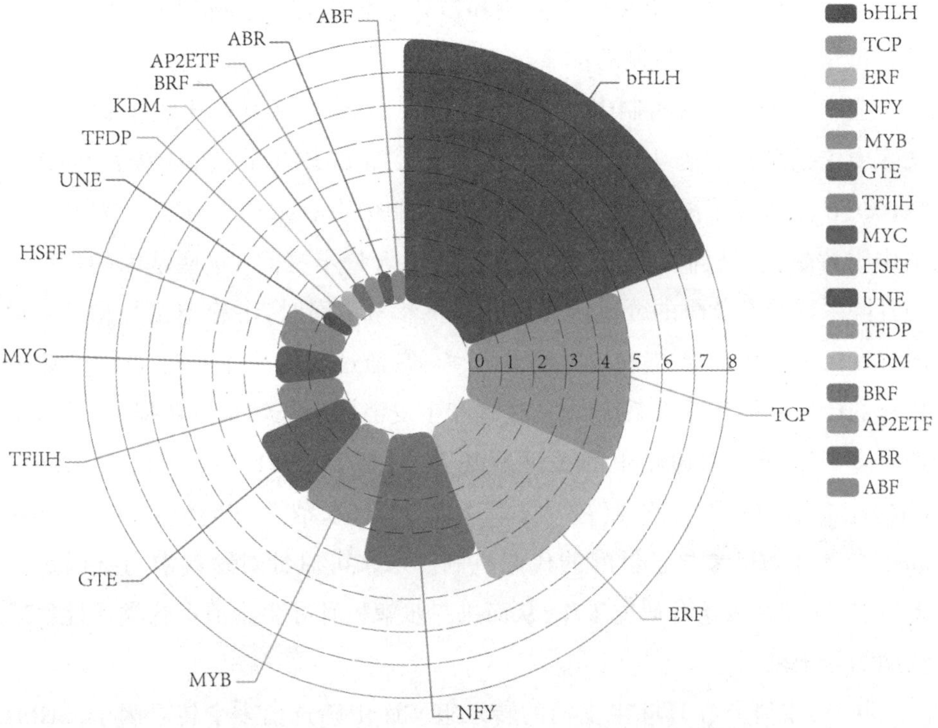

图 3-12　耳叶牛皮消转录因子及其所属家族

注:玫瑰图中花瓣的半径大小为该转录因子家族含有的不同基因的数目。

3.1.4　讨论

基于 Pacbio 平台,本研究对耳叶牛皮消的一个优种“滨乌 1 号”进行全长转录组测序,共获得 486252 条 clear reads,经过去冗余和拼接组装之后,获得高质量转录组数据库。其中,Unigenes 共 42710 条,读序平均长度 2660.06bp;N50 序列长度 2916 bp,G/C 碱基对占比 49.10%,表明本数据库 Unigenes 序列较长,长度分布均匀,序列组装的完整性好。将上述 Unigenes 分别注释到 Nr、COG、KEGG 等数据库,共得到 41667 条含有注释信息的 Unigenes,注释比高(97.56%),其中注释到 Nr 数据库的最多,有 41642 条(97.50%)。此外,Unigenes 共注释到了 293 条代谢通路,这将为后续的耳叶牛皮消育种和分子机制研究提供便利。

类黄酮和甾苷类活性物质是耳叶牛皮消中重要的次级代谢产物,因此,在

KEGG 注释中，本研究聚焦于类黄酮和甾苷的生物合成。黄酮类化合物既是调控植物发育和抗逆机制的抗氧化剂[31]，也可以调节人体免疫反应[32]，并在抗炎症[33]、抗癌[34]等机制中发挥重要作用。本研究从耳叶牛皮消的转录组文库中挖掘出较多的功能基因（见表 3-5），如 *CaF3H*、*CaCCoAOMT*、*CaCHS*、*CaCHI*、*Ca4CL*，它们在植物的类黄酮代谢机制中占有重要地位[35]。耳叶牛皮消中类黄酮代谢机制活动旺盛，黄酮类物质含量丰富[36]，这些基因的挖掘可为耳叶牛皮消类黄酮的合成调控研究提供参考。同时，甾苷类化合物已被证明具有极强的抗衰老[14]和抗肿瘤潜力[14]，它通过与核受体的相互作用，影响机体的免疫系统和激素系统[37]。在耳叶牛皮消的全长转录组数据中，笔者筛选出多个甾苷代谢通路中的关键酶基因，包括 *CaCAS*1、*CaSMT*1、*CaSC5DL*、*CaCYP*51，这些基因在重楼（*Paris polyphylla*）[38]、水稻[39]、杠柳（*Periploca sepium*）[40]等植物里参与了甾醇的代谢机制。未来可以针对这些潜力基因进行鉴定、克隆和过表达等研究工作，从而进一步解析耳叶牛皮消甾苷类活性物质代谢的分子机制。

同时，本研究在耳叶牛皮消的转录组文库中筛选出多个转录因子，bHLH 家族、ERF 家族的注释量较多（见表 3-9）。前人研究表明，bHLH 转录因子除了调控植物的生长发育[41]、抗胁迫[28]和信号转导[42]，也显著影响了类黄酮[43]、生物碱[44]、甾苷类[44]的合成机制。ERF 转录因子具有靶向调控植物次生代谢产物的重要作用，如丹参（*Salvia miltiorrhiza*）中的 *SmERF*8 参与丹参酮的生物合成[45]，长春花（*Catharanthus roseus*）中的 *CrERF*5 促进双吲哚类生物碱的积累[46]，以及 *PnERF*1 在三七（*Panax notoginseng*）中调控三萜类皂苷的生物合成[41]。因此，候选转录因子的挖掘工作将有助于构建耳叶牛皮消的次生代谢产物调控网络，为耳叶牛皮消中重要活性物质的调控机制提供重要参考。

从耳叶牛皮消转录组中共预测到 2325 个 SSR 位点，以单核苷酸重复居多，又主要以 A/T 重复基元为主（见图 3-10）。在数量上，较之芍药（*Paeonia lactiflora*）[47]、慈姑（*Sagittaria trifolia*）[48]、山楂（*Crataegus pinnatifida*）[49]等物种更多，表明本研究将有助于耳叶牛皮消的遗传多样性分析和分子标记辅助育种等工作的展开。除此之外，随着分子生物学研究的日渐深入，lncRNA 已成为未来的研究热点[50]。本研究从耳叶牛皮消的转录组数据库中过滤得到517个lncRNA,共有995089个碱基,平均序列长度为1924.74bp(见表3-8),这与水杉(*Metasequoia glyptostroboides*)[51]、蒺藜苜蓿(*Medicago truncatula*)[52]等测序结果相似,同时,笔者发现lncRNA长度主要分布于1200~3000bp之间,它们丰富了研究者对耳叶牛皮消转录组数据库的认识,可以为耳叶牛皮消的种质鉴定、遗传图谱构建提供理论依据。然而,这些lncRNA在耳叶牛皮消的发育和活性成分代谢中的作用有待进一步研究。

综上所述,通过对耳叶牛皮消全长转录组的高通量测序,本研究获取了高质量的转录组信息以及各大数据库的注释信息,丰富了耳叶牛皮消的基础信息,将为耳叶牛皮消的育种和产业发展奠定基础。

3.1.5　本节小结

第一,借助PacBio三代测序平台,对“滨乌一号”耳叶牛皮消的转录组进行测序,获得高质量Unigenes共42710条,总长度为113782167 bp。

第二,将上述Unigenes与Nr、KEGG、GO、COG、Swissprot、Pfam等数据库比对,分别获得41642、19502、21997、31150、37710、37433条注释,其中在“氨基酸代谢”(1967条)、“脂质代谢”(1503条)、“萜类化合物和聚酮化合物代谢”(350条)等通路的注释有助于揭示耳叶牛皮消的药理物质代谢机制。

第三,类黄酮合成通路上可注释到29条Unigenes,黄酮和黄酮醇合成通路上可注释到2条Unigenes;类固醇合成通路上可注释到68条Unigenes,油菜素类固醇合成通路上可注释到12条Unigenes。通过这些潜力基因的鉴定,可以为耳叶牛皮消活性物质代谢的分子机制研究提供科学依据。

第四,共检索到2325个SSR位点和517个lncRNA,为耳叶牛皮消的种质鉴定、遗传图谱构建提供基础。挖掘出42个转录因子,以bHLH家族、ERF家族和TCP家族为主,它们可能参与了耳叶牛皮消的次级代谢产物调控网络。本研究首次为耳叶牛皮消的全长转录组进行注释,为耳叶牛皮消的重要活性物质代谢机制和功能基因研究奠定了坚实的理论基础。

3.2 基于转录组学和生理学分析白首乌内植物激素和苯丙素的合成

白首乌(*Cynanchum auriculatum*)是萝藦科植物,分布于中国、日本和韩国[53]。在中国,白首乌在山东、江苏、安徽等省广泛栽培,95%的白首乌产品产自江苏省滨海县。作为一种药食两用的植物材料,白首乌块根作为一种保健食品已经被当地消费者使用了几十年[54]。最近的研究表明,白首乌的生物医学功能是由于其块根中富含的天然活性物质,包括2,4-二羟基苯乙酮、4-羟基苯乙酮、氰二酮、本盖苷等[55-57]。同时,多种活性化合物对白首乌制品具有药理作用,如多糖部分对抗过氧化氢诱导的氧化应激[58],C_{21} 甾体苷对抗 H_2O_2 诱导的损伤[59],苷元尾状核苷对抗癌细胞[60]。然而,白首乌块根的发育机制和重要活性物质的积累机制尚未阐明,阻碍了白首乌的基础研究和育种工程。

在植物中,木质素是通过苯丙素途径合成的单体分化形成的聚合物化合物,在生长发育机制中发挥重要作用[61]。木质素作为陆生植物细胞壁的主要结构成分,维持木质部的硬度,从而促进水分运输,阻断昆虫和病原体的感染[62]。在某些类型的植物中,木质素对种子的萌发机制有显著影响,种皮中木质素含量的降低严重影响了种子的发芽率和生长速度[63-65]。在花药中,木质素的缺失导致雄性不育性受到严重抑制,顶端优势地位丧失,最终表现为植物生长发育不良[66,67]。在块茎根的发育过程中,木质素主要用于形成储存淀粉的木质部薄壁细胞[68]。然而,与树种根系发育不同的是,木质素含量高不利于根系植物物种贮藏器官的形成,在 Ipomoea batatas 中有报道[69,70]。在贮藏根形成过程中,抑制木质素合成促进了木质部和形成层细胞的增殖,从而导致贮藏根增厚和生长[71]。因此,适宜的木质素含量对块根植物的生长发育具有重要意义。

黄酮类化合物是白首乌的重要活性物质,有助于植物的发育[72],在食品卫生和医药领域具有很大的潜力[73]。与木质素的合成机制一样,类黄酮(单宁、花青素和黄酮醇)的合成也通过苯丙素途径[74]。有研究者发现,上游结构基因(*PAL*、*C4H* 和 *4CL*)表达水平的变化同时影响单宁、花青素和木质素的合成[66,67]。过表达 *CsHCT* 的转基因烟草 N、烟草和拟南芥中酚酸和木质素含量增加,而黄酮醇苷含量降低[75]。同时,一些转录因子通过调控结构基因的表达影响木质素和黄酮类化合物的生物合成,并直接重新分配植物中的碳代谢[76-78]。在杨树中,过表达 MYB6 可减少次生细胞壁沉积,并显著促进花青素和原花青素的积累[79]。因此,研究白首乌块根中类黄酮的生物合成途径,不仅可以阐明类黄酮的积累机制,而且有利于探索木质素含量的转化规律。

本研究对 3 个发育阶段(S1:根形成期,S2:根膨大期,S3:收获期)的块根进行了分析。利用 RNA-Seq 分析了白首乌块根发育过程中 DEGs 的富集途径和表达水平。通过对植物激素、木质素、黄酮类化合物及其代谢途径相关基因的综合分析,揭示了其代谢产物与基因之间的相关性,为揭示白首乌块根的发育特征提供了有价值的信息。本研究旨在阐明白首乌块根发育的机制,并探讨植物激素、木质素和黄酮类化合物对白首乌块根发育的调控机制。

3.2.1 材料与方法

3.2.1.1 植物材料

自 2021 年 5 月 10 日起,在盐城市新阳农业实验站试验田进行了一年生白首乌(基因型为盐城本地品种盐武 1406)植物材料的试验研究。根据木薯的农艺细节[80],在三个发育阶段[包括生根阶段(S1,2021 年 9 月 15 日)、根系增厚阶段(S2,2021 年 10 月 15 日)和根系收获阶段(S3,2021 年 11 月 15 日)],对白首乌根的块根进行取样。白首乌药材经过仔细清洗后放入-80 ℃超低温冰箱保存(见图 3-13),3 次生物重复后进行进一步分析,部分样品送往广州 Gene Denovo 生物科技有限公司进行高通量转录组测序,其余样品留作生理分析。

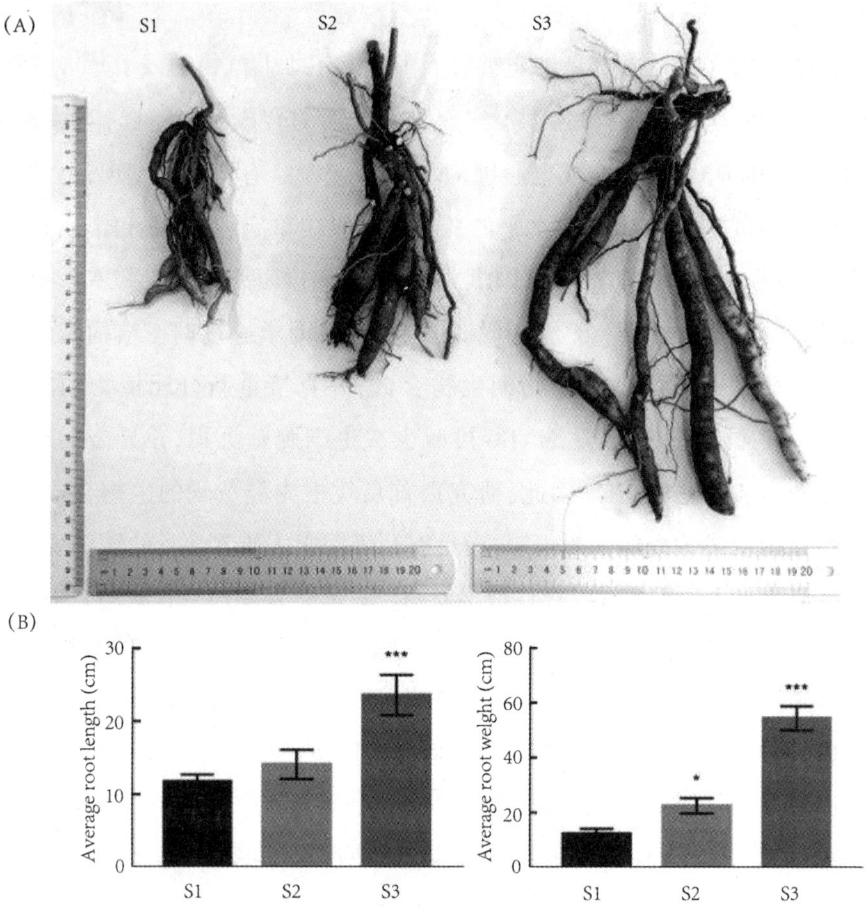

图 3-13　白首乌块根发育的三个阶段

注:(A)S1 代表块根成形期,S2 代表块根增厚期,S3 代表块根收获期。

(B)三个发育阶段白首乌块根的平均根长和平均根重。

3.2.1.2　植物激素提取及含量测定

1.0 g 白首乌根样品加入 2.0 mL 提取液(100% 甲醇),液氮研磨。4℃静置 4 h,4000 rpm 离心 15 min,收集上清液,再次重复上述步骤,合取上清液进行 C18 固相萃取。上清经 100% 甲醇洗脱,0.45 μm 微孔过滤器纯化,用于后续植物激素含量测定。

内源性吲哚-3-乙酸(IAA)、细胞分裂素(CK)和乙烯(ETH)的含量采用植物激素 ELISA 试剂盒(目录号:IAA 的 QS42270,目录编号 CK 的 QS441290 和目录编号,QS49937 对应 ETH)。

3.2.1.3 白首乌块根木质化组织间苯三酚染色及木质素含量测定

白首乌根木质化组织的化学染色参考了 Sun 等人描述的方法[81]，并进行了少量修改。从块茎根中段纵向切成 2.0 mm 的切片。将切片浸泡在 15.0% 间苯三酚溶液中 5.0 min，然后加入 36.0% 盐酸 3.0 mL 显色。染色后的块根切片用 EOS 1300D 数码相机拍照，MOTIC BA200 光学显微镜观察细胞结构并拍照。

此外，采用木质素含量检测 ELISA 试剂盒（目录号：BC4200）检测木质素含量，A280 紫外分光光度法测定木质素含量。

3.2.1.4 白首乌块根总黄酮含量测定

采用亚硝酸钠—硝酸铝—氢氧化钠比色法测定了白首乌块根总黄酮含量[82]。简单地说，以芦丁（目录号：R8170，纯度≥95.0%）为标准样品制备标准曲线。取白首乌块根粉 1.0 mL(2.0 mg/mL)，加入亚硝酸钠溶液 1.0 mL（50.0 mg/mL）、硝酸铝溶液 1.0 mL（100.0 mg/mL）、氢氧化钠溶液 4.0 mL（200.0 mg/mL）、37.0% 乙醇 3.0 mL。静置 15.0 min 后，测定混合物在 A 处的吸光度。

3.2.1.5 mRNA 提取和高通量转录组文库测序

采用 TIANSeq mRNA Capture Kit（目录号：NR105-01）提取白首乌块根 mRNA。为保证测序结果的质量，严格检查文库的构建质量，检测标准为：琼脂糖凝胶电泳分析 RNA 完整性和 DNA 污染，nanoophotometer 分光光度计测定 RNA 纯度，Qubit2.0 荧光计准确定量 RNA 浓度，安捷伦 2100 生物分析仪精确检测 RNA 完整性。以随机寡核苷酸为引物，在 M-MuLV 逆转录酶系统中合成 cDNA 的第一条链。接下来，出现 RNA 降解和第二链 cDNA 合成。对纯化的双链 cDNA 进行末端修复并连接到一个测序适配器上。用 AMPure XP beads 筛选 cDNA，纯化 PCR 产物。最终，Illumina HiSeq2500 获得高通量转录组文库。根据 DNA 1000 检测试剂盒说明书（目录号：5067-1504）对转录组文库进行质量检测。

3.2.1.6 白首乌转录组生物信息学分析

原始的读取被 fastp（版本 0.18.0）进一步过滤，以获得高质量的干净读取[83]。通过 StringTie（版本 1.3.1），将每个样本的映射读数据进行组装[84]。采用 DESeq 软件进行组间差异表达基因（DEGs）分析[85]。采用 R 包 gmodels 进行主成分分析（PCA）。基因本体（GO）分析[86]通过将 DEGs 映射到基因本体数据库。采用 edgeR 软件对京都基因与基因组百科全书（KEGG）进行分析[87]。

3.2.1.7 白首乌转录组 DEGs 的 qRT-PCR 分析

为验证白首乌转录组分析数据的可靠性,采用 SYBR© Premix Ex Taq™ Ⅱ (目录号:RR820Q)进行 qRT-PCR,并使用 Thermal Cycler Dice™ Real Time System *Lite*(代码号:TP700/TP760)。选择淀粉合成、木质素合成、黄酮类合成和生长素信号转导相关的 16 个基因分别进行 qRT-PCR 检测,以 *CaActin*7 为内参基因。

通过 $2^{-\Delta\Delta Ct}$ 方法计算所选基因的相对表达量[88]。本研究使用的引物由 NCBI 引物设计在线工具设计,安徽通用生物股份有限公司合成。引物的核苷酸序列及扩增特征见补充表 3-10。

表 3-10 qRT-PCR 的核苷酸序列及引物特征

Gene	Encoding enzyme	Forward primer	Reverse primer	Tm (℃)	Product length (bp)
CaSS4	Starch synthase 4	CGCTGTTGGGTCCT-TAGCAT	CAATGCCGTAGA-CAACCCCA	60	209
CaSS3	Starch synthase 3	CAATTGCAAAGGTGG-GAGGC	CCCCATCATTTCCAC-GACCA	60	273
CaSBE1	Starch branching enzyme 1	TTTCGCGCAAGGAT-GAAGGA	CCAGAAATGAACGTG-GTCGC	60	243
CaSUS2	Sucrose synthase 2	TCGAAAATCGATAG-GCGCGA	GTAGCCCAACAGTA-ACGGCT	60	272
CaCCR	Cinnamoyl-CoA reductase	CTCACTGGCTCTGC-CAAGAC	TCCGAGCACTTTGTT-GGGAT	60	206

续表

Gene	Encoding enzyme	Forward primer	Reverse primer	Tm (℃)	Product length (bp)
CaCAD	Cinnamyl alcohol dehydrogenase	GGGCTGCTCGTGAT-TCATCT	CCAAGTAGCCAACAC-CCACT	60	252
CaCSE	Caffeoyl shikimate esterase	GAACCCATCAAAGG-GACGGT	GAACAAGAACGCCG-GCAAAT	60	252
CaPOD	Peroxidase	CGAGGCCTCAATGTC-CAGTT	GCACCA-CAGACGTTTCAACC	60	224
CaCHS	Chalcone synthase	GACCAAAGCACGTAC-CCTGA	TCGACAACCACCAT-GTCCTG	60	211
CaCHI	Chalcone isomerase	ACATTGGCGGAGCT-GATGAA	ACGTGAGCCTTTAG-GAACGG	60	234
CaDFR	Dihydroflavonol 4-reductase	GGTTCTTCGGGC-TATCTCGG	TGATTCGCACCCCT-GAATCG	60	207
CaFLS	Flavonol synthase	GGGTGCAATCCG-TAGCTTCT	ATACCCCATTCCCT-GCTTGC	60	199

续表

Gene	Encoding enzyme	Forward primer	Reverse primer	Tm (℃)	Product length (bp)
CaGH3.1	Gretchen Hagen 3.1	AACTCCAACGTTAC-CGACCC	ACGGCTTGCACATGG-GATTA	60	292
CaLAX2	Like auxin resistant 2	CTT-GAGGGCACTCGCTAGAC	GGTCATGCTAGC-CCATCCTC	60	298
CaARF3	Auxin response factor 3	ATGACACGGCTGGT-GCTAAA	GCTTTCCGTCCTTGTG-GAGA	60	194
CaPIN3	Pin-formed 3	GGTGCCGGAAAA-CATATGCC	ACGGAGTTCCCACAT-GCAAT	60	269
CaAct7	Actin conserved site protein 7	ACTGGAATGGTCAAG-GCTGG	CCTCAGGAGCAA-CACGAAGT	60	259

此外,为确定 qRT-PCR 分析数据与 RNA-Seq 中 FPKM 值的相关性是否显著,采用 GraphPad Prism 8.0 软件进行臭氧相关分析。

3.2.1.8　统计分析

所有实验都在三次或三次以上的生物重复中进行,以消除错误。采用 GraphPad Prism 8.0 软件对数据进行统计分析并作图,采用单因素或双因素方差分析(One-Way 或 Two-Way ANOVA)多重比较进行显著性差异分析(P 值<0.05 或 0.01)。

3.2.2　结果

3.2.2.1　白首乌块根样品关系分析

为了研究白首乌块根发育特征,对三个发育阶段的样品进行了观察和分析。

可以看出,9 月 S1、10 月 S2、11 月 S3 样品形态变化明显(见图 3-14A)。与 S1 相比,发育后期的平均根长(S2 14. 12 cm,S3 23. 63 cm)和根重(S2 22. 59 g,S3 54. 49 g)显著高于 S1(见图 3-14B)。

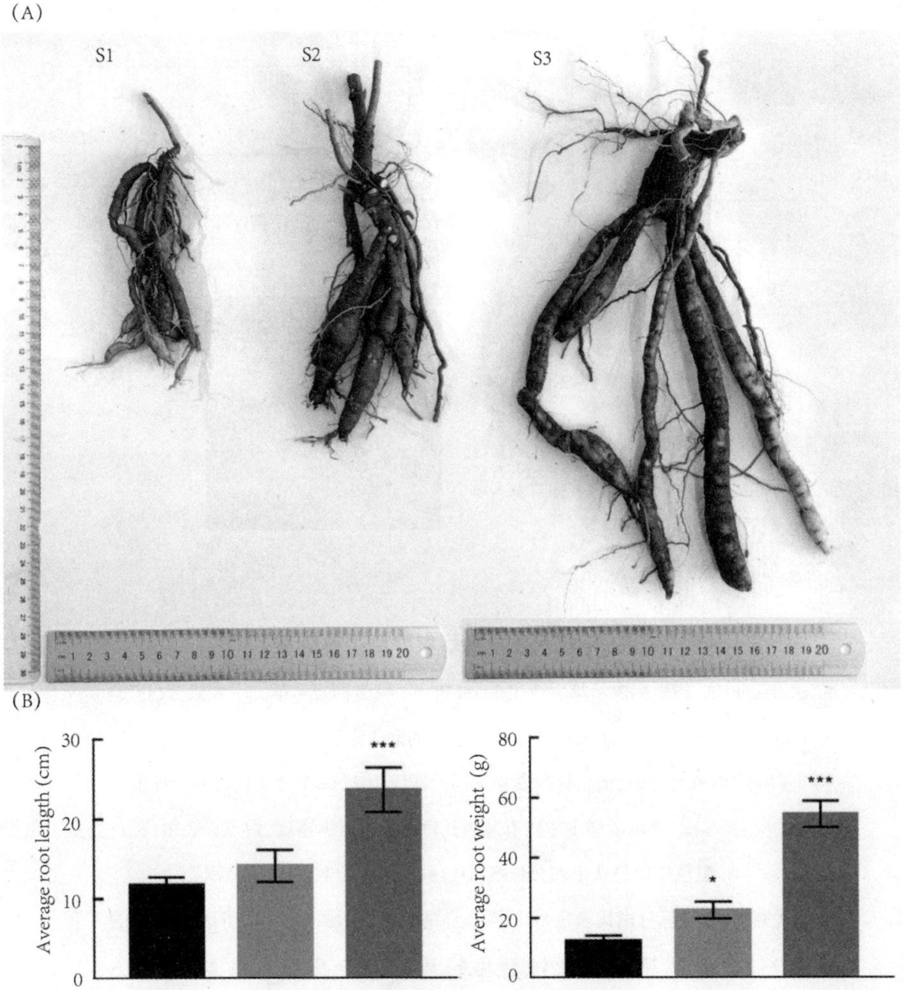

图 3-14　白首乌块根发育的三个阶段

注:(A)S1 代表块根成形期,S2 代表块根增厚期,S3 代表块根收获期。

(B)三个发育阶段白首乌块根的平均根长和平均根重。

同时,PCA、样本聚类、小提琴图和相关热图分析结果显示(见图 3-15),不同发育阶段采集的样本之间存在显著变异性,样本的 3 次生物重复具有较好的重复性。

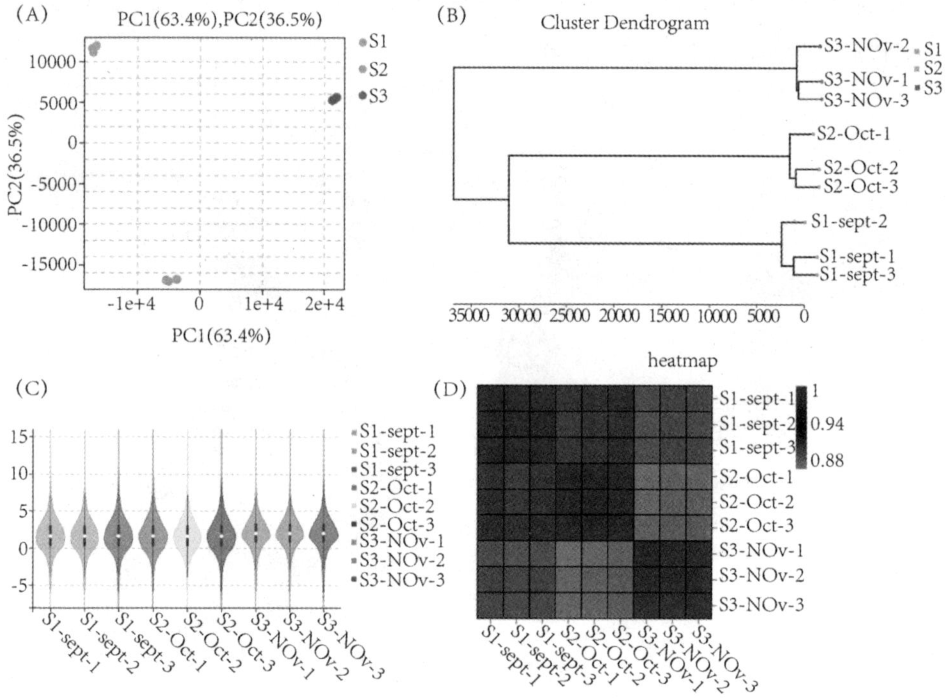

图 3-15 白首乌块根样品关系分析

注：(A)PCA，横坐标表示第一个主成分(PC1)，纵坐标表示第二个主成分(PC2)，不同的比较组用不同的颜色来表示。

(B)样本聚类分析，横坐标代表样本间的欧氏距离，每个分支代表一个样本。

(C)小提琴图，显示了样本中所有基因任意位置的数据密度，白点代表中位数，黑色矩形是从下四分位数(Q1)到上四分位数(Q3)的范围。

(D)相关热图，横坐标分别代表每个样本，颜色的深浅表示两个样本之间相关系数的大小。

3.2.2.2 白首乌块根转录组数据的质量评价及基本信息

利用白首乌块根3个发育阶段的样品，3次生物重复，构建S1-Sept-1，S1-Sept-2，S1-Sept-3，S2-Oct-1，S2-Oct-2，S2-Oct-3，S3-Nov-1，S3-Nov-2和S3-Nov-3 9个转录组文库。转录组文库已上传至NCBI SRA数据库，命名为SRX14155705(S1-Sept-1)、SRX14155706(S1-Sept-2)、SRX14155707(S1-Sept-3)、SRX14155708(S2-Oct-1)、SRX14155709(S2-Oct-2)、SRX14155710(S2-Oct-3)、SRX14155711(S3-Nov-1)、SRX14155712(S3-Nov-2)、SRX14155713(S3-Nov-3)。为减少无效数据的干扰，

对原始数据进行数据过滤，得到的分析数据见表 3-11。碱基组成平衡分析表明，转录组文库质量较高，有利于后续分析的准确性。

表 3-11　白首乌转录组文库的基本信息统计

Sample	Raw Data (bp)	BF_Q20 (%)	BF_Q30 (%)	BF_N (%)	BF_GC (%)	Clean Data (bp)	AF_Q20 (%)	AF_Q30 (%)	AF_N (%)	AF_GC (%)
S1-Sept-1	5. 79E+09	96. 74%	91. 85%	0. 00%	43. 43%	5. 64E+09	97. 18%	92. 39%	0. 00%	42. 94%
S1-Sept-2	6. 4E+09	96. 61%	91. 47%	0. 00%	43. 17%	6. 26E+09	96. 96%	91. 90%	0. 00%	42. 81%
S1-Sept-3	6. 16E+09	96. 39%	91. 06%	0. 00%	43. 33%	6E+09	96. 85%	91. 60%	0. 00%	42. 86%
S2-Oct-1	5. 62E+09	96. 95%	91. 99%	0. 00%	42. 92%	5. 54E+09	97. 16%	92. 25%	0. 00%	42. 76%
S2-Oct-2	6. 55E+09	96. 89%	91. 88%	0. 00%	42. 83%	6. 45E+09	97. 09%	92. 14%	0. 00%	42. 67%
S2-Oct-3	7. 55E+09	97. 56%	93. 28%	0. 00%	42. 84%	7. 46E+09	97. 72%	93. 48%	0. 00%	42. 72%
S3-Nov-1	7. 55E+09	97. 69%	93. 53%	0. 00%	42. 83%	7. 48E+09	97. 81%	93. 69%	0. 00%	42. 74%

续表

Sample	Raw Data (bp)	BF_Q20 (%)	BF_Q30 (%)	BF_N (%)	BF_GC (%)	Clean Data (bp)	AF_Q20 (%)	AF_Q30 (%)	AF_N (%)	AF_GC (%)
S3-Nov-2	7.51E+09	97.45%	92.97%	0.00%	42.97%	7.44E+09	97.59%	93.14%	0.00%	42.86%
S3-Nov-3	8.61E+09	97.54%	93.15%	0.00%	42.86%	8.53E+09	97.67%	93.31%	0.00%	42.76%

使用我们发表的全长白首乌转录组数据库 NCBI(登录号:SRX10889362)为参照,采用 RSEM 进行序列比对和定量,并统计每个样本的基因检测结果(见表 3-12)。我们文库亚型上的数据均匀分布在金花菇基因的各个部分,说明 mRNA 中断的随机性是令人满意的(见图 3-16)。所有样本的 FPKM 分布和表达小提琴图显示,在这些转录组文库中相应位点的基因表达丰度高,数据密度高(见图 3-17)。

表 3-12　白首乌转录组文库的基因检测统计

Sample	Total Genes	Sequenced Total Genes(%)
Full-length transcriptomic data	42710	42415(99.31%)
S1-Sept-1		41475(97.11%)
S1-Sept-2		41478(97.12%)
S1-Sept-3		41492(97.15%)
S2-Oct-1		41648(97.51%)
S2-Oct-2		41690(97.61%)
S2-Oct-3		41760(97.78%)
S3-Nov-1		41838(97.96%)

续表

Sample	Total Genes	Sequenced Total Genes(%)
S3-Nov-2		41830(97.94%)
S3-Nov-3		41909(98.12%)

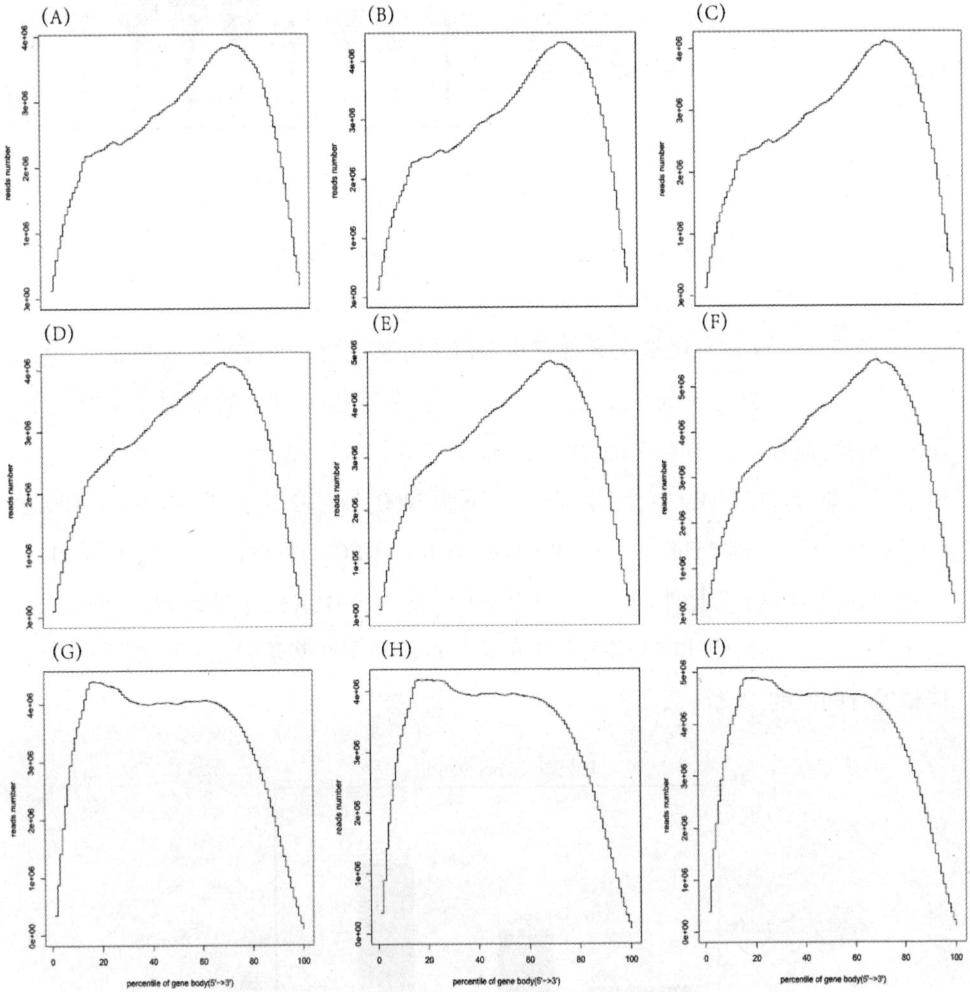

图 3-16　白首乌转录组文库中基因的随机分布

注:(A)代表 s1-9 月 1 日,(B)代表 s1-9 月 2 日,(C)代表 s1-9 月 3 日,(D)代表 s2-10 月 1 日,(E)代表 s2-10 月 2 日,(F)代表 s2-10 月 3 日,(G)代表 s3-11 月 1 日,(H)代表 s3-11 月 2 日,(I)代表 s3-11 月 3 日。

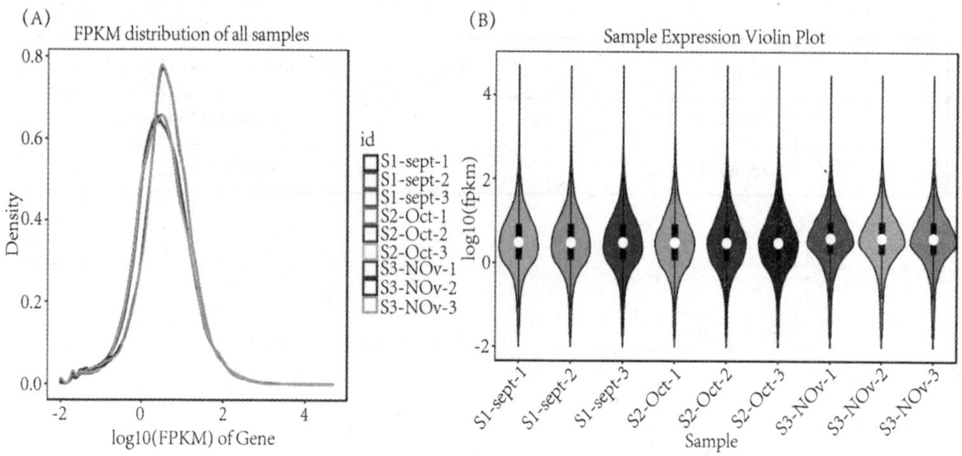

图 3-17 白首乌转录组文库基因表达丰度分析

注:包括(A)FPKM 分布,(B)表达小提琴图。

3.2.2.3 白首乌块根发育过程中 DEGs 富集分析

为了探讨白首乌块根发育过程中分子水平的变化,对 9 个转录组文库进行了 DEGs 富集分析。以 FDR<0.05 和 $|\log_2 FC|>1$ 基因为显著差异基因,组间比较发现 S1 比 S2 共 14944 个 DEGs(上调 7454 个,下调 7490 个),S2 比 S3 共 14496 个 DEGs(上调 9962 个,下调 4534 个),S1 比 S3 共 2016 个 DEGs(上调 12890 个,下调 7126 个)(见图 3-18A)。此外,差异比较火山图(见图 3-18B)、差异比较簇热图(见图 3-18C)显示 S1、S2 和 S3 组间有 28926 个 deg,说明这些基因的表达受到白首乌块根发育的影响。

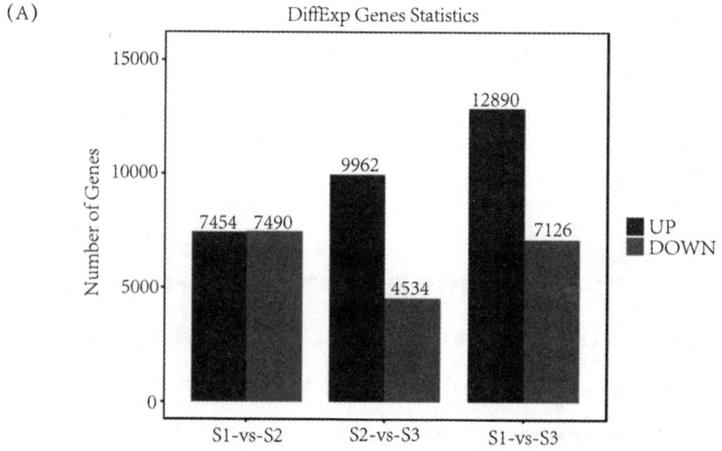

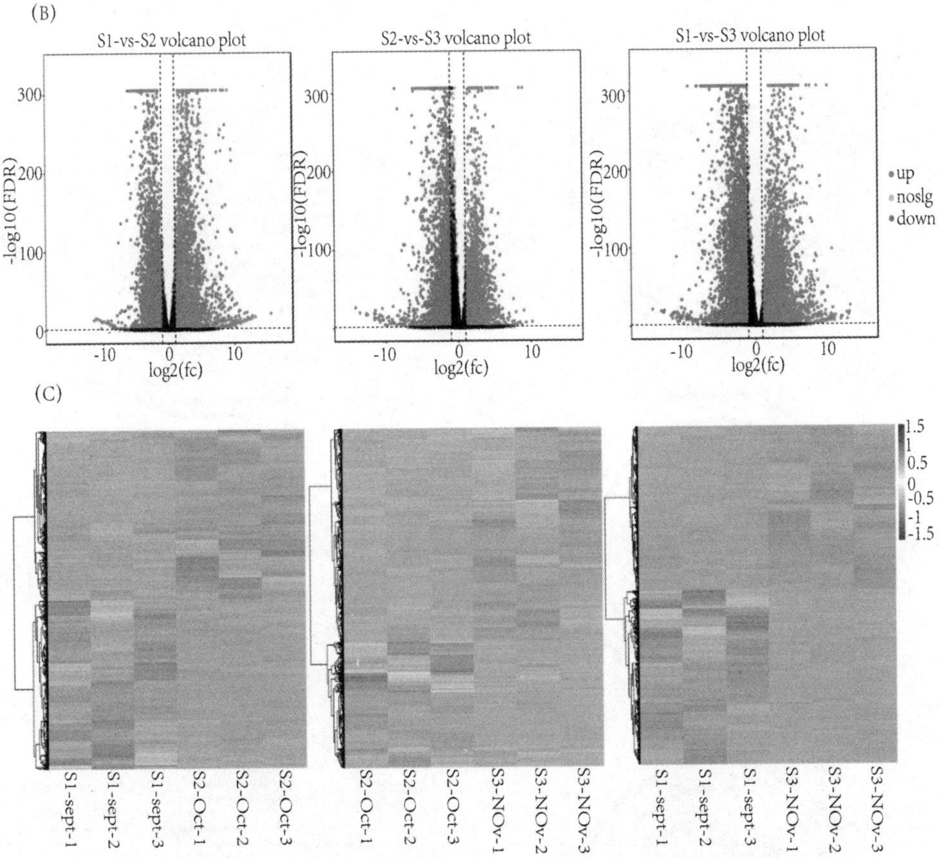

图 3-18　白首乌块根发育过程中 DEGs 富集分析

注：包括（A）S1、S2 和 S3 组的 DEGs 统计。（B）S1、S2、S3 类群差异比较火山图。（C）三个发育阶段三个生物重复的差异比较簇热图。

通过基因本体（GO）富集分析，综合表征了白首乌块根发育过程中基因及基因产物的特性。对比结果（S1 *vs* S2，S2 *vs* S3，S1 *vs* S3）见图 3-19，以 S1 *vs* S2 为例，在“生物过程”中，GO 富集的前 5 种分类包括“代谢过程”（上调 403 个，下调 213 个）、“单生物体过程”（上调 275 个，下调 186 个）、“细胞过程”（上调 205 个，下调 140 个）、“定位”（上调 58 个，下调 36 个），还有“生物调控”（19 个上调，58 个下调）。在“细胞成分”中，富集程度最高的 5 种类型包括“细胞”（上调 148 个，下调 102 个）、“细胞部分”（上调 148 个，下调 102 个）、“膜”（上调 90 个，下调 70 个）、“细胞器”（上调 52 个，下调 79 个）和“细胞外区域”（上调 34 个，下调 1 个）。此

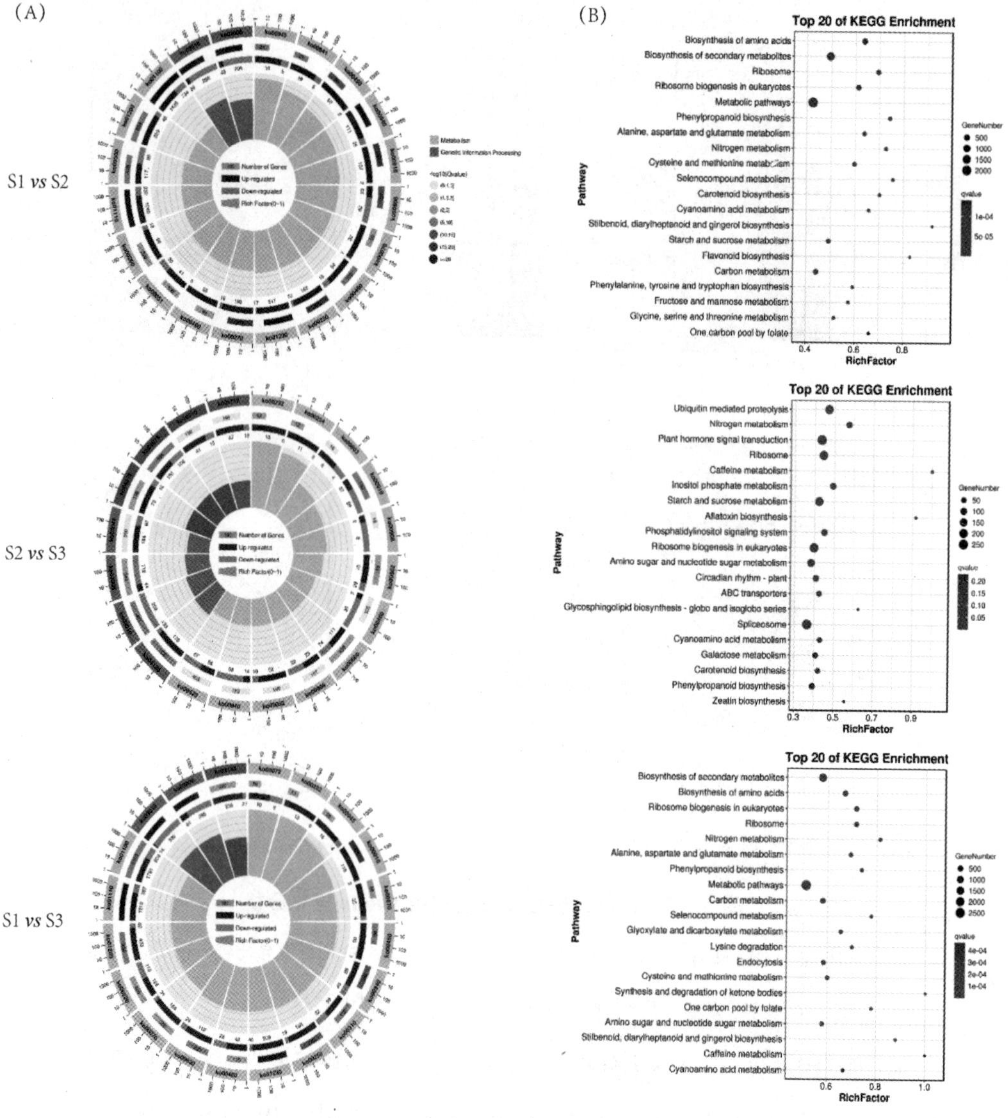

图 3-19 白首乌块根发育过程中 KEGG 通路富集分析

注:(A)KEGG 富集圈图,第一个圈代表富集的前 20 个通路,
第二个圈代表每个通路的数量和 q 值,第三个圈代表上调和下调的 DEGs 的比例,
第四个圈代表每个通路的 RichFactor 值。(B)KEGG 富集气泡图,
大小表示 DEGs 的数量,红色的程度表示 Q 值的水平。

外,在富集“分子功能”方面,“催化活性”(上调 347 个,下调 279 个)、“结合”(上调 212 个,下调 197 个)、“转运蛋白活性”(上调 23 个,下调 29 个)、“结构分子活性”

(上调12个,下调0个)和“分子功能调节因子”(上调3个,下调3个)是富集程度最高的5种类型。在S2和S3中,“生物过程”中,氧化石墨烯富集程度排名前5的分类包括“代谢过程”(上调260个,下调233个)、“单生物过程”(上调217个,下调160个)、“细胞过程”(上调222个,下调98个)、“定位”(上调74个,下调20个)和“生物调节”(上调68个,下调14个)。在“细胞成分”中,富集程度最高的5种类型包括“细胞”(139上调,73下调)、“细胞部分”(139上调,73下调)、“膜”(95上调,90下调)、“细胞器”(54上调,50下调)和“膜部分”(36上调,54下调)。在富集“分子功能”时,“催化活性”(上调的310个,下调的194个)、“结合”(上调的276个,下调的119个)、“转运蛋白活性”(上调的15个,下调的39个)、“信号传感器活性”(上调的19个,下调的5个)和“分子传感器活性”(上调的13个,下调的3个)是富集程度最高的5个分类。

通过KEGG通路显著富集,确定了白首乌块根中参与DEGs的主要生化代谢通路和信号转导通路。在S1和S2的对比中,KEGG富集程度最高的5个分类包括ko01100“代谢途径”(2169个KEGG途径中5105个DEGs)、ko01110“次生代谢产物的生物合成”(1372个KEGG途径中2770个DEGs)、ko01230“氨基酸的生物合成”(528个KEGG途径中830个DEGs)、ko01200“碳代谢”(377个KEGG途径中854个DEGs)和ko03010“核糖体”(334个KEGG途径中481个DEGs)。在S2和S3的比较中,富集程度排名前5位的分别为:“代谢途径”(1660个KEGG途径中5105个DEGs)、“次生代谢产物的生物合成”　(924个KEGG途径中2770个DEGs)、ko04075“植物激素信号转导”(258个KEGG途径中594个DEGs)、ko03040“Spliceosome”(251个KEGG途径中690个DEGs)和“氨基酸的生物合成”(228个KEGG途径中830个DEGs)。

此外,结合GO和KEGG富集分析结果,我们发现大量的DEGs有利于富集“植物激素信号转导”和“苯丙素生物合成”,这表明植物激素和苯丙素代谢物在白首乌块根发育过程中发挥关键作用。

3.2.2.4　白首乌根发育过程中涉及的植物激素

乙酰辅酶A合成酶(PB.11689.1,*CaACS*)、1-氨基环丙烷-1-羧酸氧化酶(PB.2145.1,CaACO)、乙烯受体(PB.10599.1,*CaETR*1;PB.2607.1,*CaETR*2),乙烯不敏感3(PB.10463.1,*CaEIN*3),乙烯响应因子(PB.2298.1,*CaERF*4;PB.28708.1

*CaERF*110;PB. 33534. 1,*CaERF*5),其表达水平持续降低(见图 3-20B)。

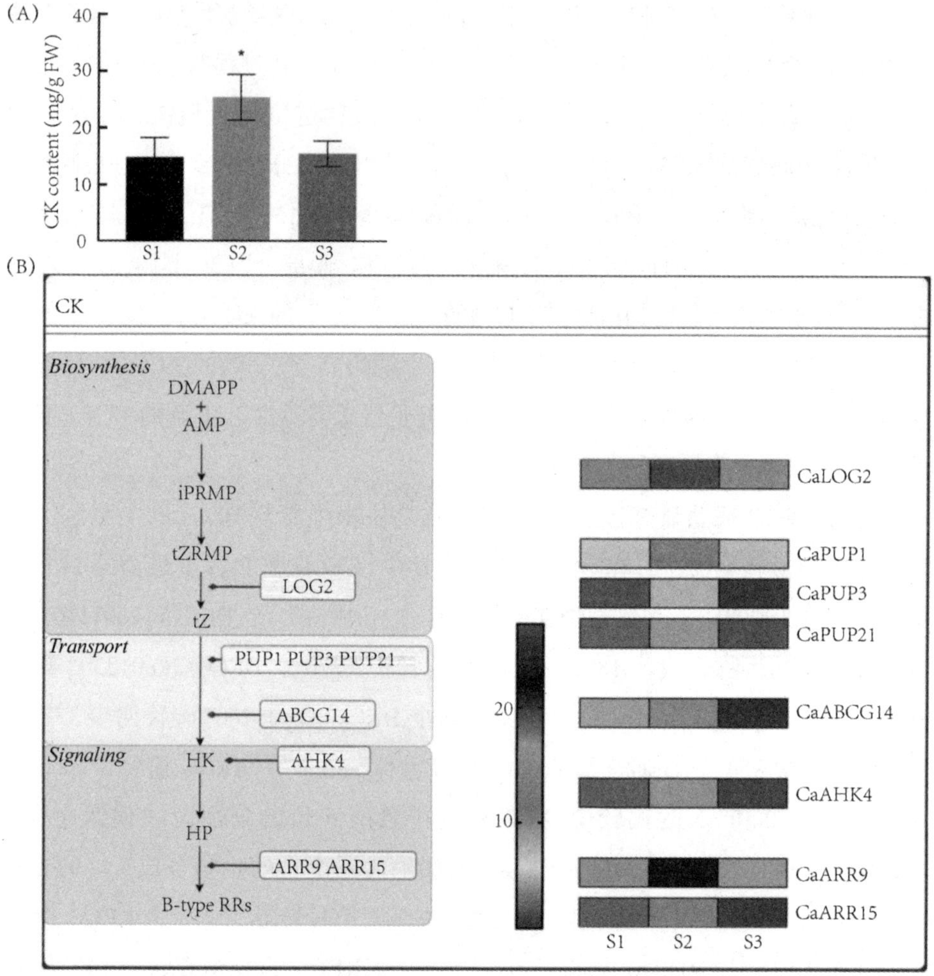

图 3-20　白首乌块根发育过程中 ETH 代谢机制的研究

注:(A)白首乌块根 S1、S2、S3 期 ETH 含量。

(B)S1、S2 和 S3 阶段参与 ETH 生物合成和信号转导的基因差异表达谱。

由于植物激素在调节植物的生长发育和对环境因子的响应中起着至关重要的作用,因此寻找并列出了与植物激素信号转导相关的 deg。“植物激素信号转导”*KEGG* 通路涉及的 DEGs 共有 564 个,可分为 44 个家族。结果显示(图 3-21),排名前 10 位的家族包括 *ARF*(73 个,12.94%)、*EIN*(59 个,10.46%)、*AHK*(47 个,8.33%)、*IAA*(42 个,7.45%)、*ETR*(33 个,5.85%)、*LAX*(32 个,5.67%)、*NPR*(30 个,5.32%)、*BSK*(21 个,

3.72%)、*ARR*(16 个,2.84%)、*CTR*(16 个,2.84%)。其中 *IAA*、*TIR*、*LAX*、*ARF* 和 *GH3* 分别参与 IAA 的生物合成、转运和信号转导。*ARR* 负责 CK 信号转导,*EIN*、*ETR*、*CTR* 参与 ETH 信号转导。此外,*BSK*、*NPR* 和 *GAI* 分别参与油菜素内酯、水杨酸和赤霉素的信号转导。这些结果表明,生长素、细胞分裂素、乙烯、油菜素内酯、水杨酸和赤霉素等植物激素在白首乌块根发育过程中起重要作用。此外,还探讨植物激素在植物根发育中的作用,测定白首乌、植物激素(IAA、CK 和 ETH)含量及其相关基因表达量。

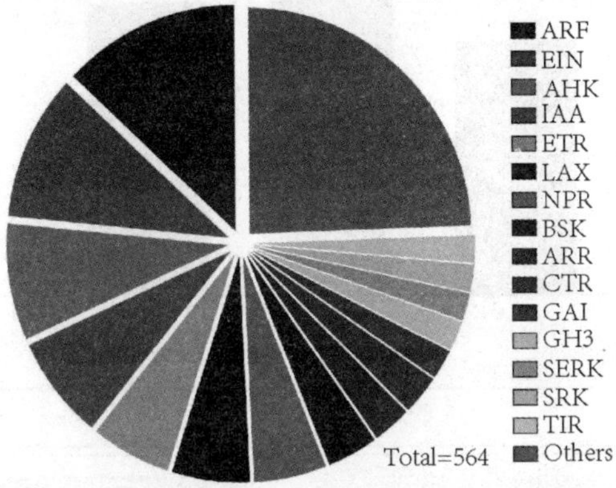

图 3-21　发育过程中差异表达的植物激素家族分布概况

生长素在块茎和储藏根茎作物中的重要作用已被证实[89]。与 S1 相比,S2 中 IAA 含量显著增加了 17.94%,S3 中 IAA 含量显著增加了 15.21%(见图 3-22A)。同时,IAA 合成和信号基因的 FPKM 值,如色氨酸转氨酶-1(PB. 34545. 1,*CaTAA*1),邻氨基苯甲酸合成酶 α 亚基(PB. 19512. 1,*CaASA*),*CaYUC*(PB. 24614. 1),gretchenhagen 3.1(PB. 18264. 1,*CaGH*3. 1),像生长素抗性(PB. 20718. 1,*CaLAX*),*CaIAA*(PB. 14080. 1,PB. 22449. 1),生长素抗性(PB. 18013. 1,*CaAUX*),像生长素(PB. 27159. 1,*CaLAX*),pin-formed(PB. 15955. 1,*CaPIN*1;PB. 12675. 1,*CaPIN*3),生长素反应因子(PB. 6875. 1,*CaARF*3;PB. 11636. 1 *CaARF*6;PB. 20529. 1,*CaARF*19),其变化趋势与 IAA 含量基本相似(见图 3-22B)。

通过干扰生长素运输,CK 促进了 PIN 蛋白的降解,调控了根系发育[90]。在本研究中,与 S1 相比,CK 含量呈现与 IAA 含量相似的变化趋势,在 S2 中显著增加(增加 70. 26%),在 S3 中显著减少(见图 3-23A)。同时,CK 的合成、转运和信号基因包括 E3 泛素蛋白连接酶(PB. 29516. 1,*CaLOG*2)、嘌呤透酶(PB. 33715. 1,*CaPUP*1;PB. 30852. 1 *CaPUP*3;PB. 23081. 1,*CaPUP*21),ABC 转运体 G 家族成员

(PB. 12451. 1, *CaABCG*14),组氨酸激酶(PB. 36978. 1, *CaAHK*4),a 型反应调节器(PB. 32971. 1, *CaARR*9;PB. 2389. 1, *CaARR*15),其 FPKM 值也符合预期趋势,在 S2 中表达量升高,在 S3 中表达量降低(见图 3-23B)。

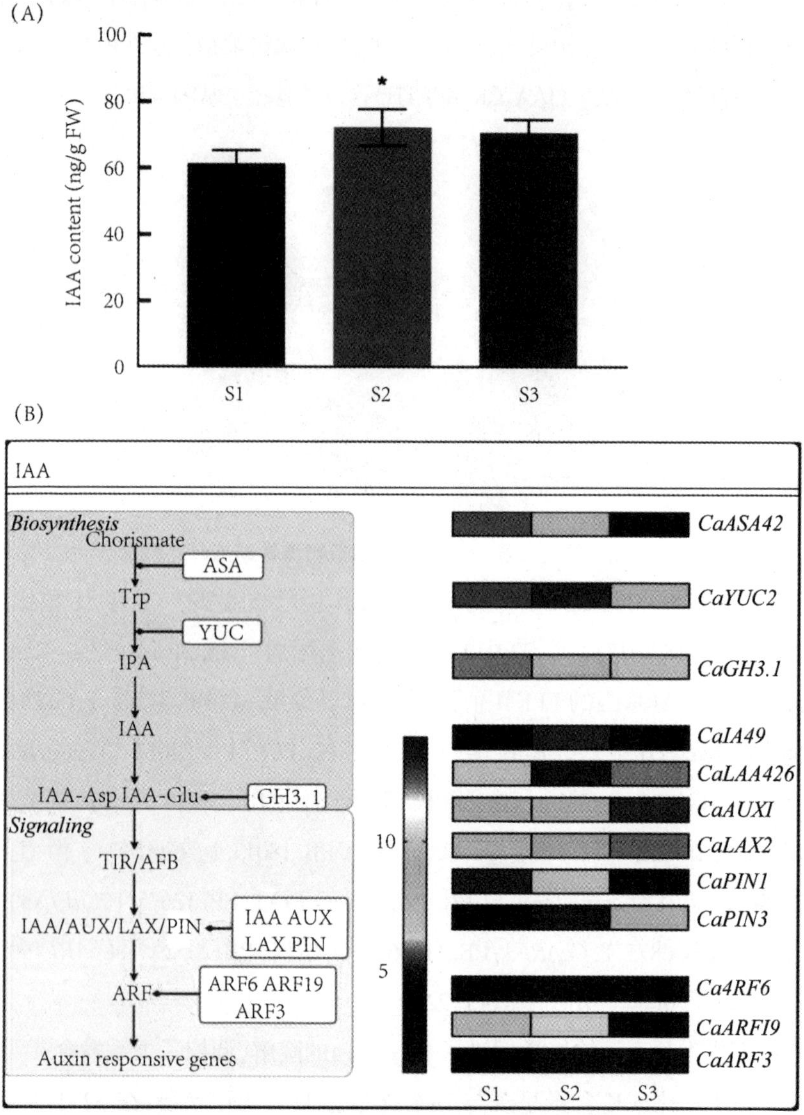

图 3-22 白首乌块根发育过程中 IAA 代谢机制的研究

注:(A)白首乌块根 S1、S2、S3 期 IAA 含量。

(B)IAA 生物合成、运输和信号转导基因在 S1、S2 和 S3 阶段的差异表达谱。

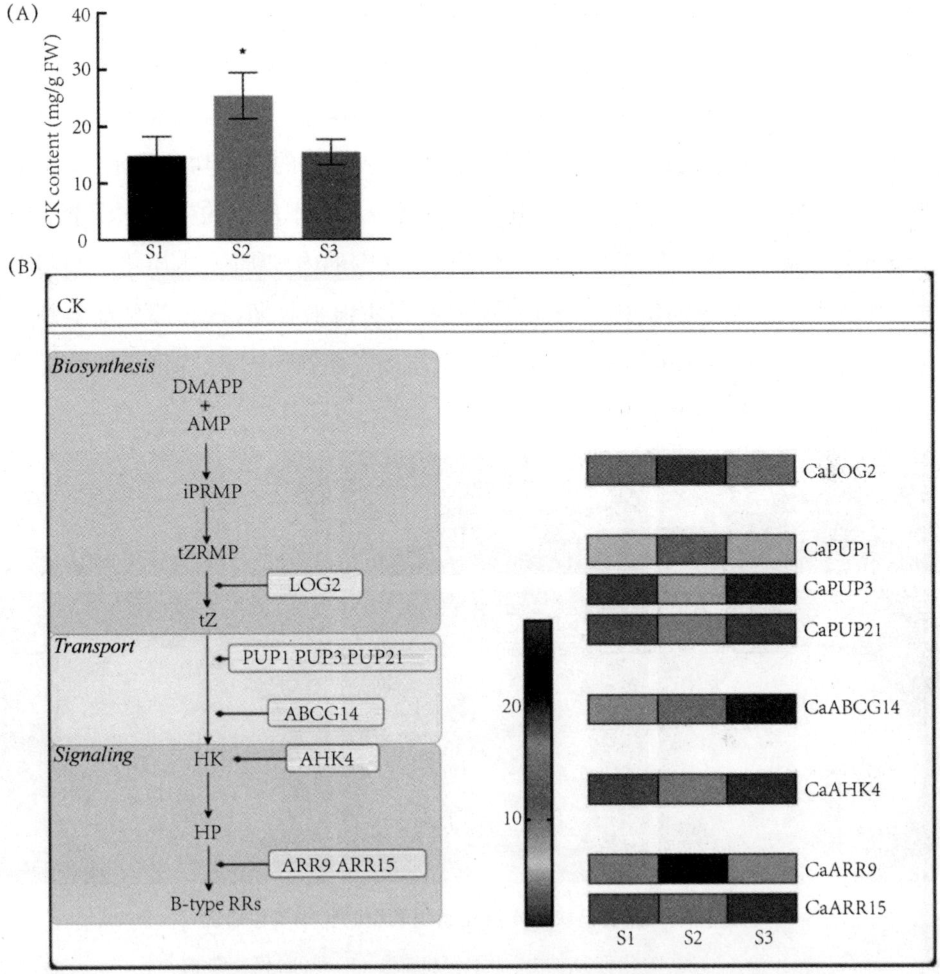

图 3-23　白首乌块根发育过程中 CK 代谢机制的研究

注:(A)白首乌块根 S1、S2、S3 期 CK 含量。

(B)CK 生物合成、转运和信号转导基因在 S1、S2 和 S3 阶段的差异表达谱。

研究表明,乙烯对主根的生长有明显的抑制作用[91,92]。在这里,我们发现,白首乌块根发育过程中,ETH 含量从 86.64 ng/kg FW(S1)下降到 42.21 ng/kg FW(S3)(见图 3-23A)。然后,ETH 生物合成和信号基因,包括乙酰辅酶 A 合成酶(PB. 11689. 1,*CaACS*),1-氨基环丙烷-1-羧酸氧化酶(PB. 2145. 1,*CaACO*),乙烯受体(PB. 10599. 1, *CaETR*1; PB. 2607. 1, *CaETR*2),乙烯不敏感 3(PB. 10463. 1, *CaEIN*3),乙烯响应因子(PB. 2298. 1,*CaERF*4;PB. 28708. 1 *CaE*-

*RF*110;PB. 33534. 1 *CaERF*5),其表达水平持续降低(见图 3-23B)。

3.2.2.5 白首乌块根发育过程中木质素生物合成的变化

为了探讨木质素生物合成机理,取三个发育阶段的白首乌块根切片进行化学染色,并在光镜下观察。经间苯三酚-盐酸溶液染色的块根切片显示,在块根形成阶段(见图 3-24A、D),木质素化细胞主要分布在木质部的中心木质部。随着块根逐渐膨大增厚,膨大的中心木质部撕裂周围的内皮细胞,木质化的细胞形成环状结构(见图 3-24B、E)。最后,在白首乌块根采收期,核心部分基本没有木质化细胞,由木质化细胞组成的射线从木质部延伸到韧皮部,保证了两种运输系统的连接(见图 3-24C、F)。

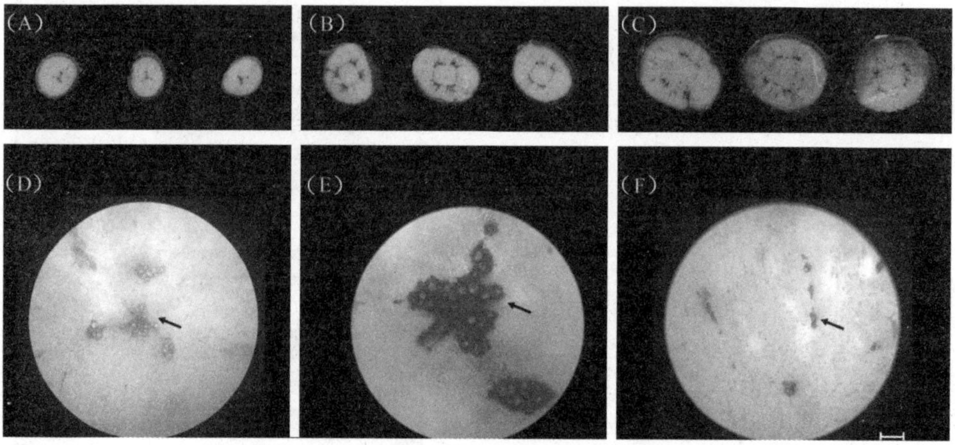

图 3-24 白首乌块根木质化组织表型的化学染色研究

注:(A)和(D)代表 S1 的木质化组织和细胞,(B)和(E)代表 S2 的木质化组织和细胞,(C)和(F)代表 S3 的木质化组织和细胞,比例尺为 100 μm。

木质素含量测定结果表明(见图 3-25A),与 S1(18.54 mg/g FW)相比,S2 的木质素含量显著增加至 26.97 mg/g FW,在 S3 发育阶段略有下降(20.41 mg/g FW)。此外,还鉴定了参与木质素生物合成机制的结构基因,并对其表达水平进行了分析。基于 RNA-Seq 数据,苯丙素通路的关键基因 *CaPAL*(PB. 11234. 1)、*CaC4H*(PB. 26497. 1)和 *Ca4CL*(PB. 22367. 2)的 FPKM 值在整个发育阶段呈增加趋势。而结构基因的 FPKM 值均在 S2 期达到峰值,然后在 S3 期呈现下降趋势(见图 3-25B)。与 S1 相比,*CaHCT*(PB. 6659. 1)在 S2 上的表达量增加了 2.63 倍,在 S3 上增加了 1.37 倍,*CaC3H*(PB. 26740. 1)在 S2 上增加了 2.08 倍,在 S3 上增加了 1.27 倍,*CaCSE*(PB.2200.1)在 S2 上增加了 6.33 倍,在 S3 上增加了 4.01 倍。

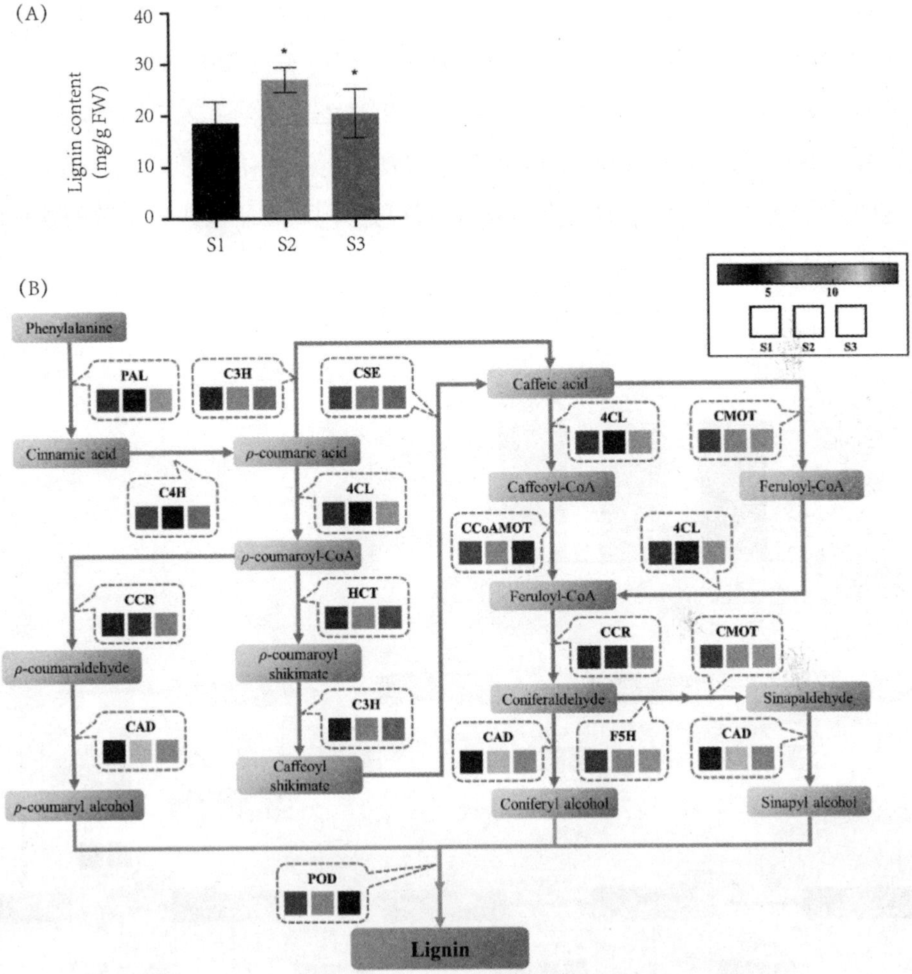

图 3-25　白首乌块根发育过程中木质素的生物合成机制

注:(A)白首乌块根 S1、S2 和 S3 期木质素含量。

(B)木质素生物合成途径相关结构基因在白首乌块根 S1、S2 和 S3 阶段的差异表达谱。

3.2.2.6　白首乌块根发育过程中类黄酮生物合成的增强

本研究通过测定白首乌块根总黄酮含量,初步探讨白首乌块根总黄酮的合成机制。数据显示(见图 3-26A),与 S1(6.23 mg/g)的总黄酮含量相比,S2(7.41 mg/g)和 S3(7.89 mg/g)的总黄酮含量显著高于 S1(6.23 mg/g)。

此外,基于 9 个转录组文库数据,与黄酮类合成途径相关的结构基因 FPKM 值显示(见图 3-26B),*CaCHS*(PB. 2117. 1)、*CaCHI*(PB. 2442. 1)、*CaF3H*(PB. 28001. 1)、*CaDFR*(PB. 33673. 1)、*CaANS*(PB. 32955. 1)、*CaFLS*(PB. 33009. 1)、*CaANR*(PB. 2294. 1)、*CaF3′H*(PB. 1898. 1)、*CaLAR*(PB. 32826. 1)和 *CaUFGT*(PB. 29841. 1)的相对表达量均呈现不同程度的上升趋势,其中以 *CaCHI*、*CaFLS*、*CaLAR* 和 *CaUFGT* 表现出不同程度的上升趋势。有趣的是,这些基因表达谱的变化趋势与白首乌不同发育阶段块根总黄酮含量的变化均呈显著正相关关系。

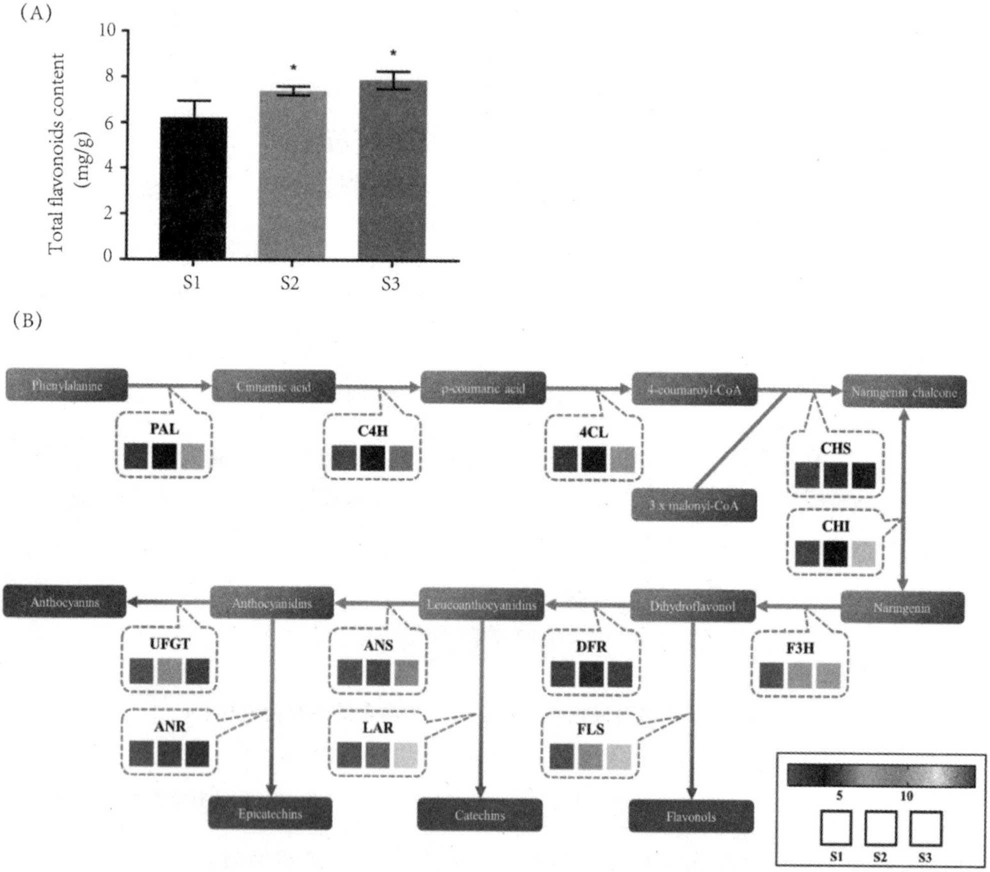

图 3-26 白首乌块根发育过程中黄酮类化合物的生物合成机制

注:(A)S1、S2、S3 期白首乌块根总黄酮含量;(B)白首乌块根黄酮生物合成途径结构基因 S1、S2 和 S3 期的差异表达谱。

3.2.2.7　利用 qRT-PCR 验证白首乌基因的表达谱

为了验证 9 个白首乌转录组文库，16 个与淀粉合成相关的 DEGs（PB. 11739. 1：*CaSS4*，PB. 11812. 1：*CaSS3*，PB. 39555. 1：*CaSBE1*；PB. 9531. 1，*CaSUS2*），木质素合成（PB. 1851. 1：*CaCCR*，PB. 28934. 1：*CaCAD*，*CaCSE*；PB. 21485. 1，*CaPOD*），类黄酮合成（*CaCHS*，*CaCHI*，*CaDFR*，*CaFLS*）和生长素信号传导（PB. 18264. 1：*CaGH3. 1*；PB. 20718. 1 *CaLAX2*；PB. 6875. 1 *CaARF3*；分别选择 PB. 12675. 1 和 *CaPIN3*）进行 qRT-PCR 验证，并以 *CaAct7*（PB. 15198. 1）作为内参基因控制该变量。

根据 RNA-Seq 数据中 FPKM 值的热图分析（见图 3-27）。从 qRT-PCR 分析得到的结果（见图 3-27A）和 $\log_2$(ratio) 值（见图 3-27B）来看，所选基因的表达呈现相似的变化趋势。例如，在淀粉代谢中，与 S1 相比，*CaSS4* 在 S2 中表达量增加了 1.35 倍，S3 中表达量增加了 3.86 倍，*CaSS3* 在 S2 中表达量减少了 0.06 倍，S3 中表达量增加了 0.26 倍，*CaSBE1* 在 S2 中表达量减少了 0.67 倍，S3 中表达量减少了 0.86 倍，*CaSUS2* 在 S2 中表达量增加了 1.43 倍，S3 中表达量增加了 2.44 倍。在 IAA 信号转导途径中，与 S1 相比，*CaIAA9* 在 S2 中表达量增加 0.33 倍，在 S3 中表达量减少 0.13 倍，*CaLAX2* 在 S2 中表达量增加 0.30 倍，在 S3 中表达量减少 0.37 倍，*CaARF3* 在 S2 中表达量增加 0.72 倍，在 S3 中表达量减少 0.36 倍，*CaPIN3* 在 S2 中表达量增加 92.17%，在 S3 中表达量增加 251.49%。

此外，采用 GraphPad 8.0 软件进行臭氧相关分析。结果显示，FPKM 值与 qRT-PCR 值的 R^2 为 0.7107，P 值小于 0.001，说明 qRT-PCR 值与 FPKM 值具有显著相关性（见图 3-27C），转录组测序结果可信。

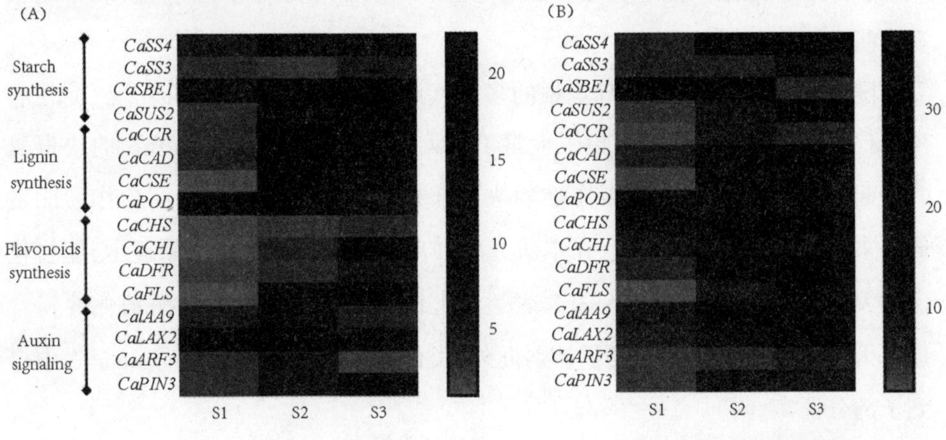

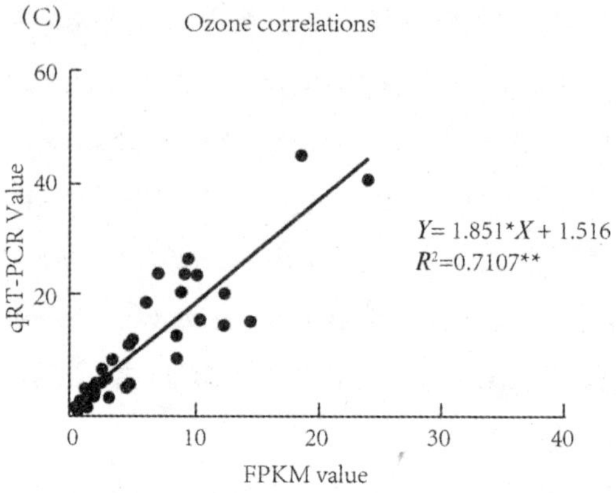

图 3-27 RNA-Seq 和 qRT-PCR 分别分析与淀粉代谢、木质素代谢、类黄酮代谢和生长素转导相关的 DEGs 的表达水平

注：(A) RNA-Seq 中 16 个 DEGs 表达水平的热图。

(B) qRT-PCR 中 16 个 DEGs 相对表达量的热图。

(C) 通过 RNA-Seq 和 qRT-PCR 对 16 个 DEGs 表达水平进行臭氧相关性分析。

3.2.3 讨论

3.2.3.1 RNA-Seq 在分子水平揭示了白首乌块根的发育特征

白首乌块根为人类健康提供了多种碳水化合物、蛋白质和维生素。同时，高水平的抗坏血酸和类胡萝卜素使根皮呈现亮黄色[68]，在我们采集的样品根皮上也可以观察到这一点（见图 3-28A）。在成根期（S1）、展根期（S2）和收获期（S3），白首乌块根形态发生明显变化（见图 3-28A），表现为平均根长和平均根重（见图 3-28B）。

随着发育地进行，白首乌块根的多个代谢过程被激活。例如，发现“淀粉和蔗糖代谢”的 KEGG 通路富集了大量 DEGs。碳水化合物代谢在植物的块根发育中起着重要作用[93]。块根作物和块茎作物利用储存在根部的淀粉作为能量储备来支持生长和发育[94]。在本研究中，FPKM 和 qRT-PCR 结果显示，淀粉代谢相关酶编码基因 *SS4*[95]、*SS3*[96] 表达量上调（见图 3-28），抑制耐消化淀粉合成基因[97]的 *SBE1*[98] 表达量下调。此外，类似的结果也在 Ipomoea batata[99] 中得到了部分证实。

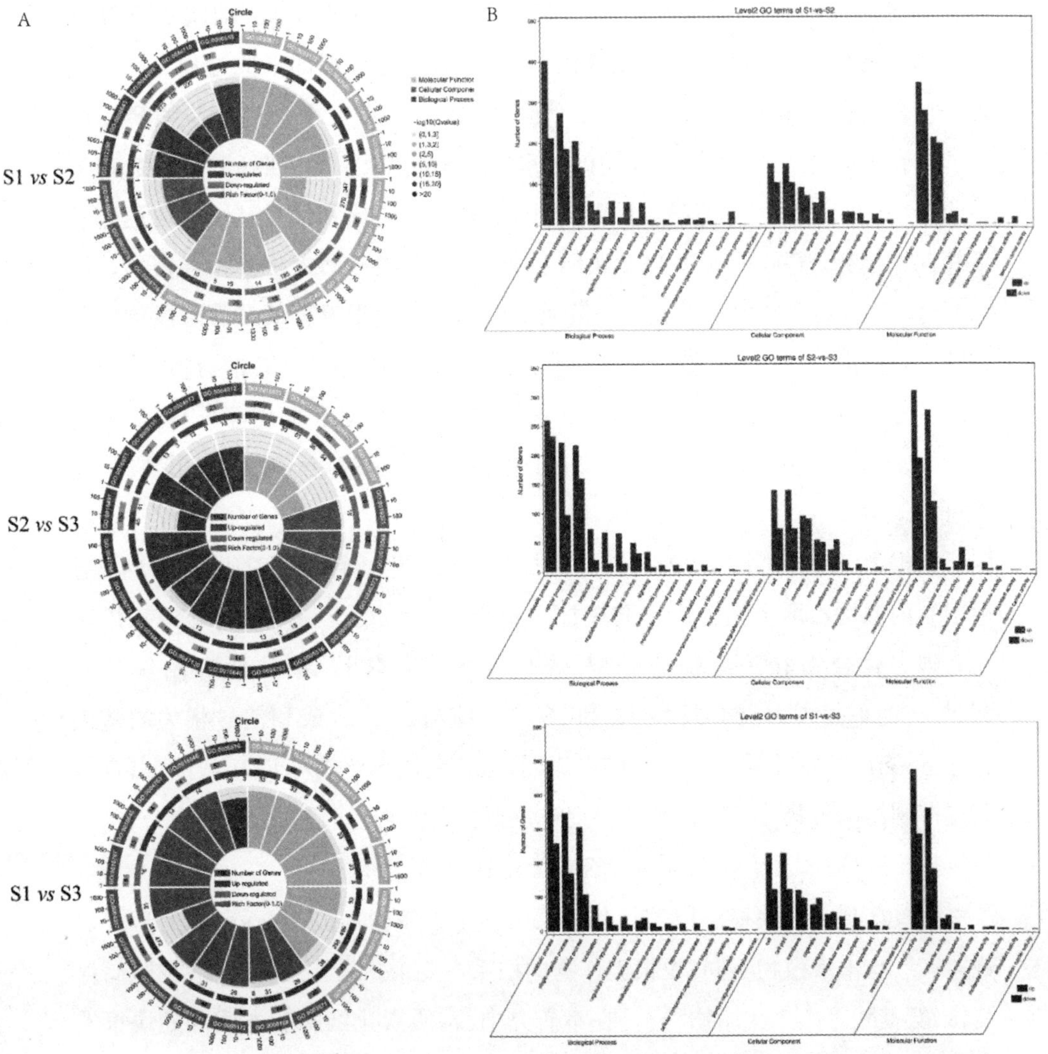

图 3-28　白首乌块根发育过程中 GO 的富集分析

注：(A)GO 富集圈图，第一个圈表示富集的前 20 个 GO 项，第二个圈表示在 DEGs 背景下的 GO 项个数和 q 值，第三个圈表示上调和下调的 DEGs 所占比例，第四个圈表示各 GO 项的 RichFactor 值。(B)GO 富集分类直方图，红色表示上调，绿色表示下调。

3.2.3.2　白首乌块根发育过程中植物激素的作用

植物激素积极参与了块根形态的改变以及 IAA[89]、GA[100]、CK[101]、ETH[102]等淀粉和氨基酸[103]的积累。

不同浓度的生长素控制多种细胞活性，包括次生壁形成、细胞扩张和分裂[104]。据推测，生长素触发了基底根系[105]中维管形成层的形成过程。同时发现与生长素转导相关的基因如 ARF[106]、SAUR[107]、GH3[108]调节生长素蛋白的功能。在本研究中，与根系形成期(S1)相比，IAA 在根系膨大期(S2)积累，在根系收获期(S3)之后开始衰减。同时，本研究中 IAA 合成和信号基因的表达也呈现相同的趋势。Gao 等证实 IAA 在地下器官[109]形成和增大阶段特异富集。而 IAA 合成在白首乌根系收获期呈下降趋势。白首乌块根发育的最后阶段伴随着细胞生长停滞，不受生长素的影响[110]，类似的现象也出现在 CK 的合成、运输和信号转导中，这可能是由于 CK 集中在次生木质部分生区和韧皮部[111]。随着白首乌根发育到采收期(S3)，木质部和韧皮部结构趋于稳定，CK 的作用减弱，甚至可以忽略。

据报道，ETH 对主根生长起明显的抑制作用[91]。例如，过表达 *OsDOF*15 通过限制内源性乙烯生物合成正向调控主根伸长[112]。在马铃薯中，外源乙烯通过对碳水化合物和关键酶的影响，影响碳水化合物代谢，从而抑制块茎发芽[113]。我们发现，与 S1 相比，S2 和 S3 中一些与 ETH 合成和信号相关的基因表达下调，ETH 含量降低。这些结果表明，白首乌块根形成对 ETH 敏感，白首乌通过抑制乙烯生物合成和信号转导促进块根膨大并转化为贮藏器官[114、115]。

3.2.3.3 木质素在白首乌块根发育过程中的作用

白首乌是一种块根作物[116]，其根系由不定根发育而成，并逐渐膨大形成储藏器官。与木本植物不同，块根类作物的根系主要由木质化细胞组成，细胞储存淀粉、氨基酸等次生代谢物[117]。在本研究中，木质素化细胞在木质部的块根发育过程中首先集中在块根的中心木质部。然后，随着细胞分裂和扩张速度的增加，更多的木质化细胞被增加以适应根系的扩张，这些细胞形成了一个脱离中央核心的环状结构。块根收获期，白首乌块根纵截面上有多条线连接木质部和韧皮部。这种形态与 *manhot esculenta*[93]的研究相似，我们推测这些射线是次生形成层形成的维管细胞，帮助支撑中心根区。

我们发现，在块根发育过程中，木质素含量先增加后降低。同样，RNA-Seq 中木质素生物合成基因(*CaCCR*、*CaCAD*、*CaPOD* 等)的 FPKM 值也发生了相关变化。值得注意的是，当苯丙烷代谢途径转移到木质素合成途径时，S3 中包括

CaCSE 和 *CaHCT* 的限速酶基因被下调。地黄(*Rehmannia glutinosa*)[118]和 *Ipomoea batatas*[119]报道木质素的异常积累不利于块根膨大。因此,这些结果表明,在白首乌块根发育早期,随着块茎的扩张木质素含量逐渐增加,但随后木质素合成基因的表达下调,从而促进了块根向贮藏根的转变[120]。

3.2.3.4 白首乌块根发育过程中黄酮类化合物的生物合成机制

黄酮类化合物已被证明是白头翁属植物中含量高、活性强的天然抗氧化剂[121]。在许多植物中[74],类黄酮的生物合成机制已经被很好地描述,包括关键的中间代谢物和结构基因。在这里,我们发现在白首乌块根中总黄酮含量从 S1 期增加到 S3 期。同时,类黄酮生物合成基因在 RNA-Seq 和 qRT-PCR 中的表达谱也呈现类似的增加趋势。结果表明,在白首乌发育过程中,类黄酮合成基因(*CaPAL*、*CaC4H*、*Ca4CL*、*CaCHS*、*CaCHI* 等)被激活,其表达水平的升高诱导了白首乌类黄酮的积累。白首乌块茎状的根。此外,黄酮类化合物已被证明可以使花瓣显色,促进烟草根的生长[122]。可以观察到,与 S1 相比,S3 的白首乌叶柄呈紫红色,块根表皮呈亮黄色,这与黄酮类物质的积累有明显相关性。这也说明黄酮类化合物的积累促进了白首乌器官的着色。

由于木质素和类黄酮的生物合成都是通过苯丙烷代谢途径进行的,所以植物中木质素和类黄酮含量的变化是密切相关的[123]。在转基因拟南芥中,*CCR*1、*CAD*1、*CAD*2 突变导致茎和花药中木质素含量降低,黄酮醇苷、苹果酸盐和苹果酸阿魏酰基[66]含量升高。在烟草中,*AtCPC* 的异位表达不仅降低了黄酮类化合物的含量,而且上调了木质素生物合成基因的表达,从而显著增强木质素的积累[124]。研究结果在白首乌块根发育过程中,*CaPAL*、*CaC4H* 和 *Ca4CL* 表达上调,但在 S3 期,木质素生物合成基因,尤其是限速酶编码基因(*CaCSE*、*CaHCT* 和 *CaCCR*)的表达被抑制,黄酮类生物合成基因的表达持续增强,说明木质素合成关键酶活性的降低导致前体向类黄酮合成途径转移,导致木质素含量降低,类黄酮持续积累。

3.2.4 本章小结

第一,块茎根系发育影响关键农艺性状。本研究中,白首乌块根(9 月 S1,10 月 S2,11 月 S3)在根长和根重上表现显著的表型差异。基于 Illumina HiSeq2500

构建了 9 个高质量的 RNA-Seq 文库,用于转录组学分析。在 S1、S2 和 S3 组中发现了大量 DEGs,主要富集于植物激素信号转导和苯丙素代谢。

第二,植物激素分析表明,IAA 和 CK 共同调控根的发育,白首乌抑制 ETH 的合成和信号转导,保证块茎根的萌发和扩张。

第三,木质素化学染色表明,S1 中木质素化细胞集中在块根的中心木质部。在 S2 中,更多的木质化细胞形成了与中心核相分离的环状结构。在 S3 中,根的垂直截面上有多条线连接木质部和韧皮部。S2 中木质素含量增加,S3 中木质素含量减少,木质素生物合成基因的表达也呈现类似的趋势。

第四,随着白首乌块根的发育,黄酮含量逐渐增加,黄酮生物合成基因的表达也呈现类似的趋势。

第五,速率限制基因的表达表明木质素通过抑制木质素合成将前体转化为黄酮类化合物。

第4章

滨海白首乌的高效栽培技术

滨海白首乌作为一种食、药、美容兼用的古老植物，在国内享有很高的声誉，自古以来就被人们奉为珍宝。现代医学研究表明，滨海白首乌具有抗肿瘤、保肝、养血益精、延缓衰老等多种功效[1]。研究表明，滨海白首乌具有丰富的蛋白质、氨基酸、锌、锰、铁、钙、钾等多种人体必需的微量元素，同时还含有白首乌苯酮、磷脂等，不仅具有极高的营养价值，而且有调节免疫功能、抗肿瘤、保肝、降血脂、抗氧化及促进毛发生长等作用，正符合当今世界疾病谱和医学模式的变化发展及功能性保健食品和美容用品的发展的需要，社会需求量很大，韩国、日本等国家也在我国收购[2,3]。

江苏省盐城市沿海地区的土壤和气候条件非常适合耳叶牛皮消的生长，是全国唯一的白首乌量化种植基地，全国95%以上的白首乌产自盐城，盐城市滨海县更被誉为“首乌之乡”。发展白首乌不仅可以极大地满足市场需求，而且可以推动当地经济的发展。

4.1 土壤条件

滨海白首乌生长于沿海黄河故道区域，其土壤形成特殊，为黄河夹带的黄土高原沙土冲积而成，夹带大量泥沙，经大海波浪、潮流等海洋动力等作用，陆续淤积而成，并长期受海淡水系接壤的影响，土壤偏碱性，含钾丰富。土壤类型为沙壤土和黏壤土，pH 值 8.0~8.5，一般土壤耕作层 0~25 cm 的全氮（N）含量为 0.9~1.1 g/kg，速效磷含量为 7~8 mg/kg，速效钾含量为 120~160 mg/kg，有机质含量为 1.2~1.4%。土壤盐份含量高于 0.4 g/kg 的地块不宜种植[4,5]。白首乌对土壤盐分的要求比较严格，以脱盐土较好，轻盐土虽能正常生长，但产量会有所降低，中盐土易造成死苗，重盐土不能出苗。

4.2　气象条件

滨海白首乌产地气候条件特殊，为亚热带向南温带过渡的气候带，由于紧濒黄海，受海陆影响，属湿润的季风气候，又具有鲜明的海洋性气候，昼夜温差大，通风透光，光照充足，雨水适宜，对白首乌块根形成膨大和营养积累十分有利。全生育期3月10~11月20日，≥10 ℃的活动积温4000~4800℃，全生育期日照时数为1500~1600 h，全生育期降水量为750~900 mm。

4.3　土壤培肥与整地技术

种植户在进行种植前，对当地土壤肥力、盐分等信息有一定了解后，将进行适宜土地的准备工作。

4.3.1　土地准备

土地宜选择地势高爽、排水畅通、土壤有机质含量较高的黏土或砂壤土种植最佳。在茬口选择上，以种植水稻三年以上、各种一季绿肥的翻耕地、休闲地最为适宜，其次是油菜、大麦茬地。整地前每亩均匀撒施腐熟有机肥750~1000 kg或腐熟饼肥80~100 kg，尿素15 kg，过磷酸30 kg，硫酸钾10 kg。滨海县农户种植主要是667 m^2 用家畜粪便肥1000 kg，或腐熟的菜棉籽饼肥100 kg，春季播种时撒施后耕翻入土[6]。

4.3.2 耕翻

油菜或大麦茬地，在上茬作物收获后立即耕翻，清除茬根，旋耕耙平。绿肥地在早春深耕 25 cm 以上，立垡冻垡，播前春耖耙平。具体操作可在播种前进行耕耙整地，开挖田间三沟，健全水系。每个畦面宽 3 m 左右，墒沟深 30 cm，每隔 30 ~ 50 m 开一条腰沟，深度为 50 ~ 60 cm，田头沟深为 80 ~ 100 cm，保证三沟相连，水系畅通，提高抗灾能力。整地达到田面平整，土垡细碎，下无暗垡，以利于保墒[4]。

4.3.3 防治地下害虫

对蛴螬、蝼蛄等地下害虫严重的地块，于 3 月下旬播种前每公顷用 40%辛硫磷乳油 3. 75 kg（每亩 0. 25 kg）掺干湿细土 300 kg（每亩 20 kg），结合播前耕作施入土壤。均匀撒施后，耕深 20~25 cm，达到土壤细碎、土块平整。

4.4 播种育苗技术

合理的间、套作可以有效地解决连作障碍，改善土壤微生物群落结构以及土壤生态多样性[7,8,9]。白首乌是一种喜温喜光、耐旱怕涝的作物，而玉米生长喜水，在降水较多的季节，可以有效减轻白首乌的涝灾。在传统栽培模式下，可进行间作如玉米—白首乌间作模式、优化空间分布，提高白首乌对水分、光照、土地等自然资源的利用效率[10]。也可添加微生物制剂如假单胞菌、芽孢杆菌、光合细菌等微生物制剂等进行育苗播种，实现绿色高效有机种植。

4.4.1 选种苗

滨海白首乌以块根繁殖为主，要选择无病斑、无虫口、无破伤、无伤害、细长壮实块根作为种苗。当土壤 5～10 cm 地温高于 10 ℃时，一般 4 月中上旬开始种植。

4.4.2　种苗消毒

先把块根截成 3～5 cm 的小段，保证有 2～3 个芽眼的种根，并用草木灰拌种、消毒备用或晾两个小时左右就可以播种。

还可进行种根催芽，方法是先将选取的种根晾晒 24 小时，再将选好的种根放入配制好的 0.2% 多菌灵溶液中，浸泡 3 小时，捞出，晾干，放入沙地池内进行催芽，当 80% 的种根有芽涨露时，即可栽植。种植行距为 40～50 cm，株距 15～20 cm，开 3～5 cm 的浅沟，每穴放 1～2 段种根，覆土踏实[3]。

也可按上述规格标准开穴点播。播种结束后对田间三沟及时清理。播后至出苗期间，土壤水分如不能满足出苗要求，视土壤墒情，应及早沟灌洇水，一次灌透，速灌速排，争取一播夺全苗[11]。

4.4.3　穴盘播种育苗及间作

白首乌采用大棚穴盘播种育苗，播种后 1 个月进行种苗移栽，移栽后便可开始播种玉米，株距为 40 cm，行距为 80 cm（见图 4-1）。移栽前在地表覆盖 1 层可降解黑色塑料薄膜，可有效防治草害。

图 4-1　玉米—白首乌间作高效栽培（盐城市新洋农业试验站提供）

4.5 地膜准备

4.5.1 地膜规格及用量

选用幅宽 65~70 cm、厚度 0.005 cm 的超微地膜，每公顷用量 45~60 kg（每亩 3~4 kg）。

4.5.2 播种与覆膜

当土壤 5~10 cm 地温稳定达到 10 ℃时，即可开始播种。一般地膜覆盖在 3 月中旬播种。

4.5.3 播种量及播种密度

每公顷播种量 300~450 kg（每亩 20~30 kg）。每公顷 90000~105000 株（每亩 6000~7000 株）。

4.5.4 种植形式

宽窄行种植，宽行 50 cm，窄行 33.3 cm。

4.6 人工播种覆膜

4.6.1 先播种后覆膜

根据行株距画线，沿窄行线开沟穴播，穴距 23~27 cm，每穴一苗，播深

5~6 cm，播后覆土 3~4 cm，于播种行外侧开沟覆膜如图 4-2 所示。

图 4-2　白首乌覆膜处理（盐城市新洋农业试验站提供）

4.6.2　先覆膜后播种

比预定播期提早 10 天内抢墒覆膜，覆在规定的行上，然后在地膜上按规定株行距进行人工穴播二行首乌，行距 33.3 cm，株距 25 cm，播深 4~5 cm，播后用细土封严地膜孔口。

4.6.3　覆膜要求

播种时，底墒要足，深浅一致。覆膜时，膜要展平、拉紧、紧贴地面，膜边压紧压严。每隔 2~3m 在地膜上压一小土堆，防止风掀膜。

4.7　田间管理

4.7.1　查田护膜

播后经常到田间检查，发现漏覆、破损要重新覆好，防止跑墒漏温，并及时用土封住破损处。

4.7.2 破膜放苗

当幼苗顶出土面时，要及时破膜放苗，并要用干湿细土封严洞口，以免高温灼伤幼苗。

4.7.3 除草松土

滨海白首乌播种后，出苗期很长，往往杂草丛生，形成草欺苗。苗期必须坚持人工勤松土、勤除草，保证土松草净。

4.7.4 挖好乌田一套沟

滨海白首乌是最怕涝渍的作物，因此在梅雨到来前，要建立一套高标准水系，有沟要清沟，无沟要挖沟，达到雨住水干，消除明涝暗渍。

4.8 水肥调节技术

4.8.1 灌溉水

灌溉水应符合 GB 5084 的要求。出苗期间，视土壤情情，及早沟灌会水，一次灌透，速灌速排，保证出苗对土壤水分的要求。遇雨涝要及时排除积水，防涝渍危害[4]。涝渍发生后，要采用上喷下追的方法补施肥料，及时松土，促进灾后恢复生机[12]。

4.8.2 基肥

农作户往往可以每公顷施无害化处理过的绿肥 0.75 t（每亩 50 kg）作基肥。

4.8.3 追肥（基肥、发棵肥和块根膨大长粗肥）

提苗肥在3月下旬每公顷施45%复合肥（亩施10 kg）；一般6月中上旬齐苗后开始施发棵肥，每亩施用有机肥40~50 kg或每公顷施磷肥300 kg（亩施20 kg），开塘穴施；油菜、大麦田套种的白首乌，要早施重施苗肥，每亩用45%硫酸钾型三元复合肥25~30 kg，开塘穴施[5]。

块根膨大长粗肥于8月上旬每公顷施45%硫酸钾型三元复合肥300 kg（亩施20 kg）或尿素15~20 kg和硫酸钾7.5 kg，开塘穴施，或随降雨撒施[5]。

4.8.4 叶面肥

后期喷洒叶面肥，每亩用磷酸二氢钾200 g，加百施利100 mL，兑水20 kg弥雾，或兑水50 kg叶面喷施。每隔7~10天喷施一次，共喷2~3次[3]。

4.9 作物保护及调控技术

滨海白首乌病虫草害绿色防控措施以农业防治、生物防治为主，适期用药，科学施药，尽量减少化学防治次数。农药使用应符合GB 4285、GB 8321.1—8321.7的要求，常应用脱病毒种苗、水旱轮作等方式，加强病虫草害监测，综合防治，适期用药，尽量减少化学防治次数。实行轮作，特别是水旱轮作，是预防白首乌各种病虫害发生的有效方法。

4.9.1 虫害防治

蝼蛄、蛴螬防治：3月底在蝼蛄、蛴螬盛发期，每公顷可选用2.5%联苯菊酯2.25 L（亩用150 mL）兑水2700 L进行喷雾。

中华萝摩叶甲防治：以农业措施—轮作换茬（不在同一地块上连续种植）

来控制中华萝藦叶甲的发生和危害，破坏虫室、杀死虫蛹；在成幼虫盛发期，6月底每公顷选用2.5%联苯菊酯2.25L（亩用150mL）兑水2700 L喷雾防治1次。

中华萝藦叶甲蚜虫防治：7月下旬在中华萝藦叶甲蚜虫盛发期，每公顷可选用25%抗蚜威300g（亩用20g），兑水360 kg喷雾防治。

4.9.2 病害防治方法

白首乌的病害主要是褐斑病，应以预防为主，药物为辅的防治策略。首先要降低田间湿度，减轻病害发生。在发病初期，1公顷用75%百菌清或70%代森锰锌或50%甲基托布津375g对水300 kg弥雾或对水750 kg喷雾，视病害发生程度用药2~3次，每次间隔7天左右[3]。

4.9.3 草害防治方法

在播种后至出苗前每667 m^2用50%乙草铵乳油80~100 mL，兑水40~50 kg均匀喷施于土壤表面；出苗后在杂草幼苗期每667 m^2用10.8%高效盖草能乳油30 mL兑水40~50 kg均匀喷雾除草。移栽前在地表覆盖1层可降解黑色塑料薄膜[10]，苗期和中期可结合松土进行人工锄草，中后期田间杂草也可采取人工拔除的方法[13、14]。

4.10 间作栽培技术

间作白首乌栽培模式能有效地改善原来叶片的分布位置，通过提高叶面积指数来增加光能利用率，通风透光有利于降低病害发生，进而提升玉米和白首乌的综合产量与品质。

玉米—白首乌间作规范：白首乌种植株距为40~50 cm，行距为80~

90 cm；每个小区种 2 行，中间预留 1 行用于玉米间作，玉米株距为 30 cm。白首乌采用大棚穴盘播种育苗，播种后 1 个月进行种苗移栽，移栽后开始播种玉米[10]。

4.11　收获技术

白首乌收获的最佳时期为霜降后至立冬期间，约 11 月底开始逐步采收，至 12 月上旬采收完毕，早收产量低，过期淀粉糖化，质量下降，会木质化。随气温下降到 10 ℃左右，地上茎叶落黄，地下块根停止生长后及时收获，不仅产量高，而且品质好，产品效益高[3、11]。

收获方法是先将地上的藤蔓割除，采取人工用铁叉起刨或机械起刨，块根挖出后抖去泥土，削去须根，然后按大小分级，再按用途进行清洗、去皮和加工，留种用的块根应及时入窖储藏[3、11]。

4.12　多年生滨海白首乌的高效栽培技术

由于滨海白首乌物种的本身属性，适合在沿海地区上淡下咸水系、富钾偏碱的土壤，四季分明气候环境中和水稻茬口采取水旱轮作，常规采用一年生种植模式，一年生块根较粗壮，产量和淀粉含量都较高，但由于其适合水稻茬口种植，土壤湿度相对较大，加之淀粉含量较高，再加上土壤病原微生物的侵染，二年生种植都极易腐烂，没有种植成功的先例，制约白首乌的营养积累，导致功效不甚明显。多年生白首乌种植营养积累高，药理味浓，各种营养素均有大幅度提高，经江苏农科院、中科院南京植物所、盐城师范学院以及盐城市新洋农业试验站等检测，黄酮含量较一年生提升了近 3 倍，其他卵磷脂、C_{21}甾苷等成分都有大幅提升，通过水旱轮作、冬闲冻土、田间保种、宽稀种植、降低田间湿度、旺长摘头去势等技术措施的综合利用，可增强滨海白首乌抗逆性，有效防止首乌地下块根的腐烂，从而有效形成营养积累。目前，急需改变一年生种植模式，向多年生高营养的栽培模式转变，多年生栽培要点如下。

4.12.1 田块处理

秋季选择排水畅通连片的水稻田块，排干积水，保持土壤适度干燥，将田间秸秆粉碎喷撒均匀深翻 30 cm，冬季冻土两个月以上，这样可冻死部分地下害虫和减少病原微生物，保持土壤充分和空气接触，吸收空气的氮肥。

4.12.2 开沟起垄

起垄标准按照 2 m 的宽度进行起垄。在田头四周开排水沟（围沟）：宽（5~8 m）×深（1.2~2 m）；田间三沟配套：

纵向中心沟，与垄平行，宽（2~3 m）×深（1~1.5 m）；

纵向浅沟：垄与垄之间纵向开挖浅沟 30 cm×深 30 cm；

横向腰沟：每隔 50 m 左右，宽 55 cm×深 40 cm。田间纵向中心沟、横向腰沟、起垄沟和四周排水沟相连，便于雨季及时排空田间积水，迅速降低土壤湿度。

4.12.3 实生苗的培育及移栽

多年生白首乌栽培可在地温稳定在 10 ℃，苗龄控制在 45~50 天，发芽率在 20% 以上的种子，按照每平方米 3~5g 播种。也可在 3 月底至 4 月初，选择根系健壮、大小适宜的优良幼苗（控制在 6~8 叶期）进行移栽。宽垄 2 m，种植 2 行，株距 50 cm，利用小铁锹挖口埋苗踏实。

4.12.4 多年生白首乌田间管理

第一年 6~8 月雨季，将田头排水沟用强制排水方法将水位控制低于田间地面 100~150 cm，可有效控制田间土壤湿度，保证首乌在生长期的块根不易腐烂。生长期及时除杂草、喷施农药、防治中华萝摩叶甲（俗称绿壳虫、红蜘蛛、小蜗牛），具体方法可参考 4.9，旺长白首乌摘头去势。

第二年 6~9 月雨季继续强化田头沟水平面低于田间地面 110~200 cm，充分保证二年生首乌在已膨大的块根在较干湿度的土壤中生长并不易腐烂。生长期及时除杂草、喷施农药、防治中华萝摩叶甲（俗称绿壳虫、红蜘蛛、小蜗牛），旺长首乌摘头去势。

第二年 11~12 月开始拖拉机单犁，将首乌地下块根耕翻暴露在地面，由人工用耙子耙出首乌，去泥装运至仓库进行清洗、去皮、切片、烘干、包装，2017 年滨海白首乌多年生块根基本达 90%保有率，每亩收获近 1500 斤的外皮灰黑、断面淡黄色、药理味浓郁的多年生首乌。

第三年田间管理参考第二年，相关管理措施有待进一步总结。

4.12.5　多年生白首乌的适时收获

第三年冬季，地上茎叶落黄，地下块根停止生长后及时收获。收获方法是先将地上的藤蔓割除，采用机械气刨、人工捡拾的方法，块根挖出后去掉泥土和细小根系，然后按照大小和品质进行分级。

第 5 章

滨海白首乌主要活性成分分析分离及检测方法

滨海白首乌体内含有多种生物活性成分，为了能够更明确这些生物活性成分的种类及药理活性，充分利用这些植物资源，建立一套准确、高效、迅速的分析检测方法十分必要，主要应用紫外—可见分光光度法、高效液相色谱、液相色谱-质谱联用技术等对生物活性物质进行分析检测。

5.1 紫外—可见分光光度法

5.1.1 紫外—可见分光光度法的简介

紫外—可见分光光度法（ultraviolet visible spectrophotometry，UV）是19世纪由Beer根据Lambert和Bouguer发表的文章提出的分光光度理论，也叫作朗伯比尔定律。该定律是根据检测样品液层厚度相同的条件下，溶液的颜色深浅程度与溶液的浓度呈现正比例关系。20世纪，美国国家标准局根据朗伯比尔定律研发出第一台紫外—可见分光光度计。在此基础上，紫外—可见分光光度计技术不断改进更新，逐渐增加了数据记录、数据打印、数据屏显等各种类型的分光光度计，同时，仪器的灵敏度和检测范围也在逐渐提高。紫外—可见分光光度法是在一定波长范围内（190~800 nm）测得目标物质的吸光值，用来鉴别样品中的杂质含量及目标成分的定量分析的方法。由于不同物质对光具有不同的吸收波长。因此，在测定物质吸光度之前，要对目标物质进行全波长扫描，通过测定目标物质在一定波长范围内随波长变化的吸光度值，以吸光度值作为纵坐标，波长为横坐标绘制目标物质吸收光谱图。从目标物质的吸收光谱图中，能够确定吸光值最大处所对应的波长即为目标物质的检测波长λ_{max}。目标物质的吸收波长与其化学结构具有一定的关联。因此，就可以通过测定样品中的目标成分的光谱图与对照品的光谱图进行比较。用于目标成分定量分析时，在目标物质的检测波长下测定其吸光度值，并与已知浓度的目标物质对照品溶液的吸光值进行比较计算出待测样品中目标物质的浓度。

5.1.2　紫外—可见分光光度法的特点

该方法的特点为：第一，与其他光谱仪器方法相比，紫外—可见分光光度法具有仪器设备使用操作比较简单，检测费用低，分析速度快的特点。第二，灵敏度较高，例如，在黄酮类化合物在紫外—可见光区被检测时，所需最低检出浓度能够低至 10^{-6}g/mL。第三，选择性较高，通过设定目标化合物的最大吸收波长，能够从混合物溶液中对目标化合物进行含量测定。第四，检测的精密度和准确度较高，在仪器及检测条件运行正常的条件下，检测数据的相对误差可以控制在1%~2%。尽管重量法和滴定法的相对误差要更小一些，但对于微量的目标化合物检测相对误差是在允许的范围内。第五，应用广泛。在科研、化工、医药、环保、地质勘探等多个领域，紫外—可见分光光度法不但可以进行定量分析，而且能够对被检测目标化合物进行定性和结构解析。

5.1.3　紫外—可见分光光度计的工作流程和装置组成

紫外—可见分光光度计通常是由5个主要系统构成，主要包括：第一，光源分为热辐射光源和气体放电光源，热辐射光源用于可见光区，常用钨灯和卤钨灯作为光源装置；气体放电光源用于紫外光区，常用氢灯和氘灯作为光源；第二，单色器主要由入射狭缝、出射狭缝、色散元件和准直镜等部分组成，其中，单色器中核心元件为棱镜和光栅；第三，吸收池又叫比色皿或比色杯，根据材料的不同，分为玻璃比色皿和石英比色皿，其中玻璃比色皿不能用于检测波长在紫外区的目标物质的检测，以1 cm光径比色皿最为常用；第四，检测器是检测光信号的部件，能够将光信号转换成电信号，目前，分光光度计最常用的检测器部件为光电管和光电倍增管；第五，信号显示系统主要由直读检流计、电位调节指零装置、自动记录及数字显示屏构成。具体的工作原理是紫外—可见分光光度计的光源产生一束多个波长的光，光束到达分光装置，通过单色器得到一束平行的波长范围很窄的单色光，单色光透过比色皿中一定厚度的试样溶液后，部分光被吸收，剩余的光照射到检测器中的光电元件上，感光元件将光信号转换成电信号，电信号通过信号显示系统在仪器上可读取相应的吸光度或透光率，完成目标化合物的检测，具体的工作流程见图5-1。

图 5-1　紫外—可见分光光度计系统运行流程图

5.1.4　紫外—可见分光光度计的应用

在应用紫外—可见分光光度计测定植物中的目标化合物时，目标化合物的含量与吸光度值密切相关，也是定量目标化合物的标准。

5.1.4.1　以山东农科院原子能农业应用研究所的张峰等[1] 应用紫外分光光度法测定白首乌中总黄酮含量实验为例

（1）实验材料和仪器

实验材料和仪器如表 5-1 所示。

表 5-1　材料和仪器

名称	规格或型号	生产厂家
芦丁	对照品，纯度>98%	中国药品生物制品检定所
丙酮	色谱纯	北京化学试剂有限公司
甲醇	色谱纯	J&K Chemical Ltd
乙醇	分析纯	北京化学试剂有限公司
亚硝酸钠	色谱纯	北京化学试剂有限公司
三氯化铝	色谱纯	北京化学试剂有限公司
紫外—可见分光光度计	UV-210V	日本岛津仪器有限公司
电热恒温水浴锅	PC-1000	昆山市超声仪器有限公司
旋转蒸发仪	RE-52A	上海荣亚仪器有限公司
电子天平	BS210S	北京赛多利斯有限公司
高速离心机	JIDI-20D	广州吉迪仪器有限公司

（2）实验方法

①芦丁标准品溶液的配制

分别称取一定量的芦丁标准品，溶解在分析级甲醇中定容至 10 mL，配制成浓度为 1 mg/mL 的标准品甲醇溶液，用 0.45 μm 微孔滤膜过滤，放在 4 ℃ 的冰箱中保存备用。

②全波长扫描

将芦丁的甲醇对照品溶液放在紫外光波长为 190~800 nm 范围内进行全波长扫描，检测芦丁的最佳吸收波长为 510 nm。

③紫外—可见分光光度法条件的建立及标准曲线的绘制

将配制好的芦丁标准溶液稀释成 6 个不同浓度的溶液于试管中，加入 70% 的乙醇定容至 1 mL，分别加入 5% 亚硝酸钠溶液 0.5 mL，混匀后静置 6 min，分别加入 10% $AlCl_3$ 和 4% NaOH 溶液各 0.5 mL，混匀后静置 15 min，各加入 2 mL 70% 乙醇溶液，混匀，空白对照为不加入芦丁标准品的溶液，使用紫外—分光光度计在波长 510 nm 处检测吸光值。

④样品溶液的制备

将白首乌样品在 60 ℃的烘箱中烘干后，粉碎过筛，备用。在最佳提取工艺条件（乙醇浓度为 90%，液料比为 22 mL/g，水浴温度为 70 ℃，提取时间为 3 h）下对白首乌样品粉末进行提取，在该条件下反复提取两次，合并提取液过滤、浓缩后定容至一定体积，过 0.45 μm 微孔滤膜，分别加入 5% 亚硝酸钠溶液 0.5 mL，混匀后静置 6 min，分别加入 10% $AlCl_3$ 和 4% NaOH 溶液各 0.5 mL，混匀后静置 15 min，各加入 2 mL 70% 乙醇溶液，混匀，空白对照为不加入芦丁标准品的溶液，使用紫外—分光光度计在波长 510 nm 处检测吸光值。

⑤正交实验

对四因素（提取溶剂浓度、水浴温度、提取次数及提取时间）进行四水平正交试验，正交试验的因素水平设计见表 5-2。

表 5-2　正交实验因素水平设计

水平	A-乙醇浓度（%）	B-水浴温度（℃）	C-提取时间（h）	D-提取次数
1	45	40	1	1
2	60	55	2	2
3	75	70	3	3
4	90	85	4	4

(3) 结果与讨论

①标准曲线的绘制

按照已经建好的紫外—可见分光光度法条件，对不同浓度芦丁的对照品溶液进行检测，重复3次，取芦丁吸光值的平均值，进行线性回归分析。芦丁的标准曲线的线性回归方程为 $Y=0.3852x+0.0004$，$R^2=0.9994$。芦丁的对照品溶液浓度与峰面积在测定范围内线性关系良好。

②单因素试验

第一，不同液料比对白首乌总黄酮得率的影响。

在提取过程中，液料比会对目标化合物得率具有一定的影响，由图5-2可知，当液料比由4 mL/g逐渐提高到10 mL/g时，三种提取溶剂对于白首乌总黄酮的提取率均呈现显著增加的趋势，总黄酮得率由1mg/g逐渐提高至超过2mg/g。其中，对于白首乌总黄酮得率影响最大的溶剂为甲醇，在液料比为10 mL/g时总黄酮提取率增加至2.61mg/g。当液料比继续提高至22 mL/g时，提取溶剂甲醇和丙酮对白首乌总黄酮提取率都显现出缓慢增加的趋势，其中丙酮并不明显，二乙醇作为提取溶剂的提取率增加趋势明显，当液料比提高至22 mL/g时总黄酮得率提高到2.36mg/g，因此，选择乙醇作为提取溶剂时，液料比选择22 mL/g为最佳。

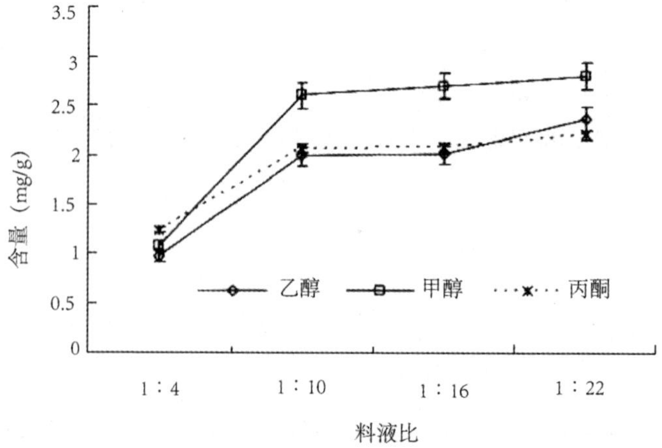

图5-2 不同液料比对白首乌总黄酮得率的影响

第二，不同溶剂浓度对白首乌总黄酮得率的影响（见图5-3）。

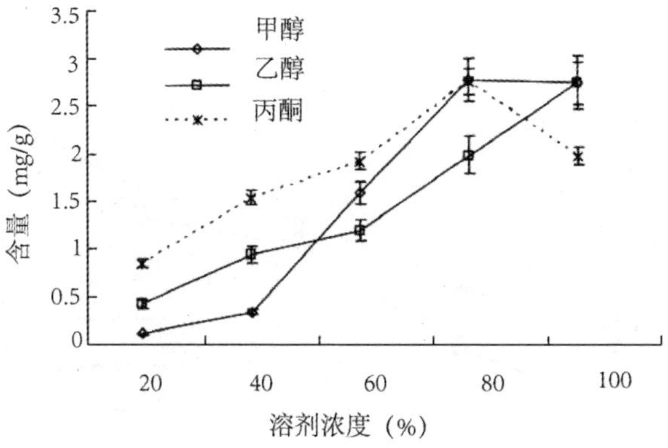

图 5-3　不同溶剂浓度对白首乌总黄酮得率的影响

溶剂浓度也是影响目标化合物得率的重要指标，从图 5-3 中可以观察出，当溶剂甲醇浓度由 20% 逐渐提高，白首乌总黄酮的提取率呈现逐渐提高的趋势，当甲醇浓度提高到 80% 时，白首乌总黄酮提取率最高，相比于 40% 浓度的甲醇提取率提高超过 10 倍，白首乌总黄酮提取率为 2. 87mg/g。使用 80% 浓度的甲醇作为提取溶剂的优势，在于能有效地提高白首乌总黄酮提取率，同时减少提取过程中提取原料中脂溶性成分的溶出，减少提取溶剂甲醇的浪费。由方差分析结果可知，甲醇浓度的差异对白首乌总黄酮的提取率是极为显著的，因此，在实验中，使用甲醇溶液作为提取溶剂提取白首乌总黄酮类化合物，选择浓度为 80% 的甲醇溶液作为提取溶剂是最佳选择。丙酮浓度差异对白首乌总黄酮类化合物提取率的影响与甲醇溶液作为溶剂的趋势基本相同，丙酮与水的混合物溶液形成了共沸物，相比纯丙酮作为溶剂，丙酮的水溶液沸点温度显著提高，当丙酮浓度逐渐提高时，白首乌总黄酮化合物的提取率也随之提高。当丙酮浓度在 80% 时，白首乌总黄酮的提取率最高，相比 80% 浓度的丙酮溶液，100% 的丙酮作为提取溶剂时提取率降低了，但是纯丙酮作为提取溶剂时沸点较低，在较高提取温度下丙酮的挥发量显著增加，造成了有机溶剂的浪费，总黄酮化合物的提取率反而下降。通过方差分析结果可知，丙酮浓度对于总黄酮类化合物得率的影响也是极显著的。从图 5-3 中还可知，当乙醇溶液作为提取溶剂时，白首乌总黄酮的提取率随着乙醇溶液的浓度提高而呈现逐渐提高的趋势，当乙醇浓度超过 60% 以后，总黄酮提取率增加趋势更加显著。

第三，不同水浴温度对白首乌总黄酮得率的影响（见图 5-4）。

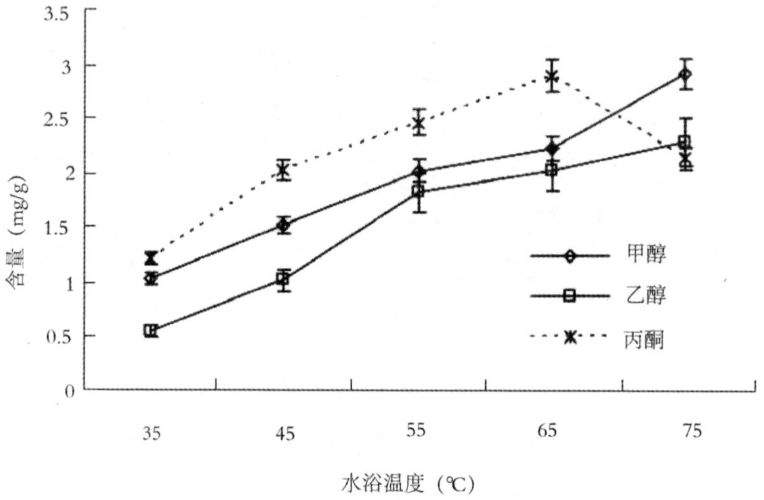

图 5-4 不同水浴温度对白首乌总黄酮得率的影响

提取温度也是影响目标化合物提取率高低的重要指标，从图 5-4 中可以观察到，当选择相同浓度的甲醇和乙醇作为提取溶剂的情况下，白首乌总黄酮的提取率随着提取温度的提高而增加，当提取温度在 75 ℃时目标成分的提取率最大，提取溶剂甲醇和乙醇的总黄酮提取率分别为 2. 88 mg/g 和 2. 25 mg/g。选择丙酮作为白首乌总黄酮的提取溶剂时，总黄酮提取率与选择甲醇和乙醇作为溶剂时不同，随着提取温度的升高，总黄酮提取率逐渐提高，当提取温度升高至 65 ℃时，总黄酮提取率提高至最大值，提取率为 2. 87mg/g，进一步提高提取温度，总黄酮提取率反而明显降低，提取温度在 75 ℃时的提取率与 50 ℃时的提取率基本相同。方差分析结果，表明在不同提取温度下上述三种提取溶剂对白首乌总黄酮提取率具有显著性差异。因此，提取温度对白首乌总黄酮提取得率影响是十分显著的，在最佳的提取温度下不仅能得到目标成分的最大提取率，还能有效降低提取溶剂的使用和浪费，从而减少对人体健康及环境的危害。

③正交实验

筛选出乙醇做未提取溶剂提取白首乌中总黄酮类化合物，对四个因素溶剂浓度、提取温度、提取时间和提取次数进行四水平正交试验，实验相关结果如表 5-3 所示。正交实验极差分析结果见表 5-4。

表 5-3　正交实验安排与结果

处理	A	B	C	D	吸光值	含量
1	1	1	1	1	0. 0836	0. 2159
2	1	2	2	2	0. 1704	0. 4413
3	1	3	3	3	0. 3804	0. 9865
4	1	4	4	4	0. 3454	0. 8957
5	2	1	3	4	0. 2988	0. 7746
6	2	2	3	4	0. 3858	1. 0004
7	2	3	1	2	0. 4802	1. 2457
8	2	4	2	1	0. 3469	0. 8997
9	3	1	4	2	0. 3272	0. 8486
10	3	2	3	1	0. 3894	1. 0098
11	3	3	2	4	0. 7918	2. 0544
12	3	4	1	3	0. 4570	1. 1852
13	4	1	3	2	0. 7653	1. 9856
14	4	2	1	4	0. 7891	2. 0476
15	4	3	4	1	1. 0999	2. 8544
16	4	4	3	2	0. 8999	2. 3351

表 5-4　正交实验极差分析

K 值	A	B	C	D
K_1	2. 5293	3. 8246	4. 6944	4. 9797
K_2	3. 9203	4. 4990	3. 3953	6. 8563
K_3	5. 0980	7. 1410	8. 0920	2. 1718
K_4	9. 2227	5. 3157	4. 5986	6. 7726

续表

K值	A	B	C	D
$K_1/4$	0.6348	0.9562	1.1736	1.2449
$K_2/4$	0.9801	1.1248	0.8488	1.7104
$K_3/4$	1.2745	1.7853	2.0230	0.5429
$K_4/4$	2.3057	1.3289	1.1497	1.6932
R	1.6708	0.8291	1.1742	1.1711

从表 5-3、表 5-4 结果可知，乙醇溶剂的浓度对白首乌总黄酮提取率影响最大，然后分别是提取温度、提取次数和提取时间，所筛选出的最佳正交组合是 A4-B3-C3-D2，即乙醇溶剂的浓度为 90%，提取次数为 2 次，提取温度为 70 ℃，提取时间为 3h。

④小结

黄酮类化合物绝大部分是苷类化合物，易溶于有机溶剂，例如，丙酮、乙醇、甲醇、乙酸乙酯等，难溶于水，本试验选择三种有机溶剂（丙酮、甲醇、乙醇）作为白首乌中总黄酮的提取溶剂，通过热回流提取法对白首乌中总黄酮成分进行高效提取。在溶剂加热浸提过程中，影响目标成分提取率的主要因素包括提取温度、提取时间、溶剂种类、液料比及提取次数等因素。本试验结果表明，使用甲醇溶液作为提取溶剂提取白首乌总黄酮类化合物，选择浓度为 80% 的甲醇溶液作为提取溶剂是最佳选择。丙酮浓度差异对白首乌总黄酮类化合物提取率的影响与甲醇溶液作为溶剂的趋势基本相同，当乙醇溶液作为提取溶剂时，白首乌总黄酮的提取率随着乙醇溶液的浓度提高而呈现逐渐提高的趋势，当乙醇浓度超过 60% 以后，总黄酮提取率增加趋势更为显著。乙醇浓度逐渐提高到 90% 时总黄酮提取率为最大值，在该浓度下，白首乌总黄酮提取率为 2.8544 mg/g，丙酮的纯溶剂提取总黄酮的提取率反而降低。综合单因素试验和方差分析的结果可知，提取时间、溶剂浓度、提取温度及提取次数等因素对白首乌总黄酮成分的提取率存在较大影响，由于选择甲醇和丙酮作为提取溶剂时会对人体健康和环境造成一定的危害，因此，实验最终筛选出的最佳提取工艺条件为：提取溶剂选择乙醇，其浓度为 90%，液料比为 22 mL/g，提取温度为 70 ℃，提取时间为 2 次。

5.1.4.2　以滨海白首乌为原料，提取白首乌块根中多糖成分，才用紫外—分光光度法法测定白首乌中多糖成分含量实验

（1）实验材料和仪器

实验材料和仪器如表 5-5 所示。

表 5-5　材料和仪器

试剂或仪器	规格	生产厂家
1-苯基-3-甲基-5-吡唑啉酮	99%	阿拉丁试剂有限公司
甲醇	分析纯	北京化工厂
氯化钠	分析纯	天津市东丽区天大化学试剂厂
糖化酶	50 μ/mg	上海源叶生物科技有限公司
液化酶	50 μ/mg	上海源叶生物科技有限公司
紫外—可见分光光度计	UV-5500	上海元析仪器有限公司
浓硫酸	分析纯	天津市富宇精细化工有限公司
高速离心机	TG18W	爱来宝（济南）医疗科技有限公司
氢氧化钠	分析纯	天津市东丽区天大化学试剂厂
旋转蒸发仪	R220	上海申生科技有限公司
苯酚	分析纯	天津市东丽区天大化学试剂厂
其他溶剂	分析纯	北京化工厂

（2）白首乌多糖的提取

精确称取 50 g 白首乌块根干粉，加入 300 mL 蒸馏水，充分混匀后，放置于固定温度的振荡培养箱中以固定速度提取一定的时间，提取液经过高速离心后得到多糖提取液。在提取液中加入液化酶和糖化酶中，去除提取液中的可溶性淀粉，放置于 4 ℃冰箱中过夜充分醇沉，提取液用透析袋透析 48 小时去除小分子杂质，透析后的溶液浓缩到 1/5 体积后，加入 5 倍体积的无水乙醇，醇沉多糖，所得沉淀物用 80%乙醇和丙酮洗涤，放置于 50 ℃的烘箱中烘干称重。

（3）白首乌多糖得率的计算

得到干燥白首乌多糖。采用重量法计算白首乌多糖的得率，计算公式如下：

$$Y=M_1/M$$

其中，Y 为白首乌多糖的得率；M_1 为白首乌多糖的质量；M 为白首乌样品的质量。

（4）葡萄糖标准曲线的绘制

精密称取烘干至恒重的葡萄糖标准品 50.0 mg，置于 500 mL 容量瓶中，加去离子水稀释至刻度出，混匀，即得 0.1mg/mL 的葡萄糖标准溶液。各吸取 0、0.1、0.2、0.3、0.4、0.5 和 0.6 mL 于具塞试管中，分别加入去离子水至 1.0 mL，加入 1.0 mL 5%的苯酚及 5.0 mL 浓硫酸溶液，摇匀后移至 40 ℃水浴锅保温 10 min，冷却至室温，同样以蒸馏水作为空白，于 490 nm 处测定吸光度（A），以多糖浓度为横坐标，吸光值为纵坐标，得回归方程。

（5）单因素试验

提取白首乌多糖的设备为恒温气浴振荡培养箱。精确称取 20 g 白首乌块根样品粉末，加入 500 毫升圆底烧瓶中并加入不同体积的去离子水充分混匀。样品溶液在不同提取温度（30、40、50、60 和 70 ℃）、提取时间（0.5、1、1.5、2、2.5 和 3 h）和液料比（5、10、15、20、25 和 30 mL/g）条件下进行单因素条件的筛选。提取完成后，将各样品混悬溶液高速离心得到提取液，按照上述方法对提取液进行脱淀粉、透析、浓缩等步骤，透析后的溶液浓缩到 1/5 体积后加入 5 倍体积的无水乙醇醇沉多糖，所得沉淀物用 80%乙醇和丙酮洗涤，放置于 50 ℃的烘箱中烘干后复溶并按照苯酚硫酸法去测定多糖含量并计算白首乌多糖得率。

（6）结果与讨论

①标准曲线的绘制

根据苯酚硫酸法测定不同浓度梯度的葡萄糖标准溶液的吸光值，采用紫外—可见分光光度计测定，对不同浓度的葡萄糖的对照品溶液进行检测，重复 3 次，取葡萄糖吸光值的平均值，进行线性回归分析。葡萄糖标准曲线的线性回归方程为 $Y=456752x+3425$，$R^2=0.9998$。葡萄糖的对照品溶液浓度与峰面积在测定范围内线性关系良好。

②单因素试验

第一，液料比对白首乌多糖得率的影响（见图 5-5）。

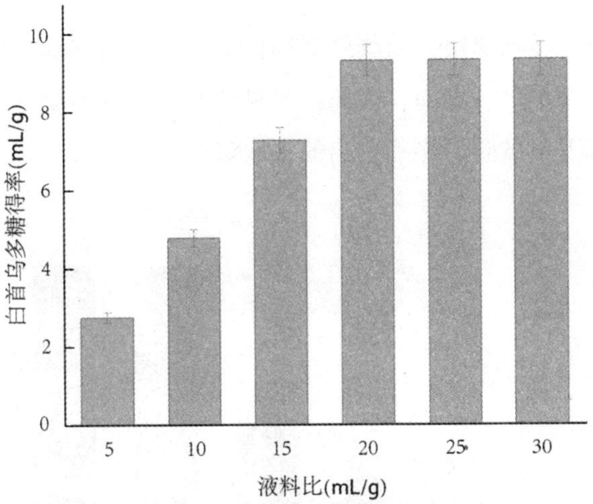

图 5-5　不同液料比对白首乌多糖得率的影响

为了能使白首乌多糖提取更加充分，足够量的提取溶剂是必要条件之一。因此，当提取温度、提取时间一定时，考察不同液料比（5、10、15、20、25 和 30 mL/g）对白首乌多糖得率的影响，结果如图 5-5 所示，当液料比从 5 mL/g 增加至 20 mL/g 时，白首乌多糖得率明显提高（2. 74±0. 13、4. 78±0. 22、7. 27±0. 33 和 9. 32±0. 4 mg/g），但是，当液料比进一步提高超过 20 mL/g 时，白首乌多糖得率没有显著升高（9. 32±0. 4、9. 33±0. 41 和 9. 35±0. 43 mg/g，从 20 mL/g 到 30 mL/g），这可能是因为随着提取溶剂体积的增加，白首乌多糖溶出的量逐渐增加。当进一步增加溶剂的体积时，由于白首乌中总的含量是固定的，因此，当进一步增加液料比例时，溶出的白首乌多糖得率不变，选择 20 mL/g 作为提取白首乌多糖的液料比。

第二，提取温度对白首乌多糖得率的影响。

提取温度是决定白首乌多糖得率的重要因素之一，当液料比和提取时间固定时，考察提取温度（30~70 ℃）对白首乌多糖的影响，当液料比和提取时间被分别固定在 20 mL/g 和 2 h 时，考察不同提取温度（30、40、50、60 和 70 ℃）对白首乌多糖得率的影响，结果如图 5-6 所示，当提取温度从 30 ℃增加至 60 ℃时，白首乌多糖的提取效率显著增加（1. 71±0. 08、3. 73±0. 18、6. 27±0. 31 和 9. 32±0. 46 mg/g），但是，当提取温度继续升高由 60~70 ℃时，白首乌多糖得率没有显著提高（9. 32±0. 46 和 9. 36±0. 46 mg/g，从 60~

70 ℃），这可能是因为随着提取温度的升高，溶剂中的白首乌多糖随着提取温度的升高溶出速度逐渐加快，当继续升高提取温度，白首乌样品中含有的白首乌多糖成分由于含量是一定的，因此，当继续升高提取温度时，白首乌多糖浓度保持不变，单因素试验最终筛选出的提取温度为 60 ℃。

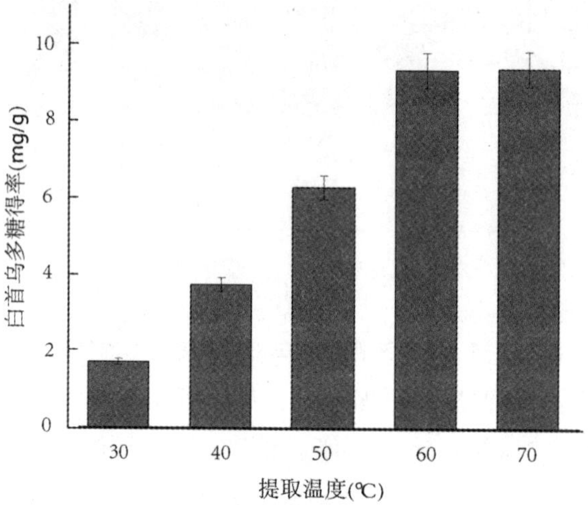

图 5-6　不同液料比对白首乌多糖得率的影响

第三，提取时间对白首乌多糖得率的影响（见图 5-7）。

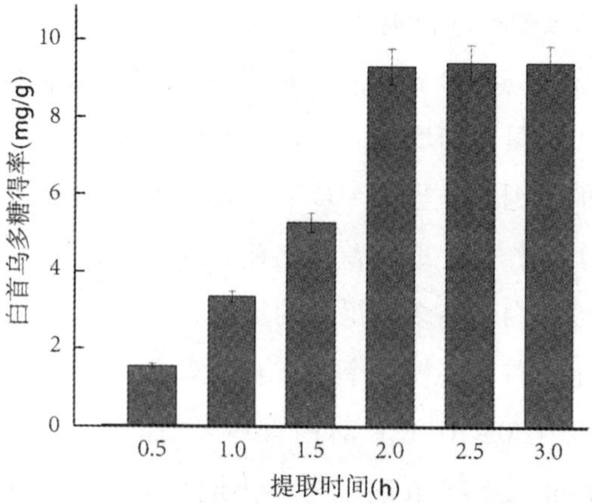

图 5-7　不同提取时间对白首乌多糖得率的影响

考察提取时间（0. 5~3 h）对白首乌多糖得率的影响，当提取温度、液料比被分别固定在 60 ℃、20 mL/g 时，考察不同提取时间（0. 5、1、1. 5、2、2. 5 和 3 h）对白首乌多糖得率的影响，结果如图 5-7 所示，当提取时间从 0. 5 h 延长至 2 h 时，白首乌多糖得率明显提高（1.53±0.06、3.25±0.14、5.27±0.25 和 9.32±0.46 mg/g），但是，当提取时间继续由 2 h 延长至 3 h 时，白首乌多糖得率没有显著升高（9.32±0.46、9.42±0.46 和 9.42±0.44 mg/g，从 2 h 到 3 h），这可能是因为当提取时间延长，目标化合物溶出量逐渐增加，溶剂渗透到细胞内的量也逐渐增加，当达到一定程度继续延长提取时间时，由于白首乌样品细胞内多糖成分固有含量恒定，细胞内外目标成分浓度相同，因此，当继续延长提取时间，白首乌多糖得率不变，选择 2 h 作为优化的提取时间。

③小结

以苯酚硫酸法测定白首乌多糖的含量，计算白首乌多糖的得率，以单因素试验最终优化出最佳提取条件：液料比为 20 mL/g、提取温度为 60 ℃、加热时间 2 h。通过上述优化后的提取条件进行验证试验，得到白首乌多糖实际的得率为 9.32±0.46 mg/g。

5.1.4.3　以滨海白首乌为原料，提取白首乌块根中 C_{21} 甾苷类成分，采用紫外—分光光度法测定白首乌中 C_{21} 甾苷类成分含量实验

（1）实验材料和仪器（见表 5-6）

表 5-6　材料和仪器

试剂或仪器	规格	生产厂家
告达庭	99%	阿拉丁试剂有限公司
甲醇	分析纯	北京化工厂
无水乙醇	分析纯	北京化工厂
紫外—可见分光光度计	UV-5500	上海元析仪器有限公司
高氯酸	分析纯	天津市富宇精细化工有限公司
高速离心机	TG18W	爱来宝（济南）医疗科技有限公司
硫酸	分析纯	天津市东丽区天大化学试剂厂
旋转蒸发仪	R220	上海申生科技有限公司
正丁醇	分析纯	天津市东丽区天大化学试剂厂
其他溶剂	分析纯	北京化工厂

（2）告达庭标准曲线的绘制

精密称取 30 mg 告达庭标准品（阿拉丁试剂有限公司），加入少量无水乙醇溶解并转移至 50 mL 容量瓶中定容至刻度线位置，放在 4℃ 冰箱中密封备

用。准确移取 1 mL 配制好的告达庭标准品溶液至 10 mL 的试管中，在 95 ℃水浴中加热挥发溶剂，向试管中加入 1. 5 mL 高氯酸溶液，混合均匀，在 55 ℃的水浴锅水浴 15 min 后，取出在水龙头下流水冲洗试管外壁至温度降到室温，加入无水乙醇 3 mL 并混合均匀，以无水乙醇溶液作为空白对照，在波长 200~800 nm 范围内进行全波长扫描，吸取 4 mL 正丁醇加入试管中萃取样品溶液，可以发现萃取液在波长 444 nm 下具有最大吸收峰。因此，设定 444 nm 作为 C_{21} 甾苷类化合物的紫外检测波长。

准确移取告达庭对照品溶液 0. 01、0. 02、0. 04、0. 08、0. 12、0. 16 mL，分别按照上述方法进行相应处理，对各样品溶液进行显色，在波长 444 nm 处进行含量检测。以告达庭对照品溶液的浓度作为横坐标，吸光值 A 作为纵坐标绘制告达庭标准曲线：$Y=8.5654x+0.00643$，$R=09998$。

（3）白首乌中 C_{21} 甾苷类化合物的提取

精确称取滨海白首乌块根粗粉 50 g，以 10 mL/g 的液料比加入 70% 的乙醇溶液回流提取 2 h，提取液冷却至室温后高速离心去除不溶性杂质，应用旋转蒸发仪浓缩并除去溶剂中的乙醇直至没有醇气味为止，补充蒸馏水至体积为 200 mL，用饱和的正丁醇水溶液以体积比 1∶1 的比例对提取液进行萃取，重复萃取 2 次，合并两次萃取的正丁醇萃取液，减压回收正丁醇，直至正丁醇全部被回收，萃取物干燥。称取 20 mg 萃取物用无水乙醇溶液，按照告达庭标准曲线绘制的处理方法进行处理，并在 444 nm 处进行检测 C_{21} 甾苷类化合物的含量。

（4）单因素实验

精确称取 50 g 白首乌块根样品粉末，加入 500 毫升圆底烧瓶中并加入不同体积的去乙醇溶液充分混匀。样品溶液在不同提取温度（50、60、70、80、90 和 100 ℃）、不同乙醇浓度（50%、60%、70%、80%、90% 和 100%）、提取时间（0. 5、1、1. 5、2、2. 5 和 3 h）和液料比（5、10、15、20、25 和 30 mL/g）条件下进行单因素条件的筛选。提取完成后，将各样品混悬溶液高速离心得到提取液，在 95 ℃水浴中加热挥发溶剂，向试管中加入 1. 5 ml 高氯酸溶液，混合均匀，在 55 ℃的水浴锅水浴 15 min 后，取出在水龙头下流水冲洗试管外壁至温度降到室温，加入无水乙醇 3 mL 并混合均匀，以无水乙醇溶液作为空白对照，在波长 200~800 nm 范围内进行全波长扫描，吸取 4 mL 正丁醇加入试管中萃取样品溶液，可以发现，萃取液在波长 444 nm 下具有最大吸收峰。因此，设定 444 nm 作为 C_{21} 甾苷类化合物的紫外检测波长。

（5）结果与讨论

①单因素试验

第一，乙醇浓度对白首乌 C_{21} 甾苷类化合物得率的影响。

乙醇的浓度对目标成分的溶解度具有重要影响，筛选出最佳乙醇浓度也是影响 C_{21} 甾苷类化合物的必要条件之一。因此，当提取温度、提取时间及液料比一定时，考察不同乙醇浓度（50%、60%、70%、80%、90%和 100%）对白首乌 C_{21} 甾苷类化合物得率的影响，结果如图 5-8 所示，当乙醇浓度从 50%增加至 90%时，C_{21} 甾苷类化合物得率明显提高（4. 71±0. 23、6. 74±0. 33、10. 23±0. 51、15. 36±0. 75 和 16. 85±0. 81 mg/g），但是，当乙醇浓度进一步提高到 100%时，白首乌 C_{21} 甾苷类化合物得率没有显著升高（16. 85±0. 81 和 16. 88±0. 82 mg/g，从 90%～100%），这可能是因为随着乙醇浓度升高的溶剂的极性发生改变，当乙醇浓度达到 90%时，目标成分的溶解度达到最佳，进一步增加乙醇的浓度不能提高目标成分的溶解度，因此，选择 90%浓度的乙醇溶液作为提取白首乌 C_{21} 甾苷类化合物的溶剂。

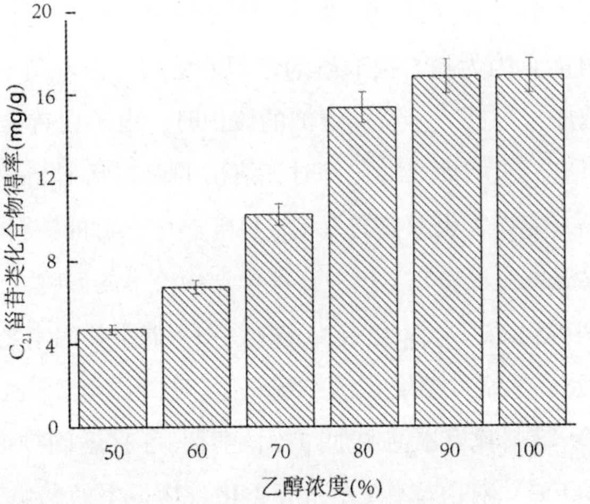

图 5-8　不同乙醇浓度对白首乌 C_{21} 甾苷类化合物得率的影响

第二，液料比对白首乌 C_{21} 甾苷类化合物得率的影响（见图 5-9）。

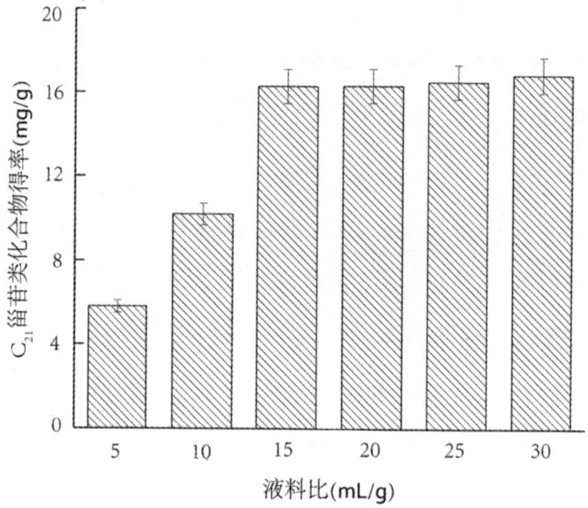

图 5-9　不同液料比对白首乌 C_{21} 甾苷类化合物得率的影响

为了能够使白首乌 C_{21} 甾苷类化合物提取更加充分，足量提取溶剂是必要条件之一。因此，当提取温度、提取时间、溶剂浓度一定时，考察不同液料比（5、10、15、20、25 和 30 mL/g）对白首乌 C_{21} 甾苷类化合物得率的影响，结果如图 5-9 所示，当液料比从 5 mL/g 增加至 15 mL/g 时，白首乌 C_{21} 甾苷类化合物得率明显提高（5.82±0.29、10.23±0.51 和 16.33±0.81 mg/g），但是，当液料比进一步提高超过 15 mL/g 时，白首乌 C_{21} 甾苷类化合物得率没有显著升高（16.36±0.81、16.55±0.82 和 16.88±0.84 mg/g，从 20 mL/g 到 30 mL/g），这可能是因为随着提取溶剂体积的增加，白首乌 C_{21} 甾苷类化合物溶出的量逐渐增加，当进一步增加溶剂的体积时，由于白首乌中总的含量是固定的。因此，当进一步增加液料比例时，溶出的白首乌 C_{21} 甾苷类化合物得率不变，选择 15 mL/g 作为提取白首乌 C_{21} 甾苷类化合物的液料比。

第三，提取温度对白首乌 C_{21} 甾苷类化合物得率的影响。

提取温度是决定白首乌 C_{21} 甾苷类化合物得率的重要因素之一，当液料比和提取时间固定时，考察提取温度（50～100 ℃）对白首乌 C_{21} 甾苷类化合物的影响，当溶剂浓度、液料比和提取时间被固定时，考察不同提取温度（50、60、70、80、90 和 100 ℃）对白首乌 C_{21} 甾苷类化合物得率的影响，结果如图 5-10 所示，当提取温度从 50 ℃增加至 80 ℃时，白首乌 C_{21} 甾苷类化合物的提取效率显著增加（4.35±0.21、7.73±0.38、10.23±0.51 和 16.55±0.82 mg/g），但是，当提取温度继续升高由 80 ℃至 100 ℃时，白首乌 C_{21} 甾苷类化合物得率没有显著提高（16.55±0.82、16.65±0.83 和 16.71±0.83 mg/g，从 80 ℃到 100 ℃），这可能是因为随着提取温度的升高，溶剂中的白首乌 C_{21} 甾苷类化合物随着提取温度的升高溶出速度逐渐加快，当继续升高提取温度，白首乌样品中含有的白首乌 C_{21} 甾苷类化合物成分由于含量是一定的，因此，当继续升高提取温度时，白首乌 C_{21} 甾苷类化合物浓度保持不变，单因素试验最终筛选出的提取温度为 80 ℃。

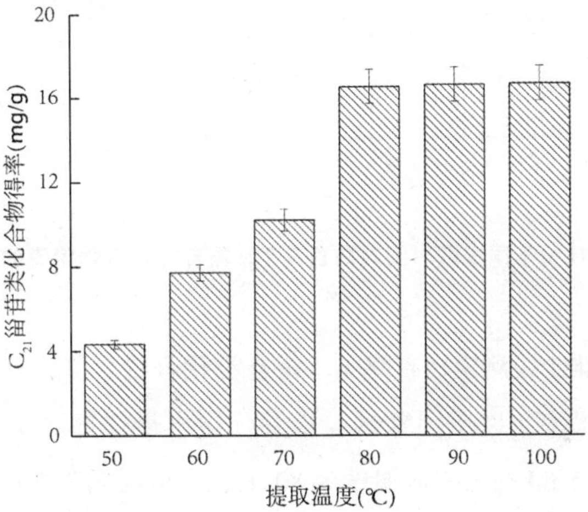

图 5-10　不同提取温度对白首乌 C_{21} 甾苷类化合物得率的影响

第四，提取时间对白首乌 C_{21} 甾苷类化合物得率的影响。

考察提取时间（0.5~3 h）对白首乌 C_{21} 甾苷类化合物得率的影响，当溶剂浓度、提取温度、液料比被固定时，考察不同提取时间（0.5、1、1.5、2、2.5 和 3 h）对白首乌 C_{21} 甾苷类化合物得率的影响，结果如图 5-11 所示，当提取时间从 0.5 h 延长至 2 h 时，白首乌 C_{21} 甾苷类化合物得率明显提高（5.33±0.26、8.75±0.43、10.23±0.51 和 16.77±0.83 mg/g），但是，当提取时间继续由 2 h 延长至 3 h 时，白首乌 C_{21} 甾苷类化合物得率没有显著升高（16.77±0.83、16.8±0.84 和 16.81±0.84 mg/g，从 2 h 到 3 h），这可能是因为当提取时间延长，目标化合物溶出量逐渐增加，溶剂渗透到细胞内的量也逐渐增加，当达到一定程度继续延长提取时间时，由于白首乌样品细胞内 C_{21} 甾苷类化合物成分固有含量恒定，细胞内外目标成分浓度相同。因此，当继续延长提取时间，白首乌 C_{21} 甾苷类化合物得率不变，选择 2 h 作为优化的提取时间。

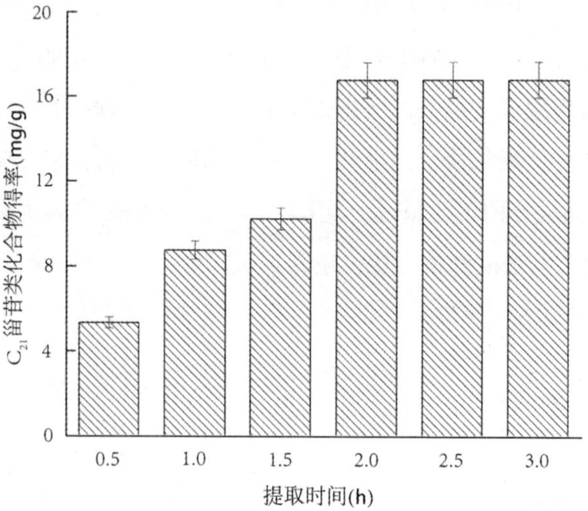

图 5-11　不同提取时间对白首乌 C_{21} 甾苷类化合物得率的影响

②小结

以告达庭标准曲线测定白首乌 C_{21} 甾苷类化合物含量，计算白首乌 C_{21} 甾苷类化合物得率得率，以单因素试验最终优化出最佳提取条件：乙醇浓度为 90%，液料比为 15 mL/g，提取温度为 80 ℃，提取时间为 2 h。

5.2　高效液相色谱法

5.2.1　高效液相色谱的简介

高效液相色谱法（high performance liquid chromatography，HPLC）是目前分析生物活性成分最常用的方法之一，该方法能够定性和定量地对生物活性成分进行解析，是在液相柱色谱技术基础上发展起来的，19 世纪后期引入气相色谱技术结合了高压泵、高效固定相以及高灵敏度检测器，最终实现了高效液相色谱技术的建立。HPLC 技术特点为分析速度快、分离效率高和操作自动化，这种柱色谱技术被称作高效液相色谱法。

5.2.2 高效液相色谱的特点

该方法的特点为：第一，都是在较高压力下完成样品的分析，HPLC 以液体作为流动相（称为载液），当液体流动相载着目标活性成分流经色谱柱时，固定相中的填材会对流动相产生阻力，为了使流动相及目标成分能够迅速通过固定相，必须对流动相施加一定的压力。在高效液相色谱中是加到流动相的压力和进样压力都比较高，通常情况下在 150～300 kg/cm^2 范围内，甚至超过 700 kg/cm^2。第二，高效液相色谱的检测速度快，高效液相色谱所需的分析时间较之经典液体色谱快得多，一般可达 1～10 mL/min，个别可高达 100 mL/min 以上，这已近似于气相色谱的流速。第三，高效液相色谱的分离效率高，相比气相色谱，高效液相色谱的分离效能更高，可达理论塔板数 60000/m。第四，高效液相色谱的灵敏度高，使用紫外检测器时检测限度最小能够达到 9～10 g；使用荧光检测器时检测的灵敏度最小可达 10～11 g。同时，HPLC 技术的灵敏度高还体现在每次样品检测时所需检测的进样量少，一般微升级别的进样量就足够满足一次检测。

5.2.3 高效液相色谱的工作流程和装置组成

高效液相色谱通常是由 5 个主要系统构成，主要包括输送流动相高压泵系统、样品的进样系统，活性成分的分离系统和定性或定量检测系统。此外，还配有辅助装置：如梯度淋洗，自动进样及数据处理等。其具体的运行过程如图 5-12 所示，首先流动相经过混合器的预混形成均匀配比的混合流动相，通过高压泵将混合流动相溶剂泵入进样器流向色谱柱，当注入欲分离的样品时，流动相在进样器与样品混合后从控制器的出口流出，流动相将样品同时送入色谱柱进行高效分离，根据样品中化合物的极性差异会依先后顺序进入检测器，信号记录器会将检测器送出的信号记录下来，根据信号的强弱形成液相色谱图。

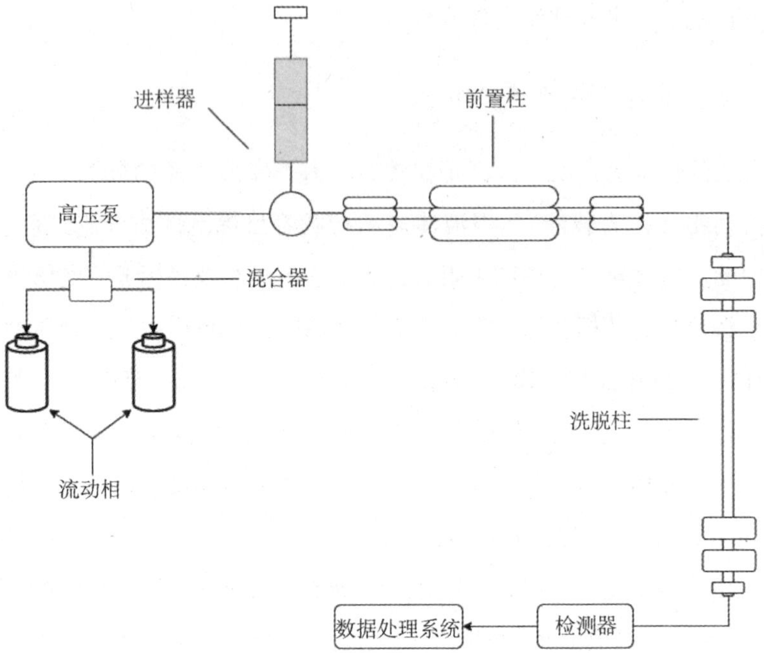

图 5-12　高效液相色谱系统运行流程图

5.2.4　高效液相色谱技术的应用

在应用高效液相色谱技术测定植物中的目标化合物时，目标化合物的保留时间与其化学结构和极性密切相关，也是定性目标化合物的标准之一。以韩欢等[1]应用高效液相色谱法测定白首乌及其洗发水 4-羟基苯乙酮含量实验为例。

5.2.4.1　实验材料和仪器

实验材料和仪器如表 5-7 所示。

表 5-7　实验材料和仪器

名称	规格或型号	生产厂家
白首乌	—	玉林市有长青药业
4-羟基苯乙酮	对照品，纯度>98%度>98%	中国药品生物制品检定所
乙腈	色谱纯	J&K Chemical Ltd
甲醇	色谱纯	J&K Chemical Ltd

续表

名称	规格或型号	生产厂家
乙醇	色谱纯	北京化学试剂有限公司
冰醋酸	色谱纯	北京化学试剂有限公司
超纯水	—	自制
恒温水浴锅	HH-4 型	江苏金坛市宏华仪器厂
高速离心机	TDL-40B	上海安亭科学仪器厂
安捷伦高效液相色谱仪	1260	美国安捷伦公司
电子天平	—	上海恒平科学仪器有限公司
电热恒温干燥箱	101-A3	重庆四达试验设备有限公司
Milli-Q 水纯化仪	Advantage A10	Millipore，Bedford，MA，USA
0.45 μm 微孔滤膜	—	天津津腾实验设备有限公司

5.2.4.2　实验方法

（1）对照品溶液的配制

分别称取一定量的4-羟基苯乙酮的标准品，溶解在分析级甲醇中定容至10 mL，配制成浓度为0.04 mg/mL的标准品甲醇溶液，将其稀释成6个不同梯度浓度的标准品溶液，分别用0.45 μm微孔滤膜过滤，放在4 ℃的冰箱中保存备用。

（2）全波长扫描

将4-羟基苯乙酮的甲醇对照品溶液在紫外光波长200~450 nm范围内进行全波长扫描，检测两种目标成分的最佳吸收波长为265 nm。

（3）液相色谱条件的建立及标准曲线的绘制

通过查阅相关文献，Hanbon-C18（4.6 mm×250 mm，5μm）色谱柱，确定的液相检测条件为流动相组成为乙腈和0.1%冰醋酸水溶液（20∶80，*v/v*），流动相流速为1 mL/min，柱温：30 ℃，进样量为10 μL。在此条件下，对上述不同浓度梯度的标准品溶液进行高效液相检测，以浓度为横坐标（mg/mL），峰面积为纵坐标（mAU·S），绘制标准曲线，得到标准曲线的线性回归方程。

（4）样品溶液的制备

将白首乌样品在60 ℃的烘箱中烘干后，粉碎过筛，备用。称取200 g的白首乌样品粉末，以8 mL/g的液料比浸泡30 min后，采用回流提取法提取3 h，趁热过滤白首乌提取液，在该条件下反复提取三次，合并提取液过滤、浓缩后定容至一定体积，浓缩液高速离心 40 min，其上清液放入 4 ℃冰箱备用。

5.2.4.3 结果与讨论

（1）高效液相色谱条件的确定

应用紫外分光光度计在波长范围 200~450 nm 对目标活性成分 4-羟基苯乙酮全波长扫描。扫描结果是 4 羟基苯乙酮的最大吸收波长都为 265 nm，因此，设定 265 nm 为高效液相色谱放入检测波长。

通过查阅相关文献及前期摸索液相条件，确定了检测 4-羟基苯乙酮的高效液相色谱的方法。具体检测条件为：液相检测条件为流动相组成为乙腈和 0.1% 冰醋酸水溶液（20∶80，*v/v*），流动相流速为 1 mL/min，进样量为 10 μL，色谱柱温度恒定在 30 ℃，目标化合物的液相检测波长为 265 nm。

在上述 HPLC 检测条件下，对照品溶液、白首乌提取液、白首乌洗发水的 4-羟基苯乙酮的色谱图峰型均非常良好，如图 5-13 所示，结合文献资料分析，最后采用该色谱条件，进行以下实验。

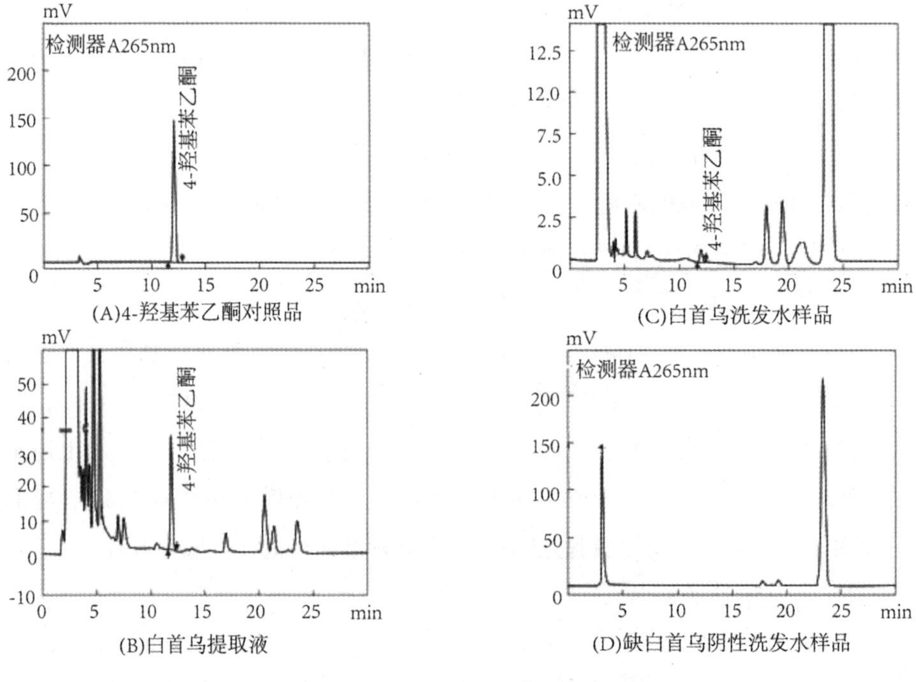

图 5-13　专属性试验高效液相图谱

（2）标准曲线的绘制

按照已经建好的 HPLC 色谱条件，对不同浓度的 4-羟基苯乙酮的对照品溶液进行检测，重复 6 次，取吸收峰面积的平均值，进行线性回归分析。4-羟基苯乙酮的标准曲线如图 5-14 所示。获得 4-羟基苯乙酮的线性回归方程总结如表 5-8 所示。从表 5-8 可知，细辛脂素和芝麻脂素的对照品溶液浓度与峰面积在测定范围内线性关系良好。

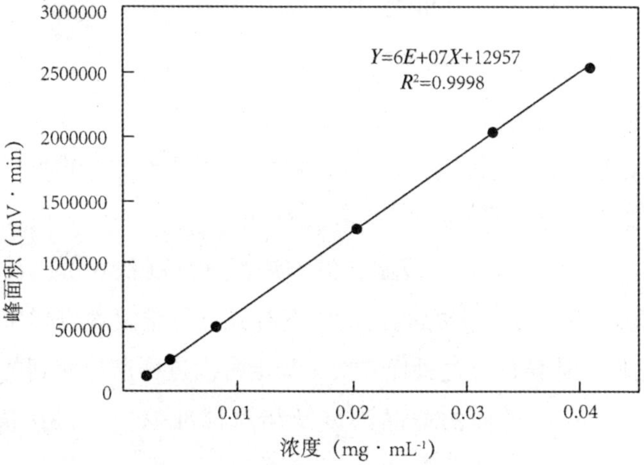

图 5-14　4-羟基苯乙酮的标准曲线

表 5-8　4-羟基苯乙酮标准曲线的回归分析

目标化合物	线性回归方程	R^2
4-羟基苯乙酮	$Y = 6E+0.7X+12957$	0.9998

注：*Y*—峰面积；*X*—分析物浓度 mg/mL。

（3）精密度试验

量取准备好的 4-羟基苯乙酮标准品溶液，在建好的 4-羟基苯乙酮的液相条件下对其进行重复性进样实验，进样量为 10 μL，按照上述条件反复进样 6 次，测定每次进样所检测到的目标成分的峰面积值，计算 6 次进样的相对标准偏差（*RSD* 值），结果如表 5-9 所示。

表 5-9　精密度实验结果（*n*=6）

编号	取样量（g）	峰面积 *A*（mV · min）	平均值（mg/mL）	*RSD*（%）
1	0.0102	1329667	1322855	0.3038
2	0.0102	1325859		
3	0.0102	1320926		
4	0.0102	1320728		
5	0.0102	1320480		
6	0.0102	1329472		

从表 5-9 数据结果可知，6 次检测数据的相对标准偏差（*RSD*）结果为 0.3038，符合精密度测定规定，即 *RSD*<3%时，数据结果精密度较高。

（4）重复性试验

按照本实验白首乌样品溶液制备的方法，重复制备 6 份白首乌样品提取液，在建好的 4-羟基苯乙酮的液相条件下对其进行重复性进样实验，进样量为 10 μL，按照上述条件反复进样 6 次，测定每次进样所检测到的目标成分的峰面积值，计算 6 次进样的样品浓度及相对标准偏差（*RSD* 值），结果如表 5-10 所示。

表 5-10　重复性实验结果（*n*=6）

编号	取样量（g）	浓度（mg/mL）	平均值（mg/mL）	*RSD*（%）
1	1.0511	0.00177	0.00177	1.128
2	1.0000	0.00174		
3	1.0140	0.00176		
4	1.0462	0.00178		
5	1.1576	0.00178		
6	1.0661	0.00179		

从表 5-10 数据结果可知，6 次检测数据的相对标准偏差（*RSD*）结果为 1.128，符合精密度测定规定，即 *RSD*<3%时，数据结果精密度较高。

（5）稳定性试验

按照本实验白首乌样品溶液制备的方法制备白首乌样品提取液，在建好的

4-羟基苯乙酮的液相条件下对其进行重复性进样实验，进样量为 10 μL，按照上述条件反复进样，测定不同时间段所检测到的目标成分的峰面积值，计算每个时间段进样的样品浓度及相对标准偏差（*RSD* 值），结果如表 5-11 所示。

表 5-11　重复性实验结果（*n*=6）

时间（h）	峰面积 *A*（mV · min）	平均值（mg/mL）	*RSD*（%）
0	12392	12310.62	1.99
4	12025		
8	11960		
12	12029		
16	12886		
20	12175		
24	12519		

从表 5-11 数据结果可知，几个时间段检测的数据的相对标准偏差（*RSD*）结果为 1.99，符合精密度测定规定，即 *RSD*<3%时，数据结果精密度较高。

（6）加样回收试验

已知在白首乌洗发水中的 4-羟基苯乙酮含量是 0.00177 mg/g，称取 6 份 0.5 g 的白首乌洗发水样品，然后分别加入浓度为 0.020 mg/mL 的 4-羟基苯乙酮标准品溶液 0.5 ml，按照在建好的 4-羟基苯乙酮液相条件下对 6 个样品中的 4-羟基苯乙酮含量进行高效液相检测，测定 4-羟基苯乙酮的加样回收率，分析结果见表 5-12。

表 5-12　加样回收试验结果（*n*=6）

编号	样品含量（mg）	加入量（mg）	测得量（mg）	回收率（%）	平均值（%）	*RSD*（%）
1	0.000921	0.0010	0.00192	99.64	98.42	2.00
2	0.000841	0.0010	0.00180	95.61		
3	0.001035	0.0010	0.00205	100.74		
4	0.001025	0.0010	0.00200	96.74		
5	0.001025	0.0010	0.00201	98.07		
6	0.001038	0.0010	0.00204	99.72		

（7）实验结论

本实验通过确定4-羟基苯乙酮的高效液相色谱条件测定目标成分的含量，所确定的色谱条件为：液相检测条件为流动相组成为乙腈和0.1%冰醋酸水溶液（20∶80，*v/v*），流动相流速为1 mL/min，进样量为10 μL，色谱柱温度恒定在30 ℃，目标化合物的液相检测波长为265 nm。经过一系列方法验证，包括精密度、重复性、稳定性及加样回收实验对所检测的目标成分进行验证，结果表明，各项验证实验的误差均在允许的范围内，将该检测方法用于白首乌洗发水中目标成分的检测是可靠、渐变、准确的。该实验方法为检测白首乌中其他活性物质的含量提供了数据参考。

5.3 气相色谱法

5.3.1 气相色谱的简介

气相色谱法（Gas Chromatography，GC）是20世纪50年代发明的一项伟大技术成就，是一项用于物质分离和分析的技术，该技术被广泛应用于国防、医药、农业、科学研究等领域。气相色谱分为气—固色谱（GSC）和气—液色谱（GLC），其中，气—固色谱的流动相为气体，固定相为固体；气—液色谱的流动相为气体，固定相为固体，一般来说，组成流动相的气体为氦气、氮气、氢气等载气，而固定相会根据分离物质的不同分为固态和液态两种，气—液色谱适合分离沸点较高的化合物，气—固色谱适合分离低沸点的化合物及永久气体。固定相为固体时都是由具有一定吸附性固体小颗粒填充而成，例如，活性炭、活性氧化铝、硅胶、高分子多孔微球等。固定相为液体时一般是指在使用温度下为液体，常温下不一定是液体，因此，也叫作固定液。目前，最为常用的固定液为聚硅氧烷类和聚乙二醇类化合物。此外，室温离子液体和环糊精类化合物也常常被用作固定液。

5.3.2　气相色谱的特点

气相色谱法的特点为：第一，气相色谱的重现性和准确性较高，载气在分离过程中流量稳定，一般流量变化量不超过 1%，由载气所造成的目标成分保留时间变化一般不超过 0.02%；第二，由于目标成分在载气中传递速度快，因此，样品组分在流动相和固定相之间可以瞬间达到平衡；第三，可选作固定相的材料丰富。因此，气相色谱法是一个分析速度快和分离效率高的分离分析方法。近年来，采用高灵敏选择性检测器，使得它又具有分析灵敏度高、应用范围广等优点。

5.3.3　气相色谱的工作流程和装置组成

气相色谱是由气路系统、进样系统、分离系统、检测系统、温控系统和数据和处理系统制成，大概的工作流程如图 5-15 所示，检测样品被制备成适合气相色谱检测的状态，样品被注入进样器中，经过汽化室被汽化进入分离系统，根据待测样品中各组分的沸点、固定相对其的吸附能力、极性的不同导致样品中各个目标成分的保留时间不同，保留时间短的目标成分先进入检测系统，保留时间长的目标成分后进入检测系统。在分离过程中温控系统起到调节温度的作用，当温度升高时，沸点低的目标组分先汽化并随着载气进入分离系统，沸点高的目标组分后进入分离系统。当目标组分进入检测器后被转化为电信号，电信号的大小会随着目标成分的浓度而变化，浓度大时电信号强，浓度低时电信号弱，这些电信号被连续记录下来就形成了气相色谱图，每个信号峰都代表着一个目标化合物。

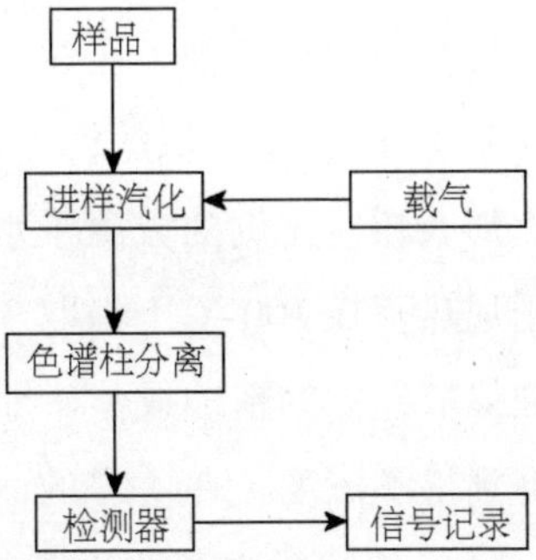

图 5-15　气相色谱的工作流程

5.3.4　气相质谱技术的应用

应用气相质谱技术测定植物中的挥发性成分，应用气相质谱法测定滨海白首乌种子中的精油成分实验为例。

5.3.4.1　实验材料和仪器

实验材料和仪器如表 5-13 所示。

表 5-13　实验材料和仪器

名称	规格或型号	生产厂家
白首乌种子	—	盐城市新洋试验站
气相质谱仪	Agilent6890-5975C 度>98%	美国安捷伦科技公司
正己烷	色谱纯	J&K Chemical Ltd
超纯水	—	自制
恒温水浴锅	HH-4 型	江苏金坛市宏华仪器厂
高速离心机	TDL-40B	上海安亭科学仪器厂
电子天平	—	上海恒平科学仪器有限公司
电热恒温干燥箱	101-A3	重庆四达试验设备有限公司
Milli-Q 水纯化仪	Advantage A10	Millipore, Bedford, MA, USA
0.45 μm 微孔滤膜	—	天津津腾实验设备有限公司

5.3.4.2　实验方法

（1）挥发油的提取

将滨海白首乌种子在 60 ℃烘箱中干燥后，粉粹并过 80 目筛，精密称取样品粉末 100 g，将称取的样品粉末置于 1000 mL 的圆底烧瓶中，以 5 mL/g 的液料比加入相应比例的去离子水，连接精油提取器和冷凝管，浸泡 4 个小时后，应用加热套在 100 ℃下提取 3 h，待圆底烧瓶中的提取溶液降至室温后，收集精油提取器中的精油成分，加入无水硫酸镁对提取的精油进行脱水，用正己烷稀释到待测浓度，在 4 ℃的冰箱中密封保存，待 GC-MS 成分分析使用。

（2）气相质谱条件的建立

将用正己烷稀释的白首乌精油用 0.45 μm 的微孔滤膜过滤后，使用气相质谱联用仪对其精油成分加以分析。

色谱条件：选择毛细 HP-5 管石英柱（0.25 mm×30 m×0.25 μm），检测程序为进样后，检测的初始温度为 43 ℃，保持该温度 2 min 后，以 3 ℃/min 的升温速度升温至 160 ℃，保持该温度 1 min 后，再以 15 ℃/min 继续升高温度至 300 ℃，持续此温度 1 min。使用高纯度的氦气作为载气，气体流速为

1 mL/min，精油进样量为 10 μL。进样口温度：210 ℃。连接口温度保持在 220 ℃；电力电压设定为 70 eV，EI 电源为离子源，温度为 240 ℃；使用 NIST08 标准谱库对白首乌精油成分进行成分检索，使用峰面积归一化法对白首乌精油中各个挥发性成分计算含量。

5.3.4.3　实验结果

应用 GC-MS 技术对滨海白首乌种子精油进行成分解析，得到的总离子流图中可分析出精油中的成分，比对 NIST08 标准谱库得到白首乌种子精油具体的成分及含量如表 5-14 所示。

表 5-14　滨海白首乌种子挥发油主要化学成分 GC-MS 分析鉴定结果

序号	化合物
1	2-甲基-1-丁醇
2	2-甲基-1-丙醇
3	2-甲基-2-丙烯酸
4	苯乙醇
5	邻苯二甲酸二异丁酯
6	己酸
7	1-十六醇
8	2-戊基-呋喃
9	1-十四烯
10	2，6，10，14-四甲基-十五烷
11	4-乙基苯酚
12	4-羟基-3-甲氧基苯乙酮
13	硬脂酸乙酯
14	邻苯二甲酸异辛基酯
15	邻苯二甲酸二丁酯
16	2，6-二叔丁基-对甲基苯酚
17	角鲨烯
18	十六酸乙酯
19	甾醇类化合物

续表

序号	化合物
20	十七酸
21	2，3，5-三甲氧基甲苯
22	1-十六碳烯
23	2，4-二羟基苯乙酮
24	辛酸乙酯
25	亚油酸乙酯
26	十六烷
27	3-甲基-1-丁醇
28	3-甲基-2-丁醇
29	油酸乙酯
30	（s）-3-乙基-4-甲基-戊醇
31	2，4-己二烯乙酸酯
32	1-苯乙酮
33	十五烷
34	邻羟苯乙酮
35	胡椒酚
36	4-羟基苯乙酮
37	邻苯二甲酸丁基异辛基酯
38	十八烷
39	二十烷
40	桂皮醛
41	十九烷
42	1，2，4-三甲基环戊烷
43	3-（4-甲氧基苯基）-2-丙烯酸异辛酯
44	十六酸-2-丙酯
45	9-十八碳二烯酸
46	9，12-十八碳二烯酸
47	香草醛

续表

序号	化合物
48	苯并噻唑
49	*N*-苯基-1-萘胺
50	3-苯基-2-丙稀-1-醇
51	2-甲氧基-3-（2-丙烯基）苯酚
52	1，3-二异丁烯酸甘油酯

滨海白首乌种子精油成分分析结果如表 5-14 所示，从表中可以看出通过 GC-MS 检测出来的主要精油组分为 52 种，占总精油含量的 97.98%。其中，邻苯二甲酸异辛基酯和邻苯二甲酸二丁酯含量超过 10%，是精油主要的芳香气味来源。苯乙酮类化合物含量占总精油成分超过 13%；不饱和脂肪酸占 8.2%；烷烃类化合物占总精油含量的 5%以上。另外，精油成分中还含有部分醇类、香草醛、烯烃及噻唑类化合物。

5.3.4.4　实验结论

本实验通过确定白首乌种子精油的 GC-MS 检测条件对其精油成分进行了定性和定量分析，建立的 GC-MS 检测条件为选择毛细 HP-5 管石英柱（0.25 mm×30 m×0.25 μm），检测程序为进样后，检测的初始温度为 43 ℃，保持该温度 2 min 后，以 3 ℃/min 的升温速度升温至 160 ℃，保持该温度 1 min 后，再以 15 ℃/min 继续升高温度至 300 ℃，持续此温度 1 min。使用高纯度的氦气作为载气，气体流速为 1 mL/min，精油进样量为 10 μL。进样口温度为 210 ℃。连接口温度保持在 220 ℃；电力电压设定为 70 eV，EI 电源为离子源，温度为 240 ℃。在此条件下共检测出 52 种化学成分，通过 GC-MS 检测出来的主要精油组分为 52 种，占总精油含量的 97.98%。其中，邻苯二甲酸异辛基酯和邻苯二甲酸二丁酯含量超过 10%，是精油主要的芳香气味来源。苯乙酮类化合物含量占总精油成分超过 13%；不饱和脂肪酸占 8.2%；烷烃类化合物占总精油含量的 5%以上。另外，精油成分中还含有部分醇类、香草醛、烯烃及噻唑类化合物。目前，对于白首乌种子挥发油成分及活性的研究鲜有报道，还有待于进一步深入研究。因此，滨海白首乌精油具有巨大开发潜力。

第 6 章

滨海白首乌主要化学成分结构鉴定

白首乌内含有多种生物活性成分，包括多糖、黄酮、挥发油、C_{21}甾苷类化合物等。为了能够更明确这些生物活性成分的种类及结构，充分分析这些生物活性物质的结构，建立一套精确、高效、迅速的分析结构方法至关重要，主要应用傅里叶红外光谱、核磁共振波谱、液相色谱—质谱联用技术及高效液相色谱技术等对白首乌中的生物活性物质进行结构分析。

6.1 白首乌中多糖成分的结构解析

植物多糖是一种高分子化合物，在进行结构解析之前还要进行分级纯化、多糖组分的红外分析及核磁分析、多糖组分的水解、多糖水解液的衍生化、高效液相法测定单糖组分及摩尔比等过程，这一过程仅仅是多糖结构的一级解析，二、三级结构解析还包括了空间结构及空间构型上的分析。以白首乌根为原料对其多糖成分进行分级纯化及其糖基结构鉴定解析实验为例。

6.1.1 实验材料和仪器

实验材料和仪器见表 6-1。

表 6-1 实验材料和仪器

试剂或仪器	规格	生产厂家
D-甘露糖	98%	阿拉丁试剂有限公司
DEAE-纤维素	—	美国 SIGMA 公司
L-岩藻糖	≥99%	阿拉丁试剂有限公司
1-苯基-3-甲基-5-吡唑啉酮	99%	阿拉丁试剂有限公司
D-葡萄糖	≥99.5%	阿拉丁试剂有限公司

续表

试剂或仪器	规格	生产厂家
乙腈	色谱纯	德国默克公司
L-鼠李糖	98%	阿拉丁试剂有限公司
再生透析袋	3500	上海源叶生物科技有限公司
D-半乳糖	99%	阿拉丁试剂有限公司
氯化钠	分析纯	天津市东丽区天大化学试剂厂
L-阿拉伯糖	98%	阿拉丁试剂有限公司
盐酸	分析纯	北京化工厂
D-葡萄糖醛酸	≥98%	阿拉丁试剂有限公司
氢氧化钠	分析纯	天津市东丽区天大化学试剂厂
L-木糖	≥96%	阿拉丁试剂有限公司
三氟乙酸	99%	阿拉丁试剂有限公司
D-半乳糖醛酸	97%	上海源叶生物科技有限公司
甲醇	分析纯	北京化工厂
苯酚	分析纯	天津市东丽区天大化学试剂厂
磷酸二氢钾	分析纯	天津市东丽区天大化学试剂厂
氯仿	分析纯	天津市富宇精细化工有限公司
其他溶剂	分析纯	北京化工厂

6.1.2　实验方法

①白首乌多糖成分的分级纯化

多糖成分的分级纯化是指将提取后的粗多糖经过去杂质和去蛋白的过程后，对初步纯化后的多糖成分按照分子量级进行纯化，将多糖按照相近分子量区间范围进行多糖组分分离，主要采用 DEAE-纤维素离子交换柱层析法进行多糖组分的分级纯化。

用去离子水充分浸泡溶胀 DEAE-纤维素离子交换树脂，充分溶胀后将 DEAE-纤维素离子交换树脂浸泡在 0.5 moL/L 的 NaOH 溶液中并不断磁力搅拌 1 h，将用 NAOH 溶液浸泡的树脂用去离子水反复冲洗至 pH 为中性，再将 DEAE-纤维素离子交换树脂浸泡在 0.5 moL/L 的 HCl 溶液并不断磁力搅拌 1 h，再将树脂用去离子水洗直至 pH = 7，最后再将 DEAE-离子交换树脂在 0.5 moL/L 的 NaOH 溶液磁力搅拌 1 h 并用去离子水洗至中性。将处理好的树脂在超声波清洗器中超声 1 h 去除气泡，再将树脂倒出玻璃柱中填充待用。

将 100mg 经过初步纯化的白首乌多糖溶解在 3 mL 的去离子水中配置成多糖上样液，然后分别用 300 mL 的去离子水和不同浓度梯度的 NaCl 水溶液（浓度由低到高）依次进行分级洗脱，控制柱子下端洗脱液流速控制在 0.5 mL/min，用 10 mL 的试管去接每个组分，5 mL 收集一次，依照苯酚硫酸法去检测每管中多糖的吸光值，根据标准曲线去计算多糖的含量。

将从 DEAE-纤维素离子交换柱中分离的多糖组分按照时间顺序编号，每 3 mL 收集一个组分，通过苯酚硫酸法绘制出组分曲线，根据曲线的出峰情况将每个组分峰根据编号收集合并，作为一个组分多糖，将合并后的组分多糖溶液浓缩装入透析袋中，在磁力搅拌的去离子水中透析 48 h，每 4 h 换一次水，待多糖组分中的 NaCl 被完全透析出去后，将透析的多糖组分溶液放入-20℃的冰箱中冷冻 12 h，待透析液完全冷冻后，放入冷冻干燥器中脱水，最终得到干燥的多糖组分，然后密封保存。

②白首乌多糖组分的糖基结构分析

A. 白首乌多糖组分的水解

用分析天平准确称取白首乌多糖组分 5 mg，分别装入 30 mL 的具塞试管中并加入去离子水 2 mL 充分溶解，在具塞试管中加入浓度为 10 mol/L 的三氟乙酸水溶液 1.5 mL，将具塞试管密封后放入油浴中 110 ℃充分水解 7 h，水解后，在水解液中加入一定体积的甲醇并应用流动气流将溶液中的三氟乙酸加速挥发直至没有明显气味为止，并加入去离子水将多糖水解液定容到 3 mL。

B. 单糖衍生化

分别称取一定质量的单糖标准品 D-葡萄糖（10.1 mg）、D-葡萄糖醛酸（12.3 mg）、L-岩藻糖（11.2 mg）、D-甘露糖（11.2 mg）/L-木糖

(11.23 mg)、L-鼠李糖（11.4 mg）、L-阿拉伯糖（11.4 mg）、核糖（11.4 mg）、D-半乳糖醛酸（11.6 mg）、D-半乳糖（11.2 mg）分别加入 10 mL 去离子水定容至 10 mL，并分别吸取 0.1 mL 配置成混合标准品溶液。将单糖标准品溶液及混合标准品溶液各吸取 0.1 mL 于 10 mL 试管中，分别加入 1-苯基-3-甲基-5-吡唑啉甲醇溶液（PMP，0.4 moL/L）0.2 mL 充分混匀后，再加入 NaOH（0.5 mol/L）0.1 mL 水溶液充分混合，70 ℃水浴加热 1.5 h，待充分衍生化后取出冷却至室温，加入 0.2 mL 盐酸水溶液（0.25 mol/L）中和，加入去离子水 1 mL 和 2 mL 三氯化碳，充分混匀后待其分层，水层高速离心取清液，放置于 4℃冰箱中备用。

C. 液相条件的建立

使用安捷伦高效液相色谱仪对水解衍生化的多糖组分进行糖基结构鉴定。目标化合物的检测波长设定为 256 nm，流动相为 KH_2PO_4 水溶液（0.05 mol/mL）：乙腈=（85：15，*v/v*），流动相流速被设定为 0.8 mL/min，进样量为 10 μL，柱温为 25 ℃，保留时间为 60 min。依据以上方法及液相检测条件，各单糖的标准曲线方程被汇总到表 6-2 中。

表 6-2　单糖的标准曲线和保留时间

单糖	保留时间（min）	标准曲线	R^2	线性范围（mg/g）
L-岩藻糖	38.63	$Y=38.942X-83.654$	0.9996	0.01-1.12
D-甘露糖	11.33	$Y=62.554X-21.054$	0.9997	0.01-1.12
L-鼠李糖	16.12	$Y=46.572X-57.168$	0.9998	0.01-1.14
D-半乳糖	27.76	$Y=54.735X-10.213$	0.9997	0.01-1.12
L-阿拉伯糖	33.14	$Y=113.451X-123.55$	0.9998	0.01-1.14
D-葡萄糖醛酸	18.78	$Y=35.943X-112.54$	0.9999	0.01-1.23
L-木糖	31.33	$Y=72.354X-117.52$	0.9995	0.01-1.14
D-葡萄糖	23.91	$Y=26.327X-38.616$	0.9995	0.01-1.11
核糖	18.43	$Y=32.343X-32.567$	0.9998	0.01-1.14
D-半乳糖醛酸	21.14	$Y=34.347X+132.71$	0.9994	0.01-1.16

6.1.3 实验结果

①DEAE-纤维素离子交换柱分级纯化结果（见图6-1）

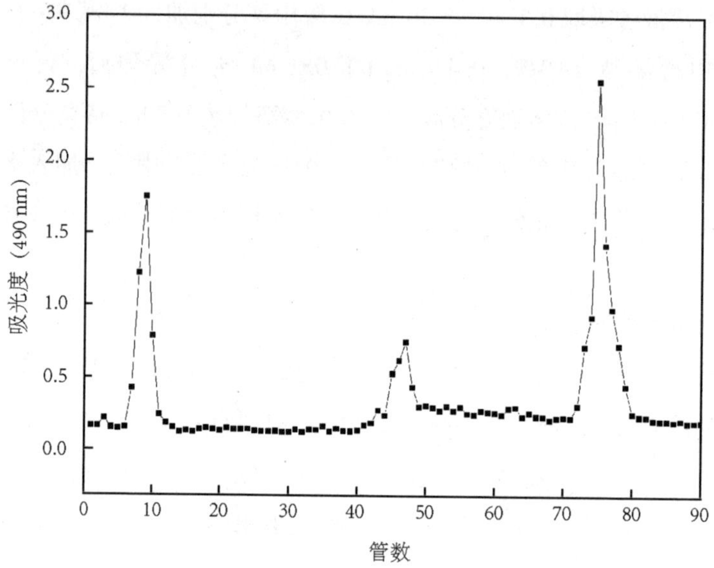

图6-1 白首乌多糖的DEAE-纤维素洗脱曲线

白首乌多糖能够被DEAE-纤维素离子树脂柱按照分子量级进行纯化，分级纯化多糖的原理是树脂材料对不同分子量级白首乌多糖具有不同的吸附能力，中性多糖能够被去离子水洗脱，不同浓度的NaCl能够将不同分子量级的多糖组分从树脂上洗脱下来，在洗脱过程中也能达到初步去除杂质的目的。

白首乌皮多糖样液被倒入树脂柱中后，根据去离子水-不同浓度的氯化钠水溶液由浓度低到高逐级洗脱，每个浓度250 mL，按照0.8 mL/min的流速进行洗脱，洗脱液被收集，每3 mL为一个组分，按先后顺序进行编号，应用苯酚硫酸法对每个组分进行多糖含量测定，并依据多糖洗脱液的吸光值为纵坐标，浓度为横坐标绘制洗脱曲线，结果如图6-1所示，从洗脱曲线中可以观察到白首乌多糖主要是由三个分子量级的多糖组分构成，其中首先被洗脱出来的多糖组分在收集样液编号1~15号内，第二被洗脱出来的多糖组分在编号为40~50号样液中，第三被洗脱出来的多糖组分在编号为70~80号样液内。通过检测三个组分的白首乌多糖含量分别占混合多糖的32.12%、13.54%和54.34%。

②白首乌多糖组分的糖基结构鉴定

多糖是多个不同单糖通过糖苷键链接聚合生成的碳水化合物，借助酸水解的方法使单糖间的糖苷键断裂生成单糖，通过单糖衍生化法使单糖在紫外光区具有吸收峰。通过建好的单糖液相检测条件对白首乌多糖组分进行糖基结构鉴定，白首乌多糖糖基构成中各单糖的百分比如表 6-3 所示。

表 6-3　白首乌多糖的糖基结构

单糖	白首乌多糖含量（%）
L-岩藻糖	0. 15
D-甘露糖	0. 81
L-鼠李糖	1. 53
D-半乳糖	11. 51
L-阿拉伯糖	7. 66
D-葡萄糖醛酸	0. 55
L-木糖	0. 68
D-葡萄糖	73. 67
核糖	0. 32
D-半乳糖醛酸	3. 12

从表 6-3 中可知，白首乌多糖水解衍生化后的单糖中都有 10 种单糖，所以白首乌多糖中有 10 种糖基结构，各个单糖的其百分比分别为 L-岩藻糖（0. 15%）：D-甘露（0. 81%）：L-鼠李糖（1. 53%）：D-半乳糖（11. 51%）：L-阿拉伯糖（7. 66%）：D-葡萄糖醛酸（0. 55%）：L-木糖（0. 68%）：D-葡萄糖（73. 67%）：核糖（0. 32%）：D-半乳糖醛酸（3. 12%）。

6. 1. 4　实验结论

建立的液相检测条件为检测波长设定为 256 nm，流动相为 KH_2PO_4 水溶液（0. 05 mol/mL）：乙腈 =（85 : 15，*v/v*），流动相流速被设定为 0. 8 mL/min，进样量为 10 μL，柱温为 25 ℃，保留时间为 60 min。通过 DEAE-纤维素离子交换柱层析法分离出三个组分的白首乌多糖含量分别占混合多糖的 32. 12%、13. 54% 和 54. 34%。白首乌多糖中含有 10 种单糖，所以有 10 种糖基结构，各个单糖其百分比分别为 L-岩藻糖（0.15%），D-甘露（0.81%），L-鼠李糖（1.53%），D-半乳糖（11.51%），L-阿拉伯糖（7.66%），D-葡萄糖醛酸（0.55%），L-木糖（0.68%），D-葡萄糖（73.67%），核糖（0.32%），D-半乳糖醛酸（3.12%）。

6.2 白首乌中精油成分的结构解析

植物精油是一种植物的次级代谢产物，具有多种生物活性，是一类具有芳香气味的物质，主要是由醇类、醛类、酸类、酚类、丙酮类、萜烯类化合物构成，取自植物的花、叶、根、树皮、果实、种子、树脂等以蒸馏、压榨方式获得。应用气相质谱技术测定植物中的挥发性成分，应用气相质谱法测定泰山白首乌种子中的精油成分实验为例。

6.2.1 实验材料和仪器

实验材料和仪器见表 6-4。

表 6-4 实验材料和仪器

名称	规格或型号	生产厂家
白首乌种子	—	山东中医药大学药铺
气相质谱仪	Agilent6890-5975C 度>98%	美国安捷伦科技公司
正己烷	色谱纯	J&K Chemical Ltd
超纯水	—	自制
恒温水浴锅	HH-4 型	江苏金坛市宏华仪器厂
高速离心机	TDL-40B	上海安亭科学仪器厂
电子天平	—	上海恒平科学仪器有限公司
电热恒温干燥箱	101-A3	重庆四达试验设备有限公司

续表

名称	规格或型号	生产厂家
Milli-Q 水纯化仪	Advantage A10	Millipore, Bedford, MA, USA
0.45 μm 微孔滤膜		天津津腾实验设备有限公司

6.2.2　实验方法

①挥发油的提取

将泰山白首乌种子在 60 ℃烘箱中干燥后，粉粹并过 80 目筛，精密称取样品粉末 100 g，将称取的样品粉末置于 1000 mL 的圆底烧瓶中，以 5 mL/g 的液料比加入相应比例的去离子水，连接精油提取器和冷凝管，浸泡 4 个小时后，应用加热套在 100 ℃下提取 3 h，待圆底烧瓶中的提取溶液降至室温后，收集精油提取器中的精油成分，加入无水硫酸镁，对提取的精油进行脱水，用正己烷稀释到待测浓度，4 ℃冰箱中密封保存，待 GC-MS 成分分析使用。

②气相质谱条件的建立

将用正己烷稀释的白首乌精油用 0.45 μm 的微孔滤膜过滤后，使用气相质谱联用仪对其精油成分进行分析。

色谱条件：选择毛细 HP-5 管石英柱（0.25 mm×30 m×0.25 μm），检测程序为进样后，检测的初始温度为 43 ℃，保持该温度 2 min 后，以 3 ℃/min 的升温速度升温至 160 ℃，保持该温度 1 min 后，再以 15 ℃/min 继续升高温度至 300 ℃，持续此温度 0 min。使用高纯度的氦气作为载气，气体流速为 1 mL/min，精油进样量为 10 μL。进样口温度为 210 ℃。连接口温度保持在 220 ℃；电力电压设定为 70 eV，EI 电源为离子源，温度为 240 ℃；使用 NIST08 标准谱库对白首乌精油成分进行成分检索，使用峰面积归一化法对白首乌精油中各个挥发性成分计算含量。

6.2.3　实验结果

应用 GC-MS 技术对泰山白首乌种子精油成分进行成分解析，得到的总离子流图中可分析出精油中的成分，比对 NIST08 标准谱库得到白首乌种子精油具体的成分及含量如表 6-5 所示。

表 6-5　泰山白首乌种子挥发油化学成分 GC-MS 分析鉴定结果

序号	化合物	保留时间	分子式	相对分子质量	质量分数（%）
1	山梨酸	4. 73	$C_6H_8O_2$	112	3. 12
2	5-甲基糠醛	5. 88	$C_6H_6O_2$	110	2. 41
3	苯甲醛	6. 11	C_7H_6O	106	2. 22
4	乙烯基呋喃	6. 13	C_6H_6O	94	1. 09
5	1-辛烯-2-醇	6. 18	C_8H_6O	128	2. 63
6	2-乙基-6-甲基吡嗪	6. 47	$C_7H_{10}N_2$	122	1. 71
7	2 氧代 1-甲基-3-异丙基吡嗪	7. 91	$C_8H_{12}N_2O$	152	2. 11
8	芳樟醇	8. 05	$C_{10}H_{18}O$	154	6. 05
9	甲基苯并噁唑	8. 37	C_8H_7NO	133	2. 34
10	二氢-2，4，6-三甲基-1，3，5-（4H）二噻嗪	9. 34	$C_6H_{13}NS_2$	163	1. 89
11	α-亚乙基-苯乙醛	10. 54	$C_{10}H_{10}O$	146	0. 33
12	吲哚	10. 98	C_8H_7N	117	0. 92
13	2-氨基-7-氯-2 甲基庚酸	11. 76	$C_8H_{16}ClNO_2$	193	0. 83
14	5 羟基-DL-氨基酸	12. 11	$C_6H_{14}N_2O_3$	162	0. 53
15	匙叶桉油烯醇	14. 79	$C_{15}H_{24}O$	220	1. 99
16	石竹烯氧化物	14. 88	$C_{15}H_{24}O$	220	0. 87
17	3，7，11，15-四甲基已烯-1-醇	15. 31	$C_{20}H_{40}O$	296	2. 11
18	六氢法呢基丙酮	17. 51	$C_{18}H_{36}O$	268	12. 44
19	棕榈酸甲酯	18. 43	$C_{17}H_{34}O_2$	270	2. 07
20	香叶基-α-松油烯	18. 91	$C_{20}H_{32}$	272	46. 38
21	亚油酸甲酯	20. 18	$C_{19}H_{24}O_2$	294	1. 22

从表中可以看出，通过 GC-MS 检测出来的主要精油组分为 21 种，根据精油组分结构的不同，相应的保留时间也会有所差异。其中，含量超过 5% 的精油成分主要有 3 个，包括香叶基-α-松油烯、六氢法呢基丙酮和芳樟醇，其含

量分别为 46.38%、12.44%和 6.05%。含量在 2%～5%的组分为棕榈酸甲酯、3，7，11，15-四甲基已烯-1-醇、甲基苯并噁唑、2 氧代 1-甲基-3-异丙基吡嗪、1-辛烯-2-醇、苯甲醛、5-甲基糠醛、山梨酸，其含量分别为 2.07%、2.11%、2.34%、2.11%、2.63%、2.22%、2.41%和 3.12%。

6.2.4　实验结论

本实验通过确定白首乌种子精油的 GC-MS 检测条件对其精油成分进行了定性和定量分析，建立的 GC-MS 检测条件为选择毛细 HP-5 管石英柱（0.25 mm×30 m×0.25 μm），检测程序为进样后，检测的初始温度为 43 ℃，保持该温度 2 min 后，以 3 ℃/min 的升温速度升温至 160 ℃，保持该温度 1 min 后，再以 15 ℃/min 继续升高温度至 300 ℃，持续此温度 1 min。使用高纯度的氦气作为载气，气体流速为 1 mL/min，精油进样量为 10 μL。进样口温度为 210 ℃。连接口温度保持在 220 ℃；电力电压设定为 70 eV，EI 电源为离子源，温度为 240 ℃。在此条件下共检测出 21 种挥发性成分，其中，含量高于 5%的挥发性成分为包括香叶基-α-松油烯、六氢法呢基丙酮和芳樟醇，其含量分别为 46.38%、12.44%和 6.05%。含量在 2%～5%的组分为棕榈酸甲酯、3，7，11，15-四甲基已烯-1-醇、甲基苯并噁唑、2 氧代 1-甲基-3-异丙基吡嗪、1-辛烯-2-醇、苯甲醛、5-甲基糠醛、山梨酸，其含量分别为 2.07%、2.11%、2.34%、2.11%、2.63%、2.22%、2.41%和 3.12%。目前，对于白首乌种子挥发油成分及活性的研究鲜有报道，还有待于进一步深入研究。

6.3　白首乌中 C_{21} 甾苷类化合物的结构解析

C_{21} 甾体酯苷类化合物是白首乌中的主要活性成分之一，广泛分布于萝藦科鹅绒藤属植物中，具有抗氧化、退热、抗疲劳、抗肿瘤、抗炎、提高免疫力和镇痛等药理活性。C_{21} 甾体酯苷类化合物具有典型的孕甾烯衍生物骨架，其基本的结构骨架如图 6-2 所示，骨架中的 12 号 C 和 20 号 C 上的 β-羟基能够结合有机酸（如烟酸、肉桂酸、醋酸、异戊酸等）形成酯键，3 号 C 的 β-羟基能够与糖生成苷，例如，2-去氧洋地黄糖、夹竹桃糖、磁麻糖等。17 号 C 上的侧链主要是以 α 构型为主，但是少数也存在 β 构型。目前，已经从白首乌中成功分离出告达庭、白首乌苷、隔山消苷及白首乌新苷等多种 C_{21} 甾体酯苷类化合物。

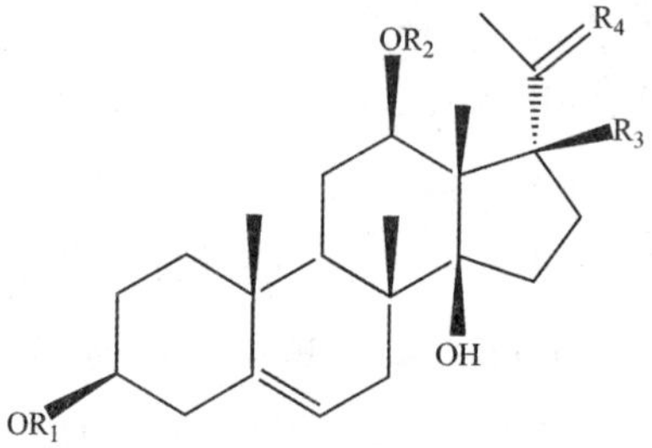

图 6-2　C_{21} 甾体酯苷骨架

对 C_{21} 甾体酯苷类化合物的结构解析主要是通过核磁共振波谱对其化合物进行分析，通过核磁共振碳谱确定 C_{21} 甾体酯苷类化合物的基本碳骨架结构，通过核磁共振氢谱及红外光谱确定碳骨架上取代基的种类、位置及链接顺序等结构特征。

从红外分析结果可知在 3441 cm^{-1} 和 1025 cm^{-1} 处均出现了特征吸收峰分别为羟基和醚基。通过质谱分析该化合物的分子式为 $C_{42}H_{64}O_{14}$，$[M+Na]^+$ 为 *m/z* 815.419。其核磁共振波谱数据分析结构通过与相关文献数据比较即确定该结构为脱水阿得拉苷元。

从红外分析结果可知在 3555、3451、1733、1710、1650、1312、1160、1050、880 cm^{-1} 处出现了特征吸收峰。该化合物的核磁共振氢谱数据分析结构通过与相关文献数据比较即确定该结构为白前苷 C。

化合物 3：ESI-MS *m/z* 847 $[M+Na]^+$，从红外分析结果可知在 3482、2943、1736、1655、1452、1386、1300、1082、1023、810 cm^{-1} 处出现了特征吸收峰。该化合物的核磁共振氢谱数据分析结构通过与相关文献数据比较即确定该结构为蔓生白薇苷 D。

6.4　白首乌中黄酮类化合物的结构解析

黄酮类化合物是植物界广泛存在的一类活性成分，自然界中已经有 5000 余种黄酮类化合物被发现并鉴定出来，黄酮类化合物分布广泛，广泛分布于植物体的根、茎、叶、种子及果实中。从化学结构来看，黄酮类化合物是以 2-苯基色原酮为结构基本骨架的一类衍生化合物的总称，如图 6-3 所示。现泛指两个苯环通过三个碳原子相互连接而成的一系列化合物的总称，即具有 C6-C3-C6 结构的一类化合物的总称。

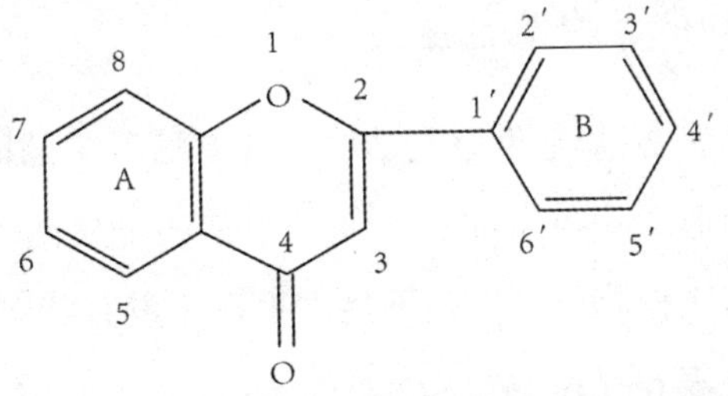

图 6-3　黄酮类化合物的 2-苯基色原酮骨架

白首乌中含有丰富的黄酮类成分，到目前为止，对于白首乌中黄酮类化合物的研究仅限于对总黄酮含量的测定，对其黄酮类化合物的种类及结构解析相关研究鲜有报道。但是，可以参考其他植物中黄酮的结构解析的方法。

6.4.1　黄酮类化合物熔点的测定

不同化合物的熔沸点都不同，都具有一定融化的温度范围，都是由固态转化为液态，但是，部分活性化合物在融化过程中就已经分解失活。因此，为了保证目标化合物的活性，需要在适宜的温度下保存，如表 6-6 列举了部分常见黄酮类化合物的熔点。

表 6-6 一些常见黄酮类化合物的熔点

名称	熔点（℃）	名称	熔点（℃）	名称	熔点（℃）
槲皮素	310~320	芹黄素	346	胡麻黄素	300
黄芪苷	170~180	杨槐黄素	320~330	桑黄素	290
白杨黄素	275	小麦黄素	290~293	银杏黄素	344
黄芩黄素	265	万寿菊黄素	320~325	球松黄酮	288
黄芪苷	170~180	白杨黄素	275	芒果素	264
牡荆黄素	265	甘草素	205~210	血竭素	165~170
鸢尾黄素	225~230	山姜素	223	陈皮素	225
黄芩素	223	问荆素	195	柑橘素	224
黄杉素	224	异甘草素	200~205	鱼藤素	170
大豆黄素	235	生松素	195	红花素	218

6.4.2 黄酮类化合物颜色鉴别

黄酮类化合物具有 2-苯基色原酮结构，含有酚羟基的同时还含有氧原子，因此，能与某些试剂形成颜色反应，比如，跟某些金属离子形成配位化合物，颜色反应所用的试剂比较简单，但是不足之处在于没有特定的试剂能够鉴别所有黄酮类化合物（见表 6-7）。

表 6-7 一些黄酮类化合物的颜色反应

类别	黄酮	黄酮醇	异黄酮
NaOH 水溶液	黄色	深黄色	黄色
浓硫酸	黄色变橙色	黄色变橙色	黄色
三氯化铝	黄色	黄绿色	黄色
柠檬酸	黄绿色	黄绿色	黄色
醋酸镁	黄色	黄色	黄色

6.4.3 黄酮类化合物的红外光谱分析

不同种类的化合物在红外光谱下具有不同的特征吸收峰，因为其具有不同的化学结构，黄酮类化合物也不例外，在红外光谱下也具有特征吸收峰，根据羟基所在位置的不同在红外光谱的不同区域产生羟基的伸缩振动具有不同的特征的吸收峰（见表 6-8）。

表 6-8　黄酮类化合物的羟基伸缩振动

取代基	波长值（cm^{-1}）	强度
3，4’-二羟基-3’，5’-二甲基	3315	强
3-羟基-3’，4’，7’-三甲氧基	3285	强
3-羟基-2’，3’-二甲氧基 3，4’，5，7-四羟基	3312 3410	强 强
2’，3’-二羟基	3200	强
2’，5，6，7-四羟基	3485	强
3，3’，4’，5，7-五羟基	3277	强
5-羟基-7-甲氧基	3410	矮凸
5-羟基-2’，3，6-三甲氧基	3400	矮凸
5-羟基-2’，6，7-三甲氧基	3100~3500	无吸收峰

从表 6-8 可以看出，当黄酮类化合物中存在 3-羟基时，羟基会在红外光谱的 3250~3360 cm^{-1} 范围内出现中等强度的吸收峰；当黄酮化合物存在 7-羟基时，会在红外波长范围 3100~3200 cm^{-1} 范围内出现羟基的伸缩振动强吸收峰；除了 3-羟基、5-羟基、7-羟基以外，其他位置的羟基都会在 3350~3500 cm^{-1} 波长范围内出现羟基的伸缩振动，同时，5-羟基在红外波长范围 3100~3500 cm^{-1} 内观察不到羟基伸缩振动的吸收峰。

黄酮类化合物结构中，羟基的存在也会对 2-苯基色原酮结构中的羰基结构的红外吸收造成影响，从表 6-9 中可以看出，当 3-羟基存在时，会显著降低羰基伸缩振动的频率，羰基的伸缩振动会出现在 1600~1625 cm^{-1}。当 5-羟基存在时，由于其具有较强的螯合作用，不会对羰基的伸缩振动造成影响，因此，羰基的伸缩振动频率不发生变化。当只有 7-羟基存在时，也会对黄酮类成分的羰基伸缩振动的频率造成影响，羰基的伸缩振动频率常出现在 1613~1635 cm^{-1} 范围内。当 3，5-羟基或 3，5，7-羟基存在时，都会对羰基的伸缩振动频率造成一定影响，但主要是以 5-羟基的影响为主。

表 6-9 黄酮类化合物的羰基伸缩振动

取代基	波长值（cm^{-1}）
5，7-二羟基	1650
5，7-二羟基-3-甲氧基	1645
5，7，3’，4’-四羟基	1653
5，7-羟基-3’，4’-二甲氧基	1656
2’，5，7，8-四羟基	1661
5-羟基-7-甲氧基	1658
3，4’，5，7-四羟基	1655
3，3’，4’，5，7-五羟基	1653
3，5，7-三羟基-4’-甲氧基	1651
5，7-二羟基-3，3’，4-三甲氧基	1653

6.4.4 黄酮类化合物的核磁共振波谱分析

黄酮类化合物的分子结构中含有三个六元环，通过核磁共振波谱分析可以解析出化合物结构中的糖结构的构型（α 或 β）及数目、甲氧基连接的位置及数目、每个六元环的氧化型等相关结构信息。在测定黄酮类化合物的结构时，仅仅需要较少的样品。

在黄酮类化合物的核磁共振氢谱（^{1}H-NMR）中，B 环结构中的 1’-H、3’-H、4’-H 和 5’-H 出现在低场区域范围(δ6.5-8),2’-H 和 6’-H 出现在低场区域范围（δ7-8）。A 环结构中 1-H、2-H、3-H、4-H 和 6-H 出现在高场区域范围（δ6-7），而 5-H 受到酮羰基影响会出现在高场区域（δ8 左右）。当有 5-羟基存在时，会对羰基造成影响，在低场 δ12.4 左右会出现一个尖峰，7-羟基和 3-羟基的峰信号则分别出现在 δ10 和 δ11 附近。

第7章

滨海白首乌资源高效加工利用中试工艺

滨海白首乌（*Cynanchum auriculatum* Royle ex Wight.），是江苏省滨海县最为著名的特产，同时也是传统的“药食同源”植物。江苏省滨海县是我国主要的白首乌产出基地。白首乌含有丰富的营养成分（如淀粉、葡萄糖、氨基酸等）和生物活性物质（如 C_{21} 甾甙及甙元类成分、磷脂类成分、苯酮类成分等）[1-4]。

目前，对白首乌的研究开发多集中在其醇溶性成分上，如白首乌中数量最多的活性组分 C_{21} 甾体成分[5-7]。C_{21} 甾类成分被认为是其主要活性成分[9]。白首乌化学成分复杂，除 C_{21} 甾体成分外，还有其他多种具有药理作用的化学成分，其中苯乙酮类化合物是白首乌的主要成分之一[10,11]。已有研究显示，苯乙酮类化合物具有保护神经、改善血脂紊乱等药理作用[12-14]。除醇溶性成分外，白首乌含有的一些水溶性成分也具有良好的食用或药用价值，如多糖。尽管白首乌的药用价值及其药食同源的特性早已被人们所认识和接受，但白首乌产品目前多为初级加工产品。这些白首乌粗加工产品的营养价值和药用价值未得到充分利用，同时白首乌具有的独特气味及味苦的特性，也限制了消费人群的扩大[15]。最近，也有很多精细加工类首乌衍生品的出现，如首乌干条、首乌粉丝、首乌晶、首乌茶、首乌饴糖、首乌豆乳粉等[16]，这些产品仅是对白首乌的精加工，加工过程中还会造成多糖等水溶性功能成分的损失，其他营养成分也有浪费与流失。此外，白首乌也富含淀粉[17-21]，首乌粉丝就是利用这一特性制备的产品。目前，很多研究者已关注到白首乌淀粉的深加工问题，如许多以白首乌淀粉为糖化原料的深加工工艺已经出现，如白首乌黄酒、啤酒、乳酸发酵工艺的研究[22-25]。但是，这些仅处在实验室研究阶段，生产领域尚缺乏以白首乌淀粉为糖化原料生产发酵产品的工艺。

因此，本章列举了团队近年来设计、开发的白首乌发酵制品的中试生产工艺，主要包括白首乌发酵片、果醋、甜酒、酵素、果味酒、黄酒、乳酸饮料等，内容包括生产工艺流程、物料衡算等内容，具有较高的实践价值，可为相关企业设计生产线提供帮助。

7.1　滨海白首乌发酵片工艺设计

目前，市场上已存在用乳酸菌发酵的人参发酵片、芦荟发酵片和红枣麸皮发酵片等片状产品。此类发酵片中含有大量乳酸菌及丰富的乳酸、乙酸、琥珀酸、果胶，能够增加肠道有益菌群，促进蛋白质、钙等营养物质的吸收，同时还具有降低胆固醇、血糖和抗氧化等多种保健作用。由于这类产品营养丰富且具有较好的口感和保健功效，所以深受消费者青睐。但目前尚无类似的滨海白首乌发酵片制作工艺的研究，故本设计提供了一种滨海白首乌发酵片的制备工艺。

副干酪乳杆菌（Lactobacillus paracasei）为乳酸杆菌属干酪乳杆菌（Lactobacillus casei）的一个亚种，是一种在发酵产品中常见的乳酸菌，最适宜的生长温度为 10~37 ℃[10]。副干酪乳杆菌通过生产乳酸等多种有机酸，使原料具有酸味，同时产生了芳香化合物、细菌素等物质。细菌素本质上是一类可以抑制杂菌生长的多肽类物质。因此，在发酵过程中，细菌素可以被看作一种天然的抗生素[26]。

本设计拟使用副干酪乳杆菌和酵母菌复合发酵。酵母在发酵过程中可以将葡萄糖等其他碳源作为底物，产生乙醇。乳酸菌在发酵过程中产生乳酸和一些具有特殊香气的物质。酵母菌和乳酸菌复合发酵效果更为突出，因为酵母菌在发酵过程中产生的一些营养物质可被乳酸菌直接利用，有利于乳酸菌的生长。同时，酵母发酵产生的乙醇和乳酸菌发生的乳酸会发生化学反应，生成具有特殊香气的酯类物质，从而赋予产品特殊的风味[27]。

7.1.1　滨海白首乌发酵片的生产工艺

7.1.1.1　工艺流程图

滨海白首乌发酵片生产工艺流程图如图 7-1 所示。

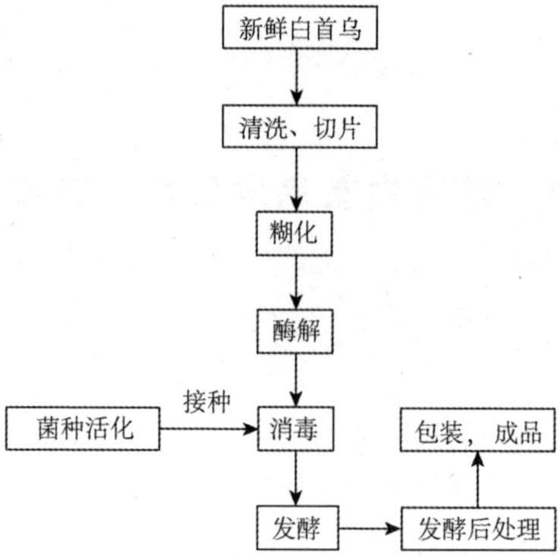

图 7-1 工艺流程图

7.1.1.2 基本步骤

（1）清洗，切片

将滨海白首乌清洗干净，用切片机切成 1.5 mm 的薄片。在这期间挑选去除质量不好的白首乌片。

（2）糊化

糊化是指淀粉在水中加热，淀粉分子形成单分子，结果形成具有黏性的糊状溶液。在本设计中，采用蒸煮方式，让高温的水蒸气与白首乌片充分接触，使得淀粉粒溶胀崩溃。这种方法在打开淀粉结构的同时，还可以维持白首乌片的形状。由于新鲜的滨海白首乌中约有 60%的淀粉，在此过程中可能会存在部分原料破损的情况，需要在结束时去除这些残次品。

（3）酶解

将白首乌片质量 1.6%的 α-淀粉酶溶解于等质量白首乌片的纯净水中，再均匀喷洒在白首乌片上。酶解的时间为 3 h，温度为 65 ℃。在此过程中，淀粉酶会高效地分解糊化后地白首乌中的淀粉，产生葡萄糖（主要）、麦芽糖和糊精等。其中，葡萄糖会作为后续发酵中菌种的发酵底物。

（4）消毒

消毒是一种温和的、能够杀死病原微生物的方法。使用消毒设备，在 95℃下处理 20 min。此法在杀死微生物的同时，还可以较好地保存滨海白首乌中的营养物质。对原料进行消毒，有利于后续发酵工艺中酵母和乳酸菌的生长，极大地提高了发酵的效率。

（5）接种

经过在实验室中的优化实验，得到最佳接种的条件为：接种量，6%；菌种比例，酵母菌：副干酪乳杆菌=1∶5；料液比为1∶1.5。

（6）发酵

经过在实验室中的优化实验，得到最佳的发酵条件为：温度，32 ℃；发酵时间，48 h。此外，酵母菌和副干酪乳杆菌为厌氧发酵的生物，在发酵过程中不需要通气和搅拌。

（7）发酵后处理

发酵结束后首先去除发酵液，然后均匀地在发酵片上撒上菊粉。菊粉作为一种天然功能性果聚糖，因其具有突出的肠道健康效应和优异的加工特性，在食品行业中日益受到重视[18]。在本设计中，菊粉作为一种口感改良剂，赋予滨海白首乌发酵片独特的风味。最后将发酵片放入真空冷冻干燥机中进行冷冻干燥。冷冻干燥可以去除发酵片中的水分，使得菊粉留在发酵片表面，形成糖霜。同时，低温干燥条件下可以最大限度地保留发酵片中的营养成分。

（8）包装

在包装前，需要检查成品的色泽、完整度，去除其中的残次品。同时，抽样检测该批发酵片的理化性质和微生物指标，合格后方可使用真空包装机进行包装。包装后将产品置于密封、防潮的地方。

7.1.1.3　滨海白首乌发酵片的标准

滨海白首乌发酵片的感官指标如表7-1所示。理化指标如表7-2所示，微生物指标如表7-3所示。

表7-1　感官指标

项目	指标
外观	完整光滑，色泽均匀
口感	口感细腻，容易咀嚼
风味	香醇爽口，酸甜适宜

表 7-2 理化指标

项目	指标
总糖	2~3 g/100g
总酸	≥3 g/100g
乳酸菌数	≥1×10^7 cfu/g

表 7-3 微生物指标

项目	指标
大肠菌群	未检出
沙门氏菌	未检出
志贺氏菌	未检出
金黄色葡萄球菌	未检出

7.1.2 滨海白首乌发酵片的物料衡算

7.1.2.1 滨海白首乌发酵片相关的基础数据

滨海白首乌发酵片相关基础数据见表 7-4。

表 7-4 滨海白首乌发酵片相关基础数据

项目	基础数据
发酵片成片率	80%
α-淀粉酶用量	1.6%
接种量	6%
菊粉用量	10%

7.1.2.2 滨海白首乌发酵片的生产数据

年产量：5000 kg/年。

劳动安排：每年 250 天进行工作。

日产量：20 kg/天。

7.1.2.3 主要原料计算

本设计中的种子液由菌粉和水按照一定比例配制而成，32 ℃下活化 20 分钟就可直接接种。其余相关数据根据表 7-5 的提供的数据为标准计算。

滨海白首乌需求量：5000 kg÷80%＝6250（kg）。

α-淀粉酶的用量为原料质量的 1.6%：6250 kg×1.6%＝100（kg）。

菌种比例：副干酪乳杆菌：果酒酵母＝5：1。

接种量：6%。

需要副干酪乳杆菌种子液的质量：5000 kg×5%＝250（kg）。

需要果酒酵母种子液的质量：5000 kg×1%＝50（kg）。

种子液菌浓度：1×10^{9} cfu/g。

菌粉活菌数：副干酪乳杆菌，1×10^{10} cfu/g；果酒酵母，1.5×10^{10} cfu/g。

稀释比例（质量比）：副干酪乳杆菌菌粉：水＝1：9；酵母粉：水＝1：14。

需要副干酪乳杆菌菌粉的质量：250 kg÷10＝25（kg）。

需要果酒酵母菌粉的质量：50 kg÷15＝3.33（kg）。

菊粉用量：5000 kg×10%＝500（kg）。

表 7-5　滨海白首乌发酵片物料衡算表

物料名称	用量（千克/年）
滨海白首乌	6250
α-淀粉酶	100
副干酪乳杆菌菌粉	25
果酒酵母菌粉	3.33
菊粉	500

7.2　滨海白首乌果醋的中试发酵工艺设计

果醋是利用含糖量较高及具有丰富营养价值的水果、植物或者药材作为原料，经过破碎调浆、液化、糖化、酒精发酵、醋酸发酵制作而成的具有保健功能、营养丰富、口感上佳等众多优点的一种酸性调味品。目前，国内市场上知名的果醋品牌较少，开发的果醋品种相对单一，基本上是以苹果醋为多数。本设计拟通过利用发酵工程技术以具有保健作用的白首乌为原料制备果醋，使白首乌更具营养，风味更佳，更符合现代人和一些亚健康人群对营养方面的需求。江苏省滨海县是我国白首乌的主要产地，白首乌是该地方的特色产品。近年来，白首乌改良产品的市场需求在不断扩大，滨海县白首乌开发研究也在不断深入。但由于目前研究深度以及力度还不够，导致白首乌产业的特色优势仍不明显。因此，白首乌果醋生产工艺的开发将能有效提高白首乌利用率，更好地将其特殊药用功能融合特色产品中，是提高滨海白首乌产业化开发水平的有益尝试，也是丰富果醋市场的一次有益探索。

7.2.1 工艺流程及说明

7.2.1.1 果醋酿造原理

果醋的酿造主要包括淀粉分解、酒精发酵和醋酸发酵三个主要过程，而这三个主要过程涉及许多不同种类的酶的应用。果醋酿造的生产原理就是许多微生物及其酶相互配合、相互协同，通过一系列生化反应将糖转化为酒精，继而转化为醋酸。

（1）淀粉糖化

淀粉糖化是果醋产品酿造过程中的主要部分，同时淀粉对生产出的果醋产品的质量有至关重要的影响。而纤维素、果胶等比例虽然不大，但对水果原料的处理利用率及果醋口感等方面也起着很重要的作用。果醋产品原料中所含有的淀粉经糊化反应后，酵母菌会通过分泌的淀粉酶将其分解为低分子糖类，接着将低分子糖类转化成酒精。

（2）酒精发酵

所谓酒精发酵，是指在酵母菌的作用下将糖类转化生成酒精。从发酵工艺来讲，是酵母菌在无氧条件下，将葡萄糖分解产生酒精、二氧化碳等产物并释放大量能量的过程。

（3）醋酸发酵

醋酸发酵是利用醋酸菌对酒精进行进一步发酵，转化生成醋酸。醋酸杆菌不但能够把酒精转换成醋酸，而且和其他化合物也能发生氧化反应。醋酸菌能氧化醇类和糖类，丙醇被氧化后可以生成丙酮酸，也能对葡萄糖发生氧化作用最终生成葡萄糖酸，再通过后续操作需求可反应产生乳酸等产物。若使醋的香味浓厚香醇，就需要大量有机酸。而构成醋酸香味的主要成分就涉及多种不同酯类，其中酯类是由醇类与酸类之间的酯化反应所产生的。

7.2.1.2　常见发酵工艺流程

固态发酵法利用特殊的糖化方式和发酵过程，与此同时加入微生物酶和大量的辅助制剂，生产出的醋制品有非常浓厚的香味，口感也很好，但是效率很低，需要大量时间和劳动力，并不适合大批量、商业性的果醋发酵生产。工艺流程：果品→优质挑选→预处理→破碎→加酵母菌→酒精发酵→加入固态发酵常见填充剂、醋酸菌→醋酸发酵→淋醋→高温瞬时灭菌→放置并调整醋酸浓度→有效产品。

全液态发酵法完全弥补了固态发酵的缺点，并且在操作方面易于管理，有利于规模化生产，是目前国内最为有效而又先进的生产方式。

工艺流程：果品→优质挑选→预处理→破碎→调浆→接入酵母菌种→酒精发酵→接入醋酸菌→醋酸发酵→压滤→巴氏处理→包装→有效产品。

前液后固发酵法的步骤流程大致与第二种方法相同，区别在于醋酸发酵的方式一种是液态发酵，而此方法的醋酸发酵是固态发酵。

7.2.1.3　白首乌果醋发酵工艺流程

根据白首乌营养成分（见表7-6）以及果醋常见工艺优缺点（见表7-7），并且通过参考大量果蔬制备果醋的工艺流程，设计以下白首乌果醋发酵工艺流程（见图7-2）。

表7-6　白首乌营养成分

成分	含量（%）
淀粉	67.67
游离糖中的蔗糖	12.55
粗蛋白	9.50
粗脂肪	2.95

续表

成分	含量（%）
葡萄糖	0.55
果糖	0.53

表 7-7 果醋常见工艺优缺点

方法	优缺点
液体深层发酵法	操作方面易于管理，有利于规模化生产，生产效率高，廉价劳动力需求少等优点，制作出的果醋在口感和风味上尚有不足，但可以通过后熟解决这类问题
固态酿造法	相较液态发酵法在很大程度上优化了口感与果醋风味，但还存在着不利于规模化生产、效率低下、劳动力成本高昂等问题
前液后固发酵法	相较固态发酵法大大缩短了发酵周期，减少了劳动强度，原料的利用率大大提高，但仍存在风味不足的问题

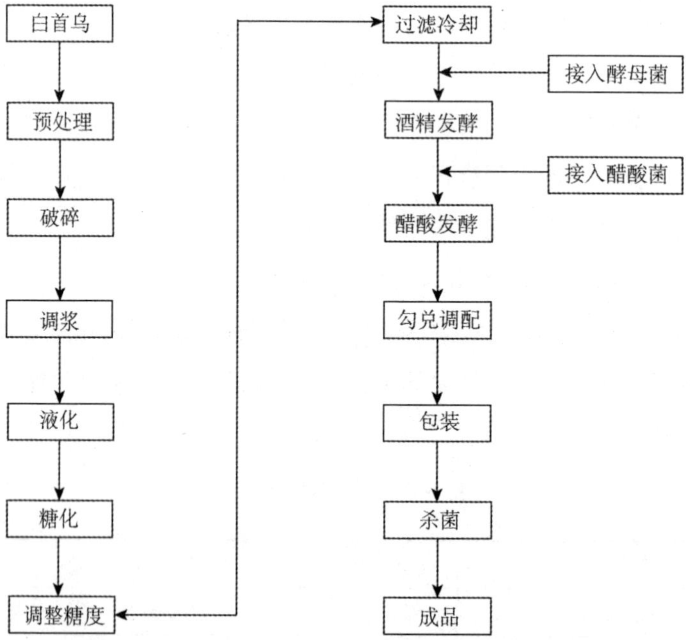

图 7-2 白首乌果醋发酵工艺技术路线

7.2.1.4 工艺说明

白首乌：选取药材成品粗壮、粉足，切面应为白色的白首乌为佳。

预处理：对选取的白首乌原料进行浸泡清洗，目的是除去尘土等杂质对制备果醋的影响。

粉碎：将预处理后的白首乌进行粉碎处理，粉碎要求尽量细，便于后续的步骤充分进行。

调浆：将粉碎后的白首乌原料按 1∶4 的比例加入水进行调浆。

液化：调浆后的白首乌浆加入耐高温 α-淀粉酶，在 100 ℃对首乌醪液保温 25 min 进行液化。

糖化：白首乌的主要成分是淀粉需要加以处理，便于后续相关酶的处理利用。根据浆汁浓度的高低，加入适当酶活单位的糖化酶，在 45~50 ℃下作用 2 h。

调整糖度：在酒精发酵前，需要将糖的含量进行调整，其中还原糖大于 4%，糖含量在 10%左右。

过滤冷却：将淀粉完全分解后进行过滤，过滤后的白首乌汁冷却至 0℃储藏备用。

干酵母的活化：将干酵母粉与水按 1∶10 的比例混合，并在 37 ℃左右的恒温水浴锅中活化 30min。

酒精发酵：在 28~30 ℃下接种 0.2%活化后的酵母菌悬液，并维持该温度大约 3 d。成熟的发酵醪中含乙醇体积分数 5%以上，残糖在 0.5%~0.8%。

醋酸发酵：接入 10%醋酸菌种子液，前期维持 35~36 ℃，通风要小；中期控制温度在 36~38 ℃，加大通风；后期维持温度 34~35 ℃，风量降低，发酵 2 d。

勾兑调配：醋酸发酵后得到的白首乌果醋为原醋，可以作为调味品，但是并不适宜直接饮用，所以需要根据不同产品的需求将白首乌原醋放于调配罐中进行进一步调配，例如，可以在其中加入蔗糖提高其甜度等。

包装、杀菌：采用巴氏杀菌法，将包装好的白首乌果醋进行杀菌，确保将残留的杂菌杀灭。

7.2.2　物料衡算

以白首乌为原料发酵成白首乌果醋，计算出周产 1000 kg 白首乌果醋所需要的白首乌量、酵母菌及醋酸菌接种量、水电消耗、包装材料耗费等。

7.2.2.1 果醋生产指标和基础数据

白首乌果醋生产指标和基础数据如表 7-8 所示。

表 7-8 白首乌果醋生产指标和基础数据

项目	名称	百分比（%）	备注
定额指标	酵母菌接种量	0.2	
	醋酸菌接种量	10	
损失率	发酵损失	6	
	管路损失	1	
	过滤损失	2	
	灌装损失	3	
	其他损失	3	含预处理及破碎损失

7.2.2.2 100 kg 粉碎白首乌生产果醋物料衡算

(1) 发酵液计算

粉碎白首乌：100 kg。

白首乌调浆以 1∶4 比例加入纯净水。

纯净水的用量：400 kg。

待发酵量：100+400=500（kg）。

根据指标以 0.2% 的比例添加酵母菌悬液，则应该添加的酵母菌悬液：500×0.2%=1（kg）。

因此，进行酒精发酵的发酵液总量为：500+1=501（kg）。

酒精发酵结束后，按照 10% 的比例加入醋酸菌悬液，则应加入的醋酸菌悬液为：501×10%=50.1（kg）。

进行醋酸发酵的总发酵液量为：501+50.1=551.1（kg）。

发酵损失：551.1×6%=33.1（kg）。

过滤及管路损失：(551.1−33.1)×(1+2)%=15.5（kg）。

到达调配罐中的液体量：551.1−33.1−15.5=502.5（kg）。

（2）调配液计算

配制符合大多数人群的风味独特的白首乌果醋配方：0.1 kg 白首乌果醋发酵液中，加入蜂蜜 0.007 kg，加入蔗糖 0.007 kg，加入香精 0.002 kg。

调配量：（0.007+0.007+0.002）÷0.1×502.5＝80.4（kg）。

（3）成品醋计算

灌装损失量：（502.5+80.4）×3%＝17.5（kg）。

其他损失：（502.5+80.4）×3%＝17.5（kg）。

成品白首乌果醋量：502.5+80.4－（17.5+17.5）＝548（kg）。

7.2.2.3　生产 1000 kg 白首乌果醋物料衡算

粉碎白首乌：100÷548×1000＝182.4（kg）。

纯净水用量：400÷548×1000＝730（kg）。

酵母菌培养液用量：（182.4+730）×0.2%＝1.8（kg）。

醋酸菌培养液用量：（182.4+730+1.8）×10%＝91.4（kg）。

醋酸发酵液总量：182.4+730+1.8+91.4＝1005.6（kg）。

发酵损失：1005.6×6%＝60.3（kg）。

管路及过滤损失：（1005.6－60.3）×3%＝28.4（kg）。

到达调配罐中的发酵液：1005.6－60.3－28.4＝916.9（kg）。

调配液量：（0.007+0.007+0.002）÷0.1×916.9＝146.7（kg）。

1000 kg 白首乌果醋消耗原料及包装材料见表 7-9。

表 7-9　1000 kg 白首乌果醋消耗原料及包装材料

序号	名称	单位	消耗量	备注
1	粉碎的白首乌	kg	182.4	
2	纯净水	kg	730	
3	酵母菌培养液	kg	1.8	
4	醋酸菌培养液	kg	91.4	
5	调配夜	kg	146.7	
6	瓶装（330mL）	个	3030	

续表

序号	名称	单位	消耗量	备注
7	胶帽	个	3030	
8	标签	副	3030	
9	纸箱	个	303	10 瓶装

7.3 滨海白首乌黄酒发酵生产工艺设计

黄酒与葡萄酒以及白酒并称为世界三大古酒，其历史悠久，形成并发展于中国，是中国特有的酒类，具有独特的民族特色，酿造的工艺和风味独树一帜，是东方酿造界的典型代表，它不仅是中国珍贵的文化瑰宝，而且是中华民族智慧的结晶[28,29]。

白首乌是传统的滋补中药，具有滋补内脏、强身健体及延年益寿等功效[30]。白首乌黄酒将二者结合，既能起到养生保健的作用，又能满足人们的饮食需求[31、32]。

随着我们国家步入小康社会，飞速的经济发展带动人们的生活水平，但同时日益加剧的生活压力也在摧垮这当代人的身体，越来越多的健康问题引起人们高度关注，这时候一款保健酒的出现正能迎合消费者的需求[33,34]。

酒文化在我国具有深厚的文化土壤，饮酒也是中国人自古以来的饮食习惯，可以说酒类产品在中国具有天然的市场优势[35]。同时，随着养生的兴起，越来越多的人开始注意平时的生活习惯，注意健康的生活作息，更开始注意食用健康天然的保健食品[36]。白首乌黄酒很好地结合了这两种需求，在满足人们感官需要的同时，也在一定程度上帮助人们改善身体状况，缓解生活压力。所以，可以预见这款产品具有非常广阔的市场。

7.3.1 工艺流程及论证

7.3.1.1 产品类型与产量确定

以下为本工艺设计生产白首乌黄酒的生产方案，如表 7-10 所示。

表 7-10 白首乌黄酒生产方案

方案	内容
产品名称	白首乌黄酒
黄酒类型	清爽型半天黄酒
发酵方式	生料液态发酵
班产量	500 L
时间	10 d

7.3.1.2 工艺流程及论证

白首乌黄酒工艺流程如图 7-3 所示。

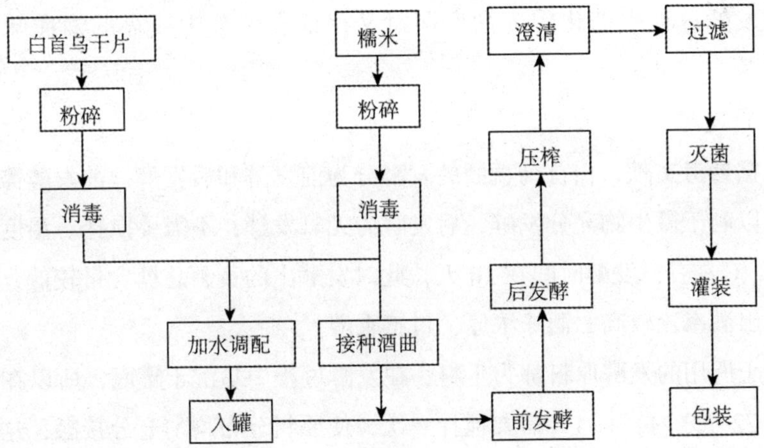

图 7-3 白首乌黄酒工艺流程图

（1）原材料取材过程

本厂的原料由滨海当地农户提供，从当地取材保证原料的安全无污染。

（2）白首乌原料

采用滨海当地种植的优质白首乌，新鲜无霉变，这样才能使发酵出来的黄酒口味更加香醇，功能性成分更高。

（3）粉碎

将洗净晾干的米和白首乌分别粉碎，过 80 目筛。

（4）消毒

消毒是为了清除白首乌、糯米携带的杂菌、病原菌，以免影响后续的酒精发酵过程，主要是将米粉和白首乌粉于 60 ℃消毒 30 min。

（5）加水调配、入罐

根据工艺，发酵原料的最适料水比为 1∶2。如果加水量较少，则发酵过程不彻底，则影响酒精的生成，同时降低出酒率，由于水量过少，总糖含量就会相对较高，出现质壁分离现象，使得酵母细胞脱水，从而抑制酵母菌的生长，阻碍发酵的顺利完成。而如果加水量过多，虽然发酵进行得较彻底，但总糖含量的增长比例赶不上加水量增长的比例，使发酵液的酒精度和总糖含量急剧下降，从而影响黄酒的质量和口感及色泽。

（6）接种酒曲

本工艺流程采用的是市场上现有的力克牌酒曲，接种量为 2.5%，该接种量可使发酵过程中糖化较为彻底同时又保证发酵液中残存的酒曲味不会太明显[17、18]。

（7）发酵

根据参考文献，白首乌黄酒的发酵分为前发酵和后发酵，前发酵需要搅拌原料液以利于微生物充分发酵，后发酵为无氧发酵，不需要搅拌。温度需要控制在 28 ℃左右，发酵时间在 10 天，此时发酵出的黄酒总糖含量较低，酒精度较高，出酒率比较高，酒味浓厚，口感香醇。

由于所用的发酵原料都为生料，在发酵过程中易沉于罐底，所以在前发酵时期的 72 h 之内，每 4 h 需要搅拌一次，使原料分布均匀充分接触，这样有利于彻底发酵。

（8）压榨、澄清

在黄酒酿造过程中，黄酒发酵完成后，通常是黄酒与酒渣成黏糊状混合在一起，因此需要将黄酒与黄酒渣进行分离，获得纯度高的成品黄酒，在现有的黄酒分离技术中，让黄酒与黄酒渣有效地分离，保证成品黄酒的质量，色泽和口感是非常重要的一环。

（9）过滤

将压榨出的酒液再次过滤，先用100目滤网过滤，再进行抽滤，直至滤液澄清。

（10）灭菌、灌装、包装

使用无菌灌装机对白首乌黄酒进行灌装，对酒瓶要先进行杀菌处理。

7.3.2　产品质量标准

7.3.2.1　感官指标

成品酒要求，外观酒红色，透明清亮，有光泽。香气要求有黄酒及白首乌特有的香气，清新宜人。口感醇厚细腻，柔和鲜甜爽洌，无异味，具有白首乌特有的风格，色香味事宜。

7.3.2.2　理化指标

根据生产方案，本设计产出的黄酒为一级清爽型半甜黄酒，GB/T 13662—2008《黄酒》中对一级清爽型半甜非稻米黄酒的理化性质要求如表7－11所示。

表7-11　清爽型半甜黄酒标准要求

项目	稻米黄酒		非稻米黄酒	
	一级	二级	一级	二级
总糖（以葡萄糖记）（g/L）	40.1~100			
非糖固形物（g/L）　≥	10.0	8.0	10.0	8.0
酒精度（20 ℃）（%vol）	8.0~16.0			
pH	3.5~4.6			
总酸（以乳酸记）（g/L）	3.8~8.0			
氨基酸态氮（g/L）　≥	0.40	0.30	0.20	
氧化钙（g/L）　≤	0.5			
β-苯乙醇（mg/L）　≥	30.0			

7.3.3　物料衡算

如表7-12所示，白首乌黄酒生产时所需的主要原料成分及比例。其中，用于糖化的原料为糯米和白首乌片；酒曲为力克生料酒曲。此外，需要一定量的水用于混合两种原料及为菌种发酵提供足够的水分需求。

表 7-12 白首乌黄酒生产配方

项目	配方
物料成分	白首乌片、糯米、力克生料酒曲
液体成分	水
料水比	1∶2
酒曲加入量	10%
白首乌加入量	2.5%

班产 500 L 的白首乌黄酒中的物料损失（见表 7-13）。

表 7-13 白首乌黄酒生产物料损失

名称	百分比（%）	备注
发酵损失	6	
管路损失	1	
过滤损失	3	
灌装损失	1	
其他损失	3	含预处理及发酵损失

灌装损失：灌装损失为 1%，则损失前的料液量应为 500÷0.99=505（L）；

过滤损失：过滤损失为 3%，则损失前料液量为 505÷0.97=520.67（L）；

管路损失：管路损失为 1%，则损失前料液量为 520.67÷0.99=526（L）；

发酵损失：发酵损失为 6%，则损失前料液量为 526÷0.94=559（L）；

根据参考文献，将抽滤灭菌过所得的成品酒，称定其体积其与加入的原料水的体积记作该酒样的出酒率，该工艺流程生产黄酒的出酒率为 110%，所以物料液中水为 508 L，所以物料为 254 kg。

根据配方以及工艺损失，计算出生产 500 L 白首乌黄酒所需原料如下：

其中所需糯米为 254÷1.1=230.1（kg）；

所需白首乌片 230.1×0.1=23（kg）；

所需力克生料酒曲 254×0.025=6.35（kg）；

所需水为 559÷1.1=508（L）。

7.4　滨海白首乌甜酒生产工艺设计

随着《"健康中国2030"规划纲要》的推进，人们健康管理的意识逐渐提升[2]，保健产品、功能产品已经成为市场主流。近年来，随着我国发酵工业的飞速发展，发酵产品越来越受到广大消费者的青睐。相关研究证明，甜酒能有效地增强虚寒人群的体质，并且其味道香甜，能够缓解神经紧张、促进食欲，且对胃口差、神经衰弱、失眠、精神恍惚、抑郁等病症都有很好的食疗保健作用；同时滨海白首乌中所含的生理活性物质如黄酮等具有保护内脏、降血脂、增强机体免疫能力和抗肿瘤的作用。滨海白首乌是江苏滨海县的特色作物，资源丰富且成本低廉。滨海白首乌甜酒具有上述的双重优点，是一种优质的饮品。滨海白首乌经过发酵，去除了其本身的涩味，相较之前的白首乌产品更易被消费者接受，而且该产品能满足广大消费者的保健需求，故滨海白首乌甜酒有良好的发展前景。

7.4.1　工艺流程及说明

7.4.1.1　滨海白首乌甜酒的发酵原理

滨海白首乌甜酒的生产工艺主要包括预处理、蒸煮糊化、糖化、接种、发酵等过程。将滨海白首乌浸泡后，切片后蒸煮糊化，而后加入相关的酶糖化过滤得到糖化液，接入酵母先前发酵再后发酵，滨海白首乌发酵后其原本的涩味大大减弱，而且其所富含的多种营养物质更容易被吸收。

7.4.1.2 滨海白首乌甜酒的工艺流程

对红曲枸杞酒发酵工艺进行改良，从而得出滨海白首乌甜酒的生产工艺流程，此生产工艺将以提高滨海白首乌产品的适口性、优化甜酒的成色为重点（见图 7-4）。

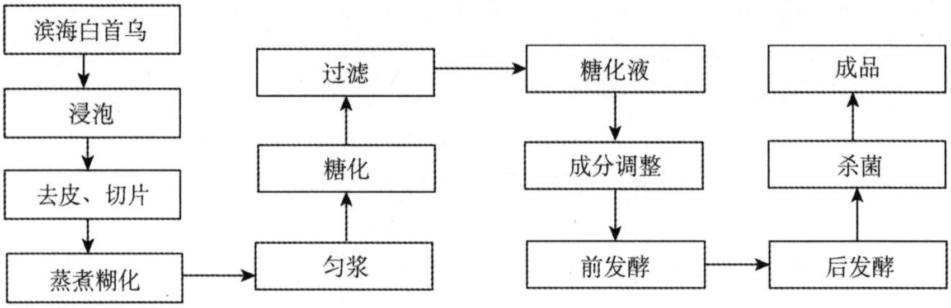

图 7-4 滨海白首乌甜酒发酵工艺技术路线

7.4.1.3 工艺说明

（1）滨海白首乌的预处理

选用新鲜度高、无损坏的滨海白首乌，浸泡 48 h 后，去掉表面的皮，并切成 2~3 mm 的薄片。

（2）滨海白首乌的蒸煮糊化

将滨海白首乌片平铺上锅蒸 1 h 左右，滨海白首乌片熟透即可。

（3）匀浆液的制备

将糊化好的滨海白首乌片以滨海白首乌片和清水 1∶5 的比例进行匀浆。

（4）糖化液的制备

先向匀浆液中添加的 α-淀粉酶和纤维素酶，再向匀浆液中添加普鲁兰酶和糖化酶，60 ℃糖化 12 h，用 8 层纱布进行过滤，得到最终的糖化液。

（5）成分调整

用白砂糖调整糖化液的糖度，促进后续发酵的更好进行。

（6）酿酒酵母的活化

将酿酒活性干酵母加入 4% 的葡萄糖溶液中，并在 35 ℃恒温水浴锅中活化 20 min，作为菌种使用[26]。

（7）接种

在无菌的条件下，向糖化液中接种活化好的酵母菌，酵母接种量为滨海白首乌质量的 0.4%。

(8) 前发酵

将接种后的发酵液置于 20 ℃恒温培养箱中发酵，发酵周期为 4 天。

(9) 后发酵

将前发酵后的发酵液置于 4 ℃的条件下培养 5 天进行后熟，直到发酵结束。

(10) 杀菌

将发酵好的甜酒包装后进行连续喷淋式杀菌，以保证滨海白首乌甜酒的食品卫生安全。

(11) 成品

经过相应的包装工序得到最终的滨海白首乌甜酒成品。

7.4.2　产品质量标准

(1) 感官指标色泽

浅黄色，澄清透明；均匀一致，无分层，无沉淀，不浑浊；香气浓郁、醇厚协调；酸甜适口、柔和清爽。

(2) 理化指标总糖度

3.5。

(3) 酒精度

12.5。

(4) 微生物指标

大肠杆菌未检出，符合国家食品安全标准。

7.4.3　物料衡算

7.4.3.1　生产周期

生产周期包括滨海白首乌预处理、蒸煮、糖化、酵母接种等过程，大约需要一天的时间。发酵时长为前发酵 4 天，后发酵 5 天，一共需要 9 天，故总生产周期为 10 天。

7.4.3.2　滨海白首乌甜酒生产基础数据

根据滨海白首乌甜酒中生产过程中的主要工序及其发酵情况，获得以下基础数据（表 7-14）。

表 7-14　滨海白首乌甜酒生产基础数据

项目	名称	百分比（%）	说明
损失率	匀浆液损失	1	
	过滤损失	10	
	发酵损失	1	
	灌装损失	0.8	
	检样损失	0.6	
	其他损失	1	

7.4.3.3　年产 100 t 滨海白首乌甜酒物料衡算

根据年产滨海白首乌甜酒 100 t，根据生产周期 10 天，每年生产 25 个批次产品，每批次生产滨海白首乌甜酒 4000 kg，根据以上标准进行计算。

（1）500 kg 滨海白首乌生成滨海白首乌甜酒的计算

①滨海白首乌匀浆液的制备计算

挑选优质滨海白首乌：500 kg。

按照比例 1∶2 加入清水浸泡滨海白首乌，则清水的量为 1000 kg。

泡水后滨海白首乌的质量在原有基础上增加 60%，则滨海白首乌浸泡后的质量为：500×（1+60%）= 800（kg）。

将浸泡后的滨海白首乌去皮，去皮后滨海白首乌质量在原有基础上减少 27.5%，则去皮后的滨海白首乌的质量为：800×（1-27.5%）= 580（kg）。

将去皮后的滨海白首乌进行蒸煮糊化，质量在原有基础上增加 15.5%，则蒸煮后的滨海白首乌质量为：580×（1+15.5%）= 670（kg）。

将蒸煮过的滨海白首乌加水进行匀浆（滨海白首乌：水 = 1∶5），则滨海白首乌匀浆用水量：670×5 = 3350（kg）。

根据滨海白首乌的出浆率为滨海白首乌：浆 = 1∶8，则蒸煮后的滨海白首乌出浆：（8-8×1%）×500 = 3960（kg）。

此时，匀浆液的质量为：3960 kg。

②滨海白首乌甜酒糖化过程各种酶及配料添加量的计算

向匀浆液中加入糖化过程中所需要的酶。α-淀粉酶添加量为 3%，纤维素酶的添加量为 2%，普鲁兰酶的添加量为 9%，糖化酶的添加量为 1% 混合，并搅拌均匀，则：

需加入 α-淀粉酶的量为：15 kg。

需加入纤维素酶的量为：10 kg。

需加入普鲁兰酶的量为：45 kg。

需加入糖化酶的量为：5 kg。

白砂糖添加量：根据工艺设计欲达到最佳的滨海白首乌甜酒，其白砂糖的添加量为匀浆液的 4%，故白砂糖的添加量：3960×4% = 158. 4（kg）。

则过滤前糖化液的总量为：158. 4+5+10+15+45+3960 = 4193. 4（kg）。

过滤后所得到的糖化液质量为：4193. 4×（1−10）= 37740. 6（kg）。

③酵母添加量的计算

糖化液调配完成后，过滤获得发酵液，向发酵液中接入酵母，酵母接种量为滨海白首乌质量的 0. 4%，则发酵时需要添加活化好的酵母的量：500×0. 4% = 2（kg）。

发酵液体总量：3774. 06+2 = 3776. 06（kg）。

发酵损失：3776. 06×1% = 37. 77（kg）。

检样损失：（3776. 06−37. 77）×0. 6% = 22. 43（kg）。

滨海白首乌甜酒的总产量：3776. 06−37. 77−22. 43 = 3715. 86（kg）。

④成品滨海白首乌甜酒的计算

其他损失：3715. 86×1% = 37. 16（kg）。

灌装损失：（3715. 86−37. 16）×0. 8% = 29. 43（kg）。

500 kg 的滨海白首乌可生成的饮品量为：

3715. 86−37. 16−29. 43 = 3649. 27（kg）≈3649（kg）。

（2）生产 100 t 滨海白首乌甜酒物料衡算

滨海白首乌的物料量：500÷3649×100×1000 = 13702. 38（kg）。

浸泡用水的量为 27404. 76 kg。

匀浆用水量：13702. 38×5 = 68511. 9（kg）。

匀浆液重量：（8−8×1%）×13702. 38 = 108522. 85（kg）。

α-淀粉酶用量：13702. 38×3% = 411. 07（kg）。

纤维素酶用量：13702.38×2%=274.05（kg）。

普鲁兰酶用量：13702.38×9%=1233.21（kg）。

糖化酶量：13702.38×1%=137.02（kg）。

白砂糖用量：108522.85×4%=4340.92（kg）。

过滤前糖化液总量：4340.92+137.02+1233.21+274.05+411.07+108522.85=114919.12（kg）。

过滤后获得的糖化液量为：114919.12×（1-10%）=103427.21（kg）。

接种酵母量：13702.38×0.4%=54.81（kg）。

发酵液总量：54.81+103427.21=103482.02（kg）。

发酵损失：103482.02×1%=1034.82（kg）。

检样损失：（103482.02-1034.82）×0.6%=614.68（kg）。

其他损失：（103482.02-1034.82-614.68）×1%=1018.33（kg）。

灌装损失：（103482.02-1034.82-614.68-1018.33）×0.8%=806.51（kg）。

故最终能够得到滨海白首乌成品酒：

103482.02-1034.82-614.68-1018.33-806.51=100007.68（kg），以100 t记。

100 t滨海白首乌甜酒消耗原料及包装材料见表7-15。

表7-15 100 t滨海白首乌甜酒消耗原料及包装材料

序号	名称	单位	消耗量	说明
1	滨海白首乌	kg	13702.38	
2	水	kg	95916.66	
3	α-淀粉酶	kg	411.07	
4	纤维素酶	kg	274.05	
5	普鲁兰酶	kg	1233.21	
6	糖化酶	kg	137.02	
7	白砂糖	kg	4340.92	
8	酵母	kg	54.81	

续表

序号	名称	单位	消耗量	说明
9	瓶装（500mL）	个	200000	
10	标签	副	200000	
11	纸箱	个	12500	16 瓶装

7.5　滨海白首乌乳酸发酵工艺设计

滨海白首乌的种植具有鲜明的地域特色，是地方特色经济的重要组成部分。但地域特色也限制了对其研究程度的深化，具体体现在对其栽培、育种以及药用成分的提取与功能评价的研究较为深入，而对其产品深加工的研究较为欠缺。在食品领域，目前开发的产品主要还是粗加工为主，关于白首乌精加工的产品较少。因此，急需开发一种能让大部分消费者接受，且具有较好风味和营养价值的新型白首乌制品。借鉴生产中利用谷物淀粉经糖化发酵生产酒类或醋类产品经验，并结合淀粉糖化后产生的单糖可经乳酸菌厌氧发酵产乳酸的特点进行白首乌乳酸的生产。

乳酸在医药、食品等轻化工领域应用甚多，它具有很强的防腐保鲜功能，其独特的酸味可增加食物的美味，是制作色拉、酱油、醋等调味品和调配型酸奶奶酪、冰激凌等食品中倍受青睐的乳制品酸味剂，因此，利用白首乌乳酸发酵制得的产品将具有很好的销售前景和开发意义。

滨海白首乌作为优良功能食品基料是极具开发前景和生产价值的。但是，白首乌自身味苦的特点也限制了其消费市场的扩展。因此，需要开发具有较好风味和营养价值的白首乌深加工制品，以满足市场需求。与葛根等药食同源性产品相似，白首乌富含丰富的淀粉，与谷物淀粉含量相当。因此，利用乳酸菌发酵白首乌淀粉糖化液制备乳酸，将有利于提高白首乌深加工产品的风味和营养价值。相关工艺的设计有利于促进白首乌深加工的发展，促进白首乌产业的升级。

7.5.1 工艺流程及说明

7.5.1.1 乳酸发酵的生化原理

乳酸发酵是指一种生物发酵过程，该过程是糖经无氧酵解而生成乳酸。首先，葡萄糖经 EMP 途径降解为丙酮酸，丙酮酸在乳酸脱氢酶的催化下还原为乳酸。在此发酵过程中，1 mol 葡萄糖可以生成 2 mol 乳酸，理论转化率为 100%。

以淀粉为原料的乳酸发酵，大致生化过程为淀粉糖化形成葡萄糖，乳酸菌利用葡萄糖经糖酵解形成丙酮酸，然后丙酮酸经乳酸菌厌氧发酵形成乳酸。淀粉是一种由葡萄糖构成的大分子多糖，其无法被微生物直接利用，需要通过淀粉酶的水解作用，降解成葡萄糖、麦芽糖等小分子糖，然后酵母、乳酸菌等才能利用这些小分子糖。淀粉水解成单糖的过程是由淀粉酶催化完成的，这一酶促降解过程需要合适的反应条件，如啤酒酿造中的麦汁制备过程，大麦中的淀粉首先经糊化，然后是淀粉酶催化的糖化过程，糖化过程中需要温度维持在 50~60 ℃以上。

7.5.1.2 乳酸的生产方法

现有的乳酸的生产方法有化学合成法、酶法合成法及发酵法生产法等。目前，生产中主要是采用发酵法生产乳酸。发酵法生产乳酸是以淀粉、葡萄糖等糖类原料经微生物发酵得来。乳酸发酵生产的过程主要分成三部分：第一步也是最关键的一步为菌种的选育，第二步为发酵，第三步为后期提取。由于本设计主要是为获得含有一定浓度的乳酸的白首乌制品，而不是为了生产乳酸。因此，本设计主要采用商业化的乳酸菌种进行白首乌乳酸发酵，侧重于发酵工艺的设计。

目前，应用于乳酸发酵的菌种主要有细菌类和霉菌类两大类是发酵乳酸主要微生物。在生物学上，利用细菌的特殊代谢途径把原料转化为目标产物的过程称为细菌发酵。细菌发酵共有两大类：好氧和厌氧，有较多发酵方式，能够得到种类多、应用广的丰富产物。发酵细菌因结构简单、代谢途径特殊且众多，使得其食谱更粗犷，原料成本更便宜。对环境敏感的特点，也易于我们得到改良菌种。另一种常用菌种为根霉菌，根霉营养要求低，其培养基比较简单，然而难以除杂、容易污染，工艺操作难度大。

对比两种菌种的优缺点，本文选用的发酵菌种为细菌，菌种为德式乳杆菌。德氏乳杆菌是一种革兰氏阳性，长杆，无鞭毛，无芽孢，菌落圆形，乳白色，边缘整齐，化能异养性，兼性厌氧，不液化明胶，可利用纤维二糖，果糖，葡萄糖，蔗糖，海藻糖。接触酶阴性，氧化酶阴性，耐酸，喜温，生长温度 30~40 ℃。为德氏乳杆菌作为一种 D-乳酸发酵菌种，该菌株可以产出较高光学纯度的 D-乳酸，但其最佳发酵温度为 37 ℃。

7.5.2　白首乌乳酸发酵工艺流程的确立

通过参考大量谷物淀粉、果蔬制备乳酸的工艺流程，构建以下白首乌乳酸发酵工艺流程，如图 7-5 所示。工艺流程主要涉及原料的预处理、淀粉液化与糖化、乳酸菌发酵等环节。

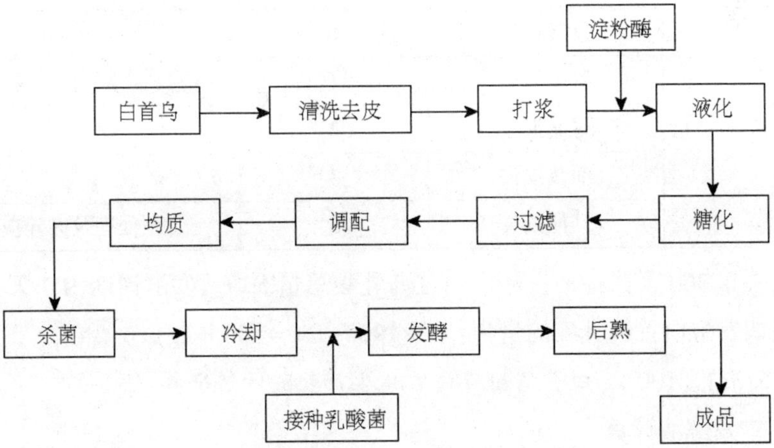

图 7-5　白首乌乳酸发酵工艺流程

白首乌：选取白色的白首乌最好具有粗大、粉足、断面等特点。

预处理：主要是清洗去皮和打浆，清洗去皮主要是为了除去尘土等杂质对制备乳酸的影响。然后，将去皮白首乌粉碎打浆。

液化、糖化：主要是通过添加淀粉酶水解淀粉产生葡萄糖。

过滤：过滤汁液中沉淀物质

调配：使用一定浓度的柠檬酸调节液体 pH 值至 4.5 左右，加入一定量的蔗糖并混合均匀。

均质：使产品具有更好的口感。

杀菌：杀菌指的是杀灭物体中致病菌的过程，但物体中还含有芽孢、嗜热菌等非致病菌，杀菌与灭菌的区别在此，灭菌为消灭一切菌类。

冷却：使工艺生产达到接种的温度，此温度为 50 ℃左右。

接种：在原料中加入发酵菌种，要求无菌操作，充分搅拌。

发酵：接入 10%乳酸菌种子液，温度控制在 50~52 ℃进行发酵。

7.5.3 物料衡算

白首乌乳酸发酵工艺乳酸生产指标见表 7-16。

表 7-16 白首乌乳酸发酵工艺乳酸生产指标

项目	名称	百分比（%）	备注
定额指标	乳酸菌接种量	10	
损失率	发酵损失	6	
	管路损失	1	
	过滤损失	2	
	灌装损失	3	
	其他损失	3	含预处理及破碎损失

以一年 300 天为标准，年产白首乌乳酸总量 50 t。发酵周期为 3 天，所以一个周期发酵白首乌乳酸的量为：50×1000÷100＝500（kg）。

7.5.3.1 100 kg 白首乌粉碎白首乌生产乳酸物料衡算

（1）发酵液计算

白首乌量：100 kg。

将白首乌与麸皮和水按 4∶1∶5 的比例加入罐内进行糊化。

纯净水的用量：125 kg。

麸皮用量：25 kg。

待发酵液量：100+125+25＝250（kg）。

根据指标以 10% 的比例添加乳酸菌悬液，则应该添加的乳酸菌悬液：

250×10% = 25（kg）。

因此，进行乳酸发酵的发酵液总量为：250+25 = 275（kg）。

发酵损失：275×6% = 16.5（kg）。

过滤及管路损失：（275−16.5）×（1+2）% = 7.755（kg）。

到达调配罐中的液体量：275−16.5−7.755 = 250.745（kg）。

（2）调配液计算

配制符合大多数人群风味独特的白首乌乳酸配方：0.1 kg 白首乌乳酸发酵液中，加入蔗糖 0.007 kg。

调配量：0.007÷0.1×250.745 = 17.55（kg）。

（3）成品乳酸计算

灌装损失量：（250.745+17.55）×3% = 8.048（kg）。

其他损失：（250.745+17.55）×3% = 8.048（kg）。

成品白首乌乳酸用量：250.745+17.55−（8.048+8.048）= 252.2（kg）。

7.5.3.2　一周期生产 500 kg 白首乌物料衡算

白首乌用量：100÷252.2×500 = 198.26（kg）。

以 1g 白首乌需要 10 个活力单位的液化酶投入 2000 活力单位 1g 的液化酶，则每天液化酶用量：

198.26×1000×10÷（100×2000）= 9.913（g）。

以 1g 白首乌需 100 活力单位的糖化酶，则每天糖化酶量为：

198.26×1000×100÷（100×200）= 99.13（g）。

纯净水用量：125÷252.2×500 = 247.82（kg）。

麸皮用量：25÷252.2×500 = 49.56（kg）。

乳酸菌培养液用量：（198.26+247.82+49.56）×10% = 49.564（kg）。

发酵液总量为 198.26+247.82+49.56+49.56 = 545.2（kg）。

发酵损失：545.2×6% = 32.712（kg）。

管路及过滤损失：（545.2−32.712）×3% = 15.37（kg）。

到达调配罐中的发酵液：545.2−32.712−15.37 = 497.12（kg）。

调配液量：0.007÷0.1×497.12 = 34.8（kg）。

一周期发酵白首乌消耗原料见表 7-17。

表 7-17 一周期发酵白首乌消耗原料

序号	名称	单位	消耗量
1	白首乌	kg	198.26
2	纯净水	kg	247.82
3	麸皮	kg	49.56
4	乳酸菌培养液	kg	49.564
5	调配液	kg	34.8

7.6 富含精氨酸双糖苷的白首乌果味酒中试生产工艺设计

精氨酸双糖苷（AFG）是由新鲜人参中的麦芽糖与精氨酸在加工过程中经过梅拉德反应而产生的[37]。红参通过美拉德反应从新鲜人参中蒸发，并显示出高效抑制肿瘤生长、降低血糖水平、抗氧化活性和其他药物作用，这些主要由红参中的人参皂甙引起。此外，在加工过程中仍会产生一些非皂甙活性物质，但对这些非皂甙的研究较少。AFG 是一种属于精氨酸衍生物的重要非皂甙活性物质，具有良好的抗氧化活性，抗疲劳作用，等等。同时，研究表明，AFG 对肾损伤有很强的保护作用。此外，据报道 AFG 具有降血糖活性，但仅对血清中碳水化合物代谢酶的水平进行了初步研究，而其降血糖机制尚不清楚[38]。

相关实验证明，在加热人参原材料产生红参的过程中，通过 Amadori 重排反应，此反应是梅拉德反应的第一步，精氨酸和葡萄糖或麦芽糖会分别产生一系列氨基酸衍生物，例如，精氨酰果糖和精氨酸双糖苷，分别对精氨酰果糖和精氨酸双糖苷的作用效果进行研究，对 SD 白化大鼠投喂含淀粉或蔗糖的食物，饭后其血糖浓度均升高，而Amadori化合物显著降低了血糖浓度，说明梅拉德反应的产物：精氨酰果糖和精氨酸双糖苷能够抑制胃肠道的碳水化合物吸收，具有抗糖尿病功效，因此，降低了白化鼠饭后的血糖浓度。通过此项研究，我们发现精氨酸双糖苷具有降低血糖的作用[39]。

相关实验证明，对AFG进行有机合成和提纯，分别使用氧自由基吸收能力和细胞抗氧化测定来探究AFG在体内的细胞抗氧化活性，据Jung-Sook Lee所做的实验表明，AFG能够渗透到细胞膜并对过氧自由基和羟基自由基进行清除，从而达到细胞抗氧化活性[40]。这些实验结果表明，梅拉德反应的产物，AFG有很大潜力成为具有抗氧化活性的保健食品。

AFG能提高机体的总抗氧化能力，修复氧化应激损伤，因具有抗衰老作用，可用于抗衰老药物[41]。

黄宝亮等人对红参中的AFG进行探究，并发现其对小鼠的抗疲劳作用及初步机制。通过将AFG分离出红参并且设置空白对照组，低、中和高剂量的AFG小组，每组20只小鼠，并强迫其进行游泳实验，通过对照空白对照组结果和低、中、高剂量组结果，结果表明，AFG起抗疲劳作用[42]。

综上所述，本项目旨针对滨海白首乌富含淀粉和精氨酸的特点，参考红参加工过程中，鲜人参中的麦芽糖和精氨酸经加热后发生美拉德反应而生成AFG的工艺，设计制备富含AFG的糖化醪，并通过安琪酵母发酵该糖化醪制备的白首乌果味酒的生产工艺，富含AFG的白首乌果味酒能提升果酒的营养价值和白首乌的苦涩感[43]。

7.6.1 工艺流程及说明

7.6.1.1 富含精氨酸双糖苷的白首乌果味酒制备原理

AFG是红参加工过程中，鲜人参中的麦芽糖和精氨酸经加热后发生梅拉德反应而生成的。基于该过程，可以利用滨海白首乌富含淀粉和精氨酸的特点，通过将白首乌中的淀粉糖化生成麦芽糖，然后在适宜条件下，与白首乌自身丰富的精氨酸反应生成AFG，从而制备出富含AFG的糖化醪。然后将制备的富含AFG的糖化醪通过接入安琪果酒酵母进行发酵，酵母产生的各类果味风味物质能有效改善白首乌药味浓、味苦的特点，从而制备富含AFG的白首乌果味酒。

7.6.1.2　富含精氨酸双糖苷的白首乌果味酒工艺流程

富含 AFG 的白首乌果味酒工艺流程如图 7-6 所示。

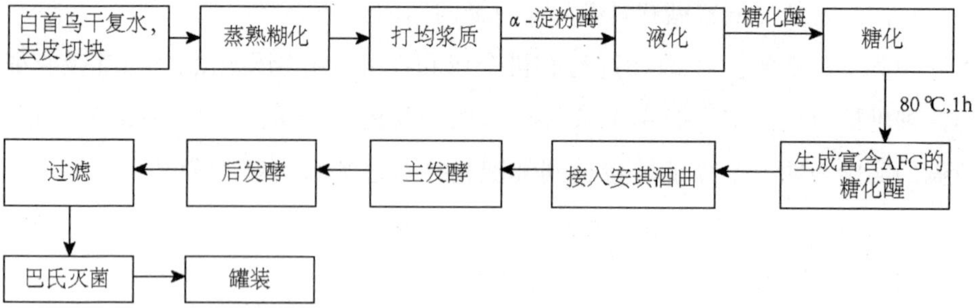

图 7-6　富含精氨酸双糖苷的白首乌果味酒生产工艺流程

富含精氨酸双糖苷的白首乌果味酒制备：将其洗干净，常温下按 1∶3 的比例进行复水处理。将复水后的乌头削皮，切成薄片，厚度为 1~2 mm。

蒸熟、糊化：用不锈钢蒸锅加热 100 ℃下蒸制 1 h 的白首乌。

打匀浆液：浆液比例为 1∶9，经研磨机研磨，制得滨海白首乌匀浆。

液化：利用 α-淀粉酶和纤维素酶进行液化，而利用纤维素酶可以将淀粉、纤维素两种物质同时进行水解。

糖化：采用普鲁兰酶和糖化酶进行糖化。普鲁兰酶可减少糊精含量，在糖化过程中缩短糖化时间，提高糖化效率。普鲁兰酶与糖化酶结合使用，可减少糖化酶的用量。糖化酶可产生更高的葡萄糖收率（见表 7-18）。

表 7-18　α-淀粉酶和纤维素酶活性对比

最适温度（℃）		最适 pH	特点	发酵工业中的应用
α-淀粉酶	70~88	6~6.5	降低成本，节约粮食，提高产品质量和劳动生产率等	具有很强的水解能力，能将大分子的淀粉水解成可溶性糊精、麦芽糖和低聚糖

续表

最适温度（℃）		最适 pH	特点	发酵工业中的应用
纤维素酶	50	4.8	1）增加了原料的利用率，减少了发酵时间，从而增加了酒精的出酒率和粘度，使酒体质量纯正 2）可增加麦粒溶解性，有利于酒精蒸馏	果酒酿造中原料纤维素含量高，使用纤维素酶后，可同时将淀粉和纤维素转化成糖

糖化：采用普鲁兰酶和糖化酶进行糖化。普鲁兰酶可减少糊精含量，在糖化过程中缩短糖化时间，提高糖化效率。普鲁兰酶与糖化酶结合使用，可减少糖化酶用量，糖化酶可产生更高的葡萄糖收率（见表 7-19）。

表 7-19　普鲁兰酶和糖化酶活性对比

最适温度（℃）		最适 pH	特点	发酵工业中的应用
普鲁兰酶	55~65	5.0~6.0	普鲁兰酶可减少糊精含量，在糖化过程中加入该酶在提高糖化效果的同时，还可缩短糖化时间。普鲁兰酶与其他淀粉酶协同作用或单独作用，使食品质量提高，降低粮耗，节约成本，减少污染	在葡萄糖的生产中，普鲁兰酶和糖化酶一起用于糖化工序，普鲁兰酶的使用通过降低低聚糖含量而提高葡萄糖的得率，并且减少糖化酶的用量
糖化酶	58~60	4.0~4.5	糖化酶因其不含葡萄糖基转移酶的活力，所以可产生更高的葡萄糖收率及降低糖化过程中异麦芽糖的形成量	在水解过程中，葡萄糖从分子链的非还原性末端被逐个水解下来

生成富含 AFG 的糖化醪：在糖化罐中进行糖化之后，调节温度至 80 ℃，

使糖化后生成的麦芽糖与白首乌中的精氨酸充分反应 1 h，从而生成富含 AFG 的糖化醪。

接入安琪果酒发酵曲，安琪果酒发酵曲有以下特点。

首先在平衡甲醇含量方面，在果酒酿造过程中，易受到温度、技术、原料等因素的影响，导致酒体中甲醇含量超标，加入一定量的酵母后，可平衡甲醇含量，且杂醇比较少。

其次，成功率更高。安琪葡萄糖酵母是经过严密的筛选和严格的品控系统研发、生产，避免在酶制过程中产生其他杂菌。

最后，风味更浓郁。精选优质酵母菌种，促进酶制过程中风味物质的产生，发酵代谢充分，可平衡白首乌口感，气味芬芳。

发酵：采用安琪果酒曲进行发酵，将其置于 30 ℃的发酵槽中，经调整温度，使其发酵 72 h。

后发酵：将发酵完毕的白首乌果味酒置于 4 ℃培养箱中，24 h 后进行发酵。

过滤：过滤富含精氨酸白首乌果味酒发酵过程中产生的酵素沉淀物。

巴氏灭菌：用巴氏灭菌法对富含精氨酸双糖苷的白首乌果味酒进行灭菌处理。

罐装：采用自动灌装旋盖机，该设备操作流程：送袋→自动上袋→上袋检测→自动灌装→清洗袋口→理盖盘理盖→自动套盖→套盖检测→自动旋盖→排出成品。

7.6.2 产品指标

当前，国内外关于果酒的评估标准日趋完善，并根据国家标准，对其进行了评估。

（1）理化指标

钙、铁、镁、锰的测定，酒精的测定，总糖和挥发酸的测定，澄清度的测定：用分光光度法测定它的透光度[44]。

（2）微生物指标

根据国家标准，测量细菌总数，包括大肠杆菌和致病菌数目[10]。

（3）口感观感指标

口味评价范围包括酒的颜色、清澈度、滋味、香味和综合香味[45]。

7.6.3 物料衡算

预期发酵 3 天，后发酵 1 天，剩余工序 2 天，因此，该产品的生产周期为 6 天，全年 288 天，可生产 48 批产品，每批生产约 20000÷48=417（kg）富含精氨酸双糖苷白首乌果味酒，可实现年产 20 t 高含量的精氨酸双糖苷白首乌果酒。

7.6.3.1 富含精氨酸双糖苷的白首乌果味酒生产过程中的损失率

根据设计的前期准备、发酵和后发酵的具体条件，得出了下列材料的损失率（见表 7-20）。

表 7-20　富含精氨酸双糖苷的白首乌果味酒生产过程中的损耗率

项目	种类	百分比（%）	备注
损耗率	滨海白首乌磨浆损耗	1	
	发酵损耗	1	
	罐装损耗	0.8	
	检查损耗	0.6	
	其他损耗	3	含切片，蒸煮等步骤

7.6.3.2 以 1000 g 的白首乌为原料，制备富含精氨酸双糖甙的白首乌果味酒

挑选干白首乌：1000 g

将滨海白首乌干按照 1∶3 比例加入水浸泡，则所需水的量为 3000 g 复水后的滨海白首乌重 1600 g，削皮后重 1600−1600×5%=1520（g）。

将去皮后的滨海白首乌切片，用蒸煮法得重 1520+1520×1% =1535（g）的白首乌片并以 1∶9 比例加水磨浆。

磨浆用水量：1535×9=13815（g）。

根据滨海白首乌的出浆率约干白首乌∶浆=1000∶（1535+13815）= 1∶15.4。

则：1000 g 的滨海白首乌出浆：（15.4−15.4×1%）×1000=15246（g）。

糖化所需酶制剂的计算：

液化所需酶：α-淀粉酶：3%；纤维素酶：2%。

糖化所需酶：普鲁兰酶：9%；糖化酶：1%。

发酵时需要加入安琪酒曲：1 g。

发酵时液体总量：1000×（3%+2%+9%+1%）+1+15246=15397（g）。

菌种发酵损失：15397×1%=153.97（g）。

检样损失：（15397-153.97）×0.6%=91.5（g）。

发酵后生成的富含精氨酸双糖苷白首乌果味酒的总产量约为：15397-153.97-91.5=15152（g）。

成品富含精氨酸双糖苷的白首乌果味酒的计算：

灌装损失：15152×0.8%=121.2（g）。

其他损失：15152×3%=454.6（g）。

1000 g的白首乌可生成的果味酒饮品量为：15152-121.2-454.6=14576.2（g）。

7.6.3.3　年产20 t富含精氨酸双糖苷的白首乌果味酒的物料衡算

白首乌的物料量：20×1000000/14576.2×1=1372（kg）。

按照1∶3的比例用水浸泡滨海白首乌干，则用量为1372×3=4116（kg），滨海白首乌在复水后重1372+4116×1/5=2195.2（kg），去皮后重2195.2-2195.2×5%=2085.5（kg）。

将去皮后的滨海白首乌切片，蒸煮糊化得白首乌片重：2085.5+2085.5×1%=2106.4（kg），以1∶9比例加水磨浆。

磨浆用水量：2106.4×9=18957.6（kg）。

白首乌匀浆重量：（15.4-15.4×1%）×1372=20917.5（kg）。

α-淀粉酶：1372×3%=41.16（kg）。

纤维素酶：1372×2%=27.44（kg）。

普鲁兰酶：1372×9%=123.48（kg）。

糖化酶：1372×1%=13.72（kg）。

安琪酒曲：2.75 kg。

发酵液总量：20917.5+41.16+27.44+123.48+13.72+2.75=21126.05（kg）。

发酵损失：21126.05×1%＝211.26（kg）。

检样损失：（21126.05−211.26）×0.6%＝125.5（kg）。

精氨酸双糖苷白首乌果味酒总量：21126.05－211.26－125.5＝20789.3（kg）。

灌装损失：20789.3×0.8%＝166.3（kg）。

其他损失：20789.3×3%＝623.7（kg）。

得成品量约为：20789.3−166.3−623.7＝19999.3（kg）。

最终成品接近 20 t，故以 20 t 记（表 7−21）。

表 7−21　20 t 精氨酸双糖苷白首乌果味酒所需物料

序号	名称	单位	消耗量	价格
1	白首乌	kg	1372	56 元/100g
2	α−淀粉酶	kg	41.16	18 元/100g
3	纤维素酶	kg	27.44	25 元/100g
4	普鲁兰酶	kg	123.48	28 元/100g
5	糖化酶	kg	13.72	20 元/1000g
6	安琪酒曲	kg	2.75	40 元/100g
7	饮用水	kg	18999	—
8	标签	副	800000	—
9	纸盒	个	40000（20 瓶/盒）	—

7.7　滨海白首乌酵素生产工艺设计

酵素是采用一种或多种物质为原料，通过单菌种或混合菌种发酵所得一种发酵产物，其含有多种功效酶与众多次级产物[46]。相关实验证明[47−49]，酵素可以平衡人体菌群，促进新陈代谢。Feng 等[50] 综述了许多酵素的功能，提出植物酵素有利于消费者的身体健康，并且可以促进酵素工艺在未来的全面发展，所以植物酵素产品的研究及开发有较好的前景。

随着生物工程类相关技术在食品行业内越来越广泛地应用，为提高酵素等功能性发酵食品在医疗养生等领域的价值，其研究与开发也逐渐开始引用这些技术[6]。目前，国外已有将食用酵素用于病毒感染、高血脂和高血压等疾病防治的先例[7]，而我国人口众多、广大群众健康意识也随着时代发展逐渐提高，大众会进一步了解食用酵素的功效，促使酵素产品的需求越来越高，同时也使酵素产品的研发空间和潜力得到进一步提升。

本设计以滨海白首乌干及安琪果蔬酵素发酵曲为原料发酵滨海白首乌酵素，其制作方法简单，以滨海白首乌匀浆为培养液，为发酵所需混合菌种提供足够的养料，使其迅速生长繁殖，以用于滨海白首乌匀浆的充分发酵，生成大量滨海白首乌酵素。该酵素不仅可以使大部分滨海白首乌所含有活性成分的营养物质不流失，并且改善了滨海白首乌味偏苦的缺点，产品不仅具有滨海白首乌的独特风味，在果蔬酵素发酵曲的作用下更变得酸甜可口。同时，滨海白首乌酵素含有 C_{21} 甾苷、黄酮类物质，具有多种营养物质和活性成分，有很好的保健功能。

7.7.1 工艺流程及说明

7.7.1.1 滨海白首乌酵素的发酵原理

滨海白首乌酵素的生产流程主要为复水、切片、糊化、匀浆、液化、糖化、接种、发酵。在生产工艺中，需向滨海白首乌匀浆中接入果蔬酵素发酵曲进行混合菌种发酵，这样可改善滨海白首乌苦涩的口感，将滨海白首乌中含有人体难以吸收的大分子成分降解为有利用人体消化吸收的小分子物质。

7.7.1.2 滨海白首乌酵素发酵的工艺流程

滨海白首乌酵素生产工艺流程如图 7-7 所示。滨海白首乌匀浆的制备：将滨海白首乌干洗净，以 1∶3 的料液比在常温下进行复水处理。将复水后的滨海白首乌去皮并切成片状，厚度为 1~2 mm，将切片后的滨海白首乌于 100 ℃下蒸煮 1h 进行糊化。糊化完成后按 1∶9 的料液比进行打浆，得到滨海白首乌匀浆。

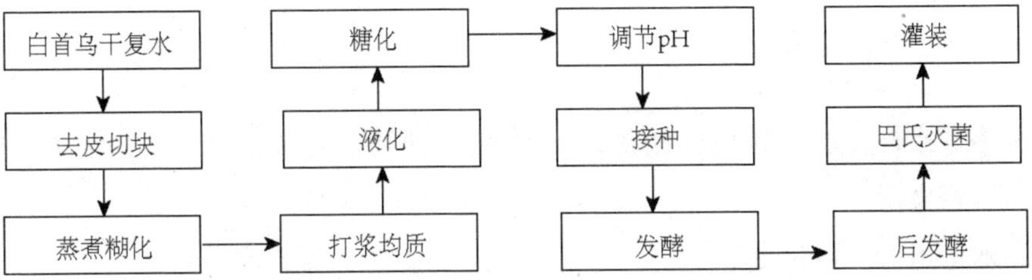

图 7-7　滨海白首乌酵素生产工艺流程

液化：采用 α-淀粉酶和纤维素酶进行液化。

糖化：采用普鲁兰酶和糖化酶进行糖化。

发酵：利用果蔬酵素发酵曲，在 30 ℃的条件下放置发酵 72 h。

后发酵：将完成发酵后的滨海白首乌酵素放在 4℃的培养箱中培养 24 h 进行后发酵。

巴氏灭菌：采用巴氏灭菌法对滨海白首乌酵素进行灭菌处理。

7.7.1.3　发酵条件的补充

本设计利用混合菌种发酵，混合菌种发酵所生产的滨海白首乌酵素比单菌种发酵所得的营养价值更高且口感更好（见表 7-22）。

表 7-22　单菌种发酵与混合菌种发酵的对比

发酵方式	优势	劣势
采用单菌种发酵	发酵流程较为简单，菌种特性能更加直观地在产品中体现	所得产品口感较差，营养价值偏低
采用混合菌种发酵	使滨海白首乌发酵更加充分，难以吸收的大分子物质被分解成易于人体吸收的小分子物质，提高了营养价值	工艺相对复杂

滨海白首乌酵素发酵最适宜的发酵时长为 72 h，此时混合菌种大量繁殖且活性最强，可以快速高质量地生产滨海白首乌酵素。但随着发酵时间的推移，发酵液中供混合菌种生长繁殖所需的营养物质被消耗殆尽，导致菌种活性降低且逐渐死亡，使产品质量降低。在 4℃的温度下，混合菌种的活性会受到抑制，可以避免因混合菌种快速繁殖、死亡而导致生产的产品减少且质量受损，所以，滨海白首乌酵素需要进行后发酵。

7.7.2 产品指标

感官指标：产品颜色：淡黄色较清澈；香气：乳酸菌味；风味：酸甜可口、口感爽滑。

理化指标：糖度 2.5。

微生物指标：未检测出大肠杆菌，符合国家食品安全文件要求。

7.7.3 物料衡算

预计发酵需 3 天，后发酵 1 天，其余流程耗时 1 天，所以产品生产周期约为 5 天，每年工作时间为 250 天，可生产 50 批次产品，则每批次应生产 2000 kg 滨海白首乌酵素，以达到年产 100 t 滨海白首乌酵素的目标。

7.7.3.1 滨海白首乌酵素生产过程中的损失率

结合本设计前期准备、发酵和后发酵具体情况，得到以下物料损失率（见表 7-23）。

表 7-23 滨海白首乌酵素生产过程中的损失率

项目	种类	百分比（%）	备注
损失率	滨海白首乌磨浆损失	1	—
	发酵损失	1	—
	灌装损失	0.8	—
	检样损失	0.6	—
	其他损失	3	含切片、蒸煮等步骤

7.7.3.2 500 g 滨海白首乌生成滨海白首乌酵素物料衡算

（1）滨海白首乌酵素的制备计算

挑选干白首乌：500 g。

按照比例 1∶3 加入水浸泡滨海白首乌干，则所需水的量为 1500 g。

复水后的滨海白首乌重 800 g，去皮后重 580 g。

将去皮后的滨海白首乌切片，蒸煮糊化得白首乌片重 675 g。

并以 1∶9 比例加水磨浆，磨浆用水量：675×9＝6075（g）。

根据滨海白首乌的出浆率约干白首乌∶浆＝1∶13.5，则：

500g 的滨海白首乌出浆：（13. 5−13. 5×1%）×500＝6682. 5（g）。

（2）菌种发酵的计算

液化所需酶：α−淀粉酶：3%，纤维素酶：2%。

糖化所需酶：普鲁兰酶：9%，糖化酶：1%。

发酵时需要加入果蔬酵素发酵曲：1 g。

发酵时液体总量：6758. 5 g。

菌种发酵损失：67. 59 g。

检样损失：40. 15 g。

滨海白首乌酵素的总产量约为：6650 g。

（3）成品滨海白首乌酵素计算

灌装损失：53. 2 g。

其他损失：199. 5 g。

500g 的滨海白首乌可生成的饮品量为：6397. 3 g。

7. 7. 3. 3　生产 100 t 滨海白首乌酵素物料衡算

滨海白首乌的物料量：7820 kg。

磨浆用水量：95013 kg。

滨海白首乌匀浆重量：（13. 5−13. 5×1%）×7820＝104514. 3（kg）。

α-淀粉酶：234. 6 kg。

纤维素酶：156. 4 kg。

普鲁兰酶：703. 8 kg。

糖化酶：78. 2 kg。

果蔬酵素发酵曲：15. 64 kg。

发酵液总量：105702. 94 kg。

发酵损失：1057. 03 kg。

检样损失：627. 88 kg。

滨海白首乌酵素总量：104018. 04 kg。

灌装损失：832. 14 kg。

其他损失：3120. 54 kg。

得成品量约为：100066 kg。

最终成品接近 100 t，故以 100 t 记（表 7-24）。

表 7-24 100 t 滨海白首乌酵素所需物料

序号	名称	单位	消耗量	备注
1	滨海白首乌	kg	7820	
2	α-淀粉酶	kg	234. 6	
3	纤维素酶	kg	156. 4	
4	普鲁兰酶	kg	703. 8	
5	糖化酶	kg	78. 2	
6	果蔬酵素发酵曲	kg	15. 64	
7	饮用水	kg	118473	
8	酵素瓶（25mL）	瓶	4000000	
9	标签	副	4000000	
10	纸盒	个	200000	20 瓶/盒

参考文献

[1]于延球. 江苏沿海地区原色种子植物志——双子叶植物合瓣花类和单子叶植物[M]. 北京:科学出版社,2013.

[2]中国医学科学院药物研究所,等. 中药志. 第二册[M]. 北京:人民卫生出版社,1982.

[3]黄泰康,丁志遵,赵守训,等. 现代本草纲目[M]. 北京:中国医药科技出版社,2001.

[4]谢宗万,等. 全国中草药汇编[M]. 北京:人民卫生出版社,1996.

[5]中国药材公司. 中国中药资源志要[M]. 北京:科学出版社,1994.

[6]张根,张霞,徐锦前. 一种提高白首乌类黄酮含量的种植方法[P]. CN201910398143. 5,2019.

[7]CHEN W H,ZHANG Z Z,BAN Y F,et al. Cynanchum bungei Decne and its two related species for"Baishouwu":A review on traditional uses,phytochemistry,and pharmacological activities[J]. Journal of Ethnopharmacology,2019,243:110-115.

[8]WANG L,CAI F J,ZHAO W,et al. Cynanchum auriculatum Royle ex Wight.,Cynanchum bungei Decne. and Cynanchum wilfordii(Maxim.)Hemsl.:Current research and prospects[J]. Molecules,2021,26:7065.

[9]徐凌川,张华,许昌盛. 白首乌化学成分与药理现代研究述评[J]. 中华中医药学刊,2003,21(11):1893-1895.

[10]林爱群. 泰山白首乌化学成分的提取、分离与鉴定[D]. 济南:山东中医药大学,2005.

[11]孙得峰. 泰山白首乌化学成分及生物活性研究[D]. 济南:济南大学,2015.

[12]徐凌川,马凤英,郭素,等.泰山白首乌药材质量标准初步研究[J].食品与药品,2006,8(1):41-43.

[13]侯彩婷.泰山白首乌新品种生物学特性研究及其主要活性成分的含量测定[D].济南:山东中医药大学,2013.

[14]龚树生.白首乌的系统研究[J].中华中医药杂志,1987,2(2):23-25.

[15]陈炳阳,岳荣彩,刘芳,等.耳叶牛皮消中的苯乙酮类化合物及其抗氧化活性研究[J].药学实践杂志,2013,31(5):351-354.

[16]LI HZ,XU LC,WANG X,et al. Separation and purification of acetophenones from Cynanchum bengei Decne root bark by combination of silica gel and high-speed counter-current chromatography[J]. Med Plant,2017,8(2):8-11.

[17]吴红雁,陈 磊,卞庆亚,等.一测多评法测定白首乌中苯乙酮成分的含量[J].中药材,2015,38(11):2339-2341.

[18]刘政波,毕研文,杨永恒,等.耳叶牛皮消和戟叶牛皮消的谱学对比分析[J].中药新药与临床药理,2013,24(5):496-500.

[19]LINDEMANN P. Steroidogenesis in plants-Biosynthesis and conversions of progesterone and other pregnane derivatives[J]. Steroids,2015,103:145-152.

[20]SAWAMOTO A,KANAZAKI A,AMAKURA Y,et al. Cynandione A induces adipogenesis and beige adipocyte-related phenotype in 3T3-L1 cells[J]. Phytochem Lett,2020,39:84-89.

[21]KIM JY,LEE JW,LEE JS,et al. Inhibitory effects of compounds isolated from roots of Cynanchum wilfordii onoxidation and glycation of human low-density lipoprotein(LDL)[J]. J Funct Foods,2019,59:281-290.

[22]赵家文.泰山白首乌中 C_{21} 甾体化合物的分离鉴定及其抑制 Hedgehog 信号通路活性的研究[D].杭州:浙江省医学科学院,2017.

[23]费洪荣,梁天娇,王玲爱,等.白首乌中的 C_{21} 甾体苷的提取及纯化工艺研究[J].时珍国医国药,2015,26(5):1091-1093.

[24]陈纪军,张壮鑫,周俊.白首乌的化学成分[J].植物分类与资源学报,1989,11(3):358-360.

[25]陈艳.民族药隔山消的化学成分的研究[D].贵阳:贵州大学,2008.

[26]郭娜,李晓鹏,许枬,等. 耳叶牛皮消中 C_{21} 甾类化学成分的分离与鉴定[J]. 沈阳药科大学学报,2016(1):28-33.

[27]费洪荣. 白首乌中告达庭的制备及其抗肿瘤活性研究[D]. 济南:山东中医药大学,2015.

[28]PENG YR, DING YF, WEI YJ, et al. Caudatin2,6-dideoxy-3-O-methy-β-D-cymaropyranoside 1 induced apoptosis through caspase 3-dependent pathway in human hepatoma cell line SMMC7721[J]. Phytother Res Ptr, 2011, 25(5): 631-637.

[29]印敏,冯煦,董云发,等. 白首乌化学成分与药理活性研究进展[J]. 中国野生植物资源,2004,23(2):8-11.

[30]WANG XJ, LV XH, LI ZL, et al. Chemical constituents from the root bark of Cynanchum auriculatum[J]. Biochem. Syst. Ecol, 2018, 81:30-32.

[31]YIN M, CHEN Y, WANG M, et al. Chemical constituents of the root of Cynanchum auriculatum[J]. Chin. Med. Mat, 2007, 30:1245-1247.

[32]LI JL, GAOZB, ZHAO WM. Identification and evaluation of antiepileptic activity of C_{21} steroidal glycosides from the roots ofCynanchum wilfordii[J]. J. Nat. Prod, 2016, 79:89-97.

[33]ZHANG B, YAO CF, WANG Y, et al. Chemical constituents in water fraction of Cynanchumauriculatum[J]. Chin. Tradit. Herb. Drugs, 2018, 49:786-790.

[34]JANG M, LIM TG, LEE E, et al. Immunostimulatory activities of a highmolecular weight fraction of Cynanchum auriculatum Royle ex Wight root obtained by ultrafiltration[J]. Pharmacogn. Mag, 2020, 16:493-498.

[35]CHO CW, AHN S, LIM TG, et al. Cynanchum wilfordii polysaccharides suppress dextransulfate sodium-induced acute colitis in mice and the production of inflammatory mediators from macrophages[J]. Mediat. Inflamm, 2017, 3:856-859.

[36]CHAI Z, HUANG W, ZHAO X, et al. Preparation, characterization, antioxidant activity and protective effectagainst cellular oxidative stress of polysaccharide from Cynanchum auriculatum Royle ex Wight[J]. Int. J. Biol. Macromol, 2018, 119: 1068-1076.

[37]李翱. 李文公集[M]. 上海:上海古籍出版社,1978,18:192.
[38]唐慎微. 重修政和经史证类备用本草[M]. 北京:人民卫生出版社影印本,1957.
[39]苏颂. 本草图经[M]. 北京:学苑出版社,2017.
[40]李时珍. 本草纲目(金陵版)[M]. 北京:人民卫生出版社,1977.
[41]李中梓. 医宗必读[M]. 上海:上海卫生出版社,1957.
[42]刘文泰,等. 本草品汇精要[M]. 北京:人民卫生出版社,1982.
[43]蒋仪. 药镜[M]. 北京:中国中医药出版社,2015.
[44]陈家漠. 本草蒙筌[M]. 北京:人民卫生出版社,1988.
[45]吴仪洛. 本草从新[M]. 北京:人民卫生出版社,1990.
[46]黄宫绪. 本草求真[M]. 上海:上海科学技术出版社,1959.
[47]张璐. 本经逢源[M]. 上海:上海科学技术出版社,1959.
[48]严西亭. 得配本草[M]. 上海:上海卫生出版社,1997.
[49]汪昂. 本草备要[M]. 北京:商务印书馆,1981.
[50]陈修园. 神农本草经读[M]. 北京:中国医药科技出版社,2022.
[51]陈士铎. 本草新编[M]. 北京:中国中医药出版社,2008.
[52]杨时泰. 本草述钩元[M]. 上海:上海科学技术出版社,1959.
[53]曹海. 滨海产白首乌的成分研究[D]. 南京:南京农业大学,2010.
[54]吕伟红,张爱香,徐姗,等. 江苏地产白首乌总苷对大鼠肝纤维化作用的研究[J]. 中国中药杂志,2009,34(19):2508-2511.
[55]WU ZZ,WANG YY,MENG X,et al. Total C_{21} steroidalglycosides,isolated from the root tuber of Cynanchumauriculatum Royle ex Wight,attenuate hydrogenperoxide-induced oxidative injury and inflammation in L02 cells[J]. Int J Mol Med,2018,42(9):3157-3170.
[56]王冬艳,华欣,叶记林,等. 江苏地产白首乌 C_{21} 甾体苷对高血脂大鼠血脂调节和肝脏保护作用研究[J]. 安徽医药,2015(8):1454-1457.
[57]张为,董兆稀,赵冰清,等. 白首乌多糖抗 CCl_4 小鼠肝损伤作用研究[J]. 食品科技,2011,36(8):57-59.
[58]贾翎,顾立刚,曾郁敏,等. 白首乌苷对二乙基亚硝胺诱发实验性肝癌大鼠细

胞因子产生的影响[J].中华中医药杂志,2012(10):2720-2722.
[59]DONG JR,PENG XR,LI L,et al. C_{21} steroidal glycosides with cytotoxic activities from Cynanchum otophyllum[J]. Bioorg Med Chem Lett,2018(20):1520-1524.
[60]陈蒋丽,张玲,李艳芳,等.白首乌苷B抗结肠癌作用的研究[J].中华中医药学刊,2015(10):2370-2374.
[61]PENG YR,DING YF,WEI YJ,et al. Caudatin-2,6-dideoxy-3-O-methy-β-D-cymaropyranoside 1 inducedapoptosis through caspase 3-dependent pathway in humanhepatoma cell line SMMC7721[J]. Phytother Res Ptr,2011,25(5):631-637.
[62]QIAN X,LI B,LI P,et al. C_{21} Steroidal glycosides from Cynanchum auriculatum and their neuroprotective effectsagainst H_2O_2-induced damage in PC12 cells[J]. Phytochemistry,2017,140(2):1-15.
[63]惠勇.白首乌 C_{21} 甾苷对慢性心力衰竭大鼠心肌的保护作用[J].中国药物经济学,2016,10(2):12-15.
[64]惠勇,徐雷.白首乌 C_{21} 甾苷对大鼠心肌缺血再灌注损伤的保护作用[J].中国食物与营养,2015,21(6):68-71.
[65]QIN JJ,CHEN X,LIN ZM,et al. C21-steroidal glycosidesand sesquiterpenes from the roots of Cynanchum bungeiand their inhibitory activities against the proliferation of B and T lymphocytes[J]. Fitoterapia,2018,124(6):193-199.
[66]陈炳阳,岳荣彩,刘芳,等.耳叶牛皮消中的苯乙酮类化合物及其抗氧化活性研究[J].药学实践杂志,2013,31(5):351-354.
[67]宋祥云,徐凯勇,李自发,等.泰山白首乌对自然衰老小鼠抗自由基损伤及端粒酶活性的影响[J].山东中医药大学学报,2015,39(5):458-460.
[68]谢凯强.隔山消化学成分及生物活性研究[D].贵阳:贵州大学,2017.
[69]李青,董兆稀,赵冰清.白首乌多糖抗疲劳及耐缺氧、耐高温作用研究[J].湖南师范大学学报:自然科学版,2012,35(5):76-79.
[70]赵雪.滨海白首乌蛋白和多糖的提取纯化及其活性功能的研究[D].哈尔滨:哈尔滨商业大学,2017.
[71]岳荣彩.天然产物白首乌二苯酮的神经保护作用和两面针碱的免疫调控作

用机制研究[D].上海:第二军医大学,2013.
[72]杨小红,周远明,张瑜,等.白首乌多糖降血脂作用研究[J].时珍国医国药,2010,21(6):1381-1382.
[73]王晓岚,姚文杰,苑亮.白首乌中多糖等活性成分对酪氨酸酶活力的影响[J].食品与生物技术学报,2013,32(10):1097-1100.
[74]卢连华,姚文环,谢玮,等.泰山白首乌的急性毒性和遗传毒性分析[J].山东医药,2013,53(21):20-22.
[75]Crowley VE,Yeo GS,Rahilly S. Obesity therapy:altering the energy intake-and-expenditure balance sheet[J]. Nat Rev Drug Discov,2002,20:276-286.
[76]刘芳,高南南,杨润梅,等.不同品系小鼠肥胖模型比较及 C57BL/6J 小鼠肥胖机制研究[J].中国药理学通报,2013,29(3):360-365.
[77]印鑫,丁永芳,邵久针,等.白首乌的研究进展[J].中草药,2019,50(4):992-1000.
[78]周古凯,潘浩,李航涛,等.自首乌的生育特点及栽培技术的研究[J].特产研究,1990(2):43-46.
[79]SUN M,XU QY,ZHU ZP,et al. Full-length transcriptomic sequencing of Cynanchum auriculatum and metabolic pathway analysis of important active substances [J]. Jiyinzuxue yu Yingyong Shengwuxue(Genomics and Applied Biology),2022.
[80]宋萍萍,印敏,王年鹤.白首乌的综合利用[J].江苏农业科学,2011,39(2):426-427.
[81]朱德伟,康贻军,李锐强,等.一种含白首乌茎叶的猪饲料及其制备方法、应用[P].202111126177.2,2021.
[82]单磊.耳叶牛皮消化学成分和活性研究[D].上海:第二军医大学,2008.
[83]王新婕,李振麟,钱士辉,等.耳叶牛皮消中 C_{21} 甾体类成分研究进展[J].中国野生植物资源,2018,37(3):51-55,63.
[84]高婷,李超,梁锌,等.中国癌症流行的国际比较[J].中国肿瘤,2016,25(6):409-414.
[85]李晓鹏,郭娜,许枬,等.耳叶牛皮消化学成分的分离与鉴定[J].沈阳药科大学学报,2015,32(5):347-352.

[86]郭娜,李晓鹏,许枬,等.耳叶牛皮消中C甾类化学成分的分离与鉴定[J].沈阳药科大学学报,2016,240(1):32-37.

[87]范黎明,沈月毛.灰色链霉菌对8个植物 C_{21} 甾体的生物转化[J].中草药,2008,39(12):1790-1792.

[88]陶冠军,汤坚,丁霄霖,等.白首乌中 C_{21} 甾甙元的分离与结构鉴定[J].无锡轻工业大学学报,2002(5):176-178.

[89]赖长志.柳叶白前 C_{21} 甾体苷类成分及其抗炎活性初步研究[D].广州:暨南大学,2016.

[90]郝宏蕾,朱旭芬,曾云中.类异戊二烯的生物合成及调控[J].浙江大学学报,2002,28(2):224-230.

[91]RODRIGUEZ-CONCEPCION M,GRUISSEM W. Arachidonic acid alters tomato HMG expression and fruit growth and induces 3-hydroxy-3-methylglutaryl coenzyme A reductaseindependent lycopene accumulation [J]. Plant Physiol, 1999,119(1):41-48.

[92]王丽君,李艳青,谢舒平,等.基于转录组测序黑老虎角鲨烯合酶基因克隆和生物信息学分析[J].中药新药与临床药理,2019,30(7):870-878.

[93]WANG L J,Li Y Q,Xie S P,et al. Cloning and bioinfor-matics analysis of squalene synthase(KcSQS)gene from K-adsura coccinea(Lem.)A. C. Smith based on transcrip tome sequencing[J]. Traditional Chinese Drug Research and Clinical Pharmacology,2019,30(7):870-878.

[94]朱路英,朱清华,张学成.裂殖壶菌鲨烯合酶基因的克隆及在大肠杆菌中的表达[J].食品科学,2010,31(19):263-267.

[95]李于善,贺艳.关于白首乌 C_{21} 甾苷元 $C_{11}\alpha$-羟化的两种微生物同步转化[J].中国现代应用药学,2009(9):716-719.

[96]郜玉钢,杨鹤,于英,等.人参HMGR基因的克隆与序列分析[J].吉林农业大学学报,2010,32(5):500-504.

[97]单婷玉,于大庆,韩晓静,等.山楂鲨烯合酶CpSQS1,CpSQS2的基因克隆及原核表达分析[J].中国中药杂志,2020,45(6):1334-1341.

[98]陈为为,张宏瑞,万海同,等.浙贝母鲨烯合酶全长cDNA的克隆及功能分析

(英文)[J].中国生物化学与分子生物学报,2021,37(1):76-87.
[99]柯维忠,钟雯娟,刘凯盈,等.黄独微型块茎鲨烯合酶的基因克隆与序列分析[J],植物研究,2021,41(2):243-250.
[100]张风侠,梁新华,王俊.植物三萜皂苷生物合成及关键酶鲨烯合酶的研究进展[J].农业科学研究,2009,30(3):64-68.
[101]侯双利,刘翠晶,杨利民,等.人参SQS鲨烯环氧酶基因的克隆与序列分析[J].吉林农业大学学报,2014,36(2):149-152,170.
[102]刘银春.微生物转化 C_{21} 甾体化合物的研究[M].南昌:江西农业大学,2018.
[103]SULTAN S,NOOR M Z,ANOUAR E Hetc. Structure and absolute configuration of 20β-Hydro-xyprednisolone,a biotransformed product of predinisolone by the marine endophytic Fungus Penicilium laolecuLes[J]. Molecules,2014,19(9):13775-13787.
[104]邹文欣,谭仁祥.植物内生菌研究新进展[J].植物学报,2001,43(9):881-892.
[105]王秋军,王剑文.抗菌植物甾体及其生物合成的研究进展[J].抗感染药学,2012(2):86-91.
[106]周立刚,曹晓冬,杨成宗,等.滇重楼的内生真菌及真菌中甾体化合物的分析[J].天然产物研究与开发,2004,16(3):198-200.
[107]顾晓洁,解卓学,吕嘉东,等.白首乌内生细菌分离鉴定及系统发育树分析[J].辽宁中医药大学学报,2018(6):52-56.
[108]GU XJ,HAO. Recent advances in phytochemistry and pharmacology of C_{21} steroid constituents from Cynanchum plants[J]. Chinese Journal of Natural Medicines,2016,14(5):321-334.
[109]蒋圆婷,刘杨,陈德力,等.半红树植物黄槿内生菌及其代谢产物的研究进展[J].天然产物研究与开发,2021,33(2):331-341.
[110]王安然.多穗金粟兰内生真菌分离、鉴定及其次生代谢产物的研究[M].重庆:西南大学,2014.
[111]刘赟.喜树内生真菌产活性物质及分析[M].咸阳:西北农林科技大

学,2014.

[112]代征,李迩娜,张仓,等.比色法测定不同产地通关藤药材中 C_{21} 甾体总苷含量[J].中国药房,2010,21(47):4470-4472.

[113]刘靖.微生物转化甾体药物关键中间体 4AD 的研究[M].福州:福州大学,2004.

[114]肖娜.泰山白首乌根际土壤真菌分离纯化及抗菌活性研究[J].中国抗生素杂志,2021,46(6):552-556.

[115]付文焕.中药白首乌化学对照品与药材质量标准的研究[D].北京:北京中医药大学,2003.

[116]邹锦鹏,冉聪,刘洋,等.白首乌 C_{21} 甾体苷抗肿瘤研究进展[J].中草药,2019,50(3):248-255.

[117]MOHAMED S S,ELHADI A A,ABOZIED K M. Biotransformation of prednisolone to hydroxy derivatives by Penicillium aurantiacum[J]. Biocatalysis and Biotransformation,2017,3(35):215-222.

[118]蒋圆婷,刘杨,陈德力,等.半红树植物黄槿内生菌及其代谢产物的研究进展[J].天然产物研究与开发,2021,33(2):331-341.

[119]侯双利,刘翠晶,杨利民,等.人参 SQS 鲨烯环氧酶基因的克隆与序列分析[J].吉林农业大学学报,2014,36(2):149-152,170.

[120]戴传超,王宇.内生真菌对生物活性物质代谢转化作用的研究进展[J].中草药,2009(9):1496-1499.

[121]CHOI D. Differential induction and suppression of potato 3-hydrox-y-3-methylglutaryl coenzyme A reductase genes in repose to Phytophthora infestans and to its elicitor arachidonic acid[J]. Plant Cell,1992,4:1333-1344.

[122]WITITSUWANNAKUL R,WITITSUWANNAKUL D,SUWANMANEE P. 3-hydroxy-3-methylglutaryl coenzyme A reductase from the latex of Hevea brasiliensis[J]. Phytochemistry,1990,29(4):1401-1403.

[123]SCHALLRR H,GRAUSEM B,BENVENISTE P,et al. Expression of the Hevea brasiliensis(H. B. K.) Mull. Arg. 3-hydroxy-3-methylglutaryl-coenzyme A reductase 1 in tobacco results in sterol overproduction[J]. Plant Physiology,

1995,109(3):761-770.

[124]JUAN D,DU J,HU W,et al. Cloning and functional analysis of HMGR gene in Ligularia fischeri[J]. IOP Conference Series: Earth and Environmental Science,2020,615(1):1-5.

[125]卫强,阚聪慧. 近5年植物茎叶抗癌成分的研究概况[J]. 天然产物研究与开发,2019,31(3):545-555.

[126]CHAPPELL J,NABLE R. Induction of sesquiterpeno idbiosynthesis in tobacco cell suspension cultures by fungal elicitor[J]. Plant Physiol,1987,85:469-473.

[127]CONESA A,GÖTZ S,GARCÍA-GÖMEZ JM,et al. Blast2GO:a universal tool for annotation,visualization and analysis in functional genomics research[J]. BIOIN-FOR-MATICS,2005,21(18):3674-3676.

[128]BUCHFINK B,XIE C,HUSON DH. Fast and sensitive protein alignment using DIAMOND. Nature methods,2015,12(1):59-60.

[129]CHAI G,YU M,JIANG L,et al. HMMCAS:A Web Tool for the Identification and Domain Annotations of CAS Proteins. IEEE/ACM transactions on computational biology and bioinformatics,2019,16(4):1313-1315.

[130]MORIYA Y,ITOH M,OKUDA S,et al. KAAS:an automatic genome annotation and pathway reconstruction server. Nucleic acids research,2007,35(Web Server issue):182-185.

[131]BEIER S,THIEL T,MÜNCH T,et al. MISA-web:a web server for microsatellite prediction. Bioinformatics(Oxford,England),2017,33(16):2583-2585.

[132]Kolpakov R,Bana G,Kucherov G. Mreps:Efficient and flexible detection of tandem repeats in DNA. Nucleic acids research,2003,31(13):3672-3678.

[133]Gant TW,Sauer UG,Zhang SD,et al. A generic Transcriptomics Reporting Framework(TRF)for omics data processing and analysis. Regulatory toxicology and pharmacology:RTP,2017,91 Suppl 1(Suppl 1):36-45.

[134]Li A,Zhang J,Zhou Z. PLEK:a tool for predicting long non-coding RNAs and messenger RNAs based on an improved k-mer scheme. BMC bioinformatics,2014,15(1):311.

[135] Ramakrishnaiah Y, Kuhlmann L, Tyagi S. Towards a comprehensive pipeline to identify and functionally annotate long noncoding RNA (lncRNA). Computers in biology and medicine, 2020, 127(104028).

[136] Parra G, Blanco E, Guigó R: GeneID in Drosophila. Genome research, 2000, 10(4): 511-515.

[137] Altschul SF, Madden TL, Schäffer AA, Zhang J, Zhang Z, Miller W, Lipman DJ: Gapped BLAST and PSI-BLAST: a new generation of protein database search programs. Nucleic acids research, 1997, 25(17): 3389-3402.

[138] Workman RE, Myrka AM, Wong GW, Tseng E, Welch KC, Jr., Timp W: Single-molecule, full-length transcript sequencing provides insight into the extreme metabolism of the ruby-throated hummingbird Archilochus colubris. Giga Science, 2018, 7(3): 1-12.

[139] Pertea G, Huang X, Liang F, Antonescu V, Sultana R, Karamycheva S, Lee Y, White J, Cheung F, Parvizi B et al: TIGR Gene Indices clustering tools (TGICL): a software system for fast clustering of large EST datasets. Bioinformatics (Oxford, England), 2003, 19(5): 651-652.

[140] Guerrero A, Herranz N, Sun B, Wagner V, Gallage S, Guiho R, Wolter K, Pombo J, Irvine EE, Innes AJ et al: Cardiac glycosides are broad-spectrum senolytics. Nature metabolism, 2019, 1(11): 1074-1088.

[141] Zhang T, Zhong S, Li T, Zhang J: Saponins as modulators of nuclear receptors. Critical reviews in food science and nutrition, 2020, 60(1): 94-107.

[142] Ni J, Zhao Y, Tao R, Yin L, Gao L, Strid Å, Qian M, Li J, Li Y, Shen J et al: Ethylene mediates the branching of the jasmonate-induced flavonoid biosynthesis pathway by suppressing anthocyanin biosynthesis in red Chinese pear fruits. Plant biotechnology journal, 2020, 18(5): 1223-1240.

[143] Cushnie TP, Lamb AJ: Antimicrobial activity of flavonoids. International journal of antimicrobial agents, 2005, 26(5): 343-356.

[144] Yi YS: Regulatory Roles of Flavonoids on Inflammasome Activation during Inflammatory Responses. Molecular nutrition & food research, 2018, 62(13): e1800147.

[145] Putteeraj M, Lim WL, Teoh SL, Yahaya MF: Flavonoids and its Neuroprotective Effects on Brain Ischemia and Neurodegenerative Diseases. Current drug targets, 2018, 19(14): 1710-1720.

[146] Pandith SA, Ramazan S, Khan MI, Reshi ZA, Shah MA: Chalcone synthases (CHSs): the symbolic type III polyketide synthases. Planta, 2019, 251(1): 15.

[147] Gu Z, Chen H, Yang R, Ran M: Identification of DFR as a promoter of anthocyanin accumulation in poinsettia (Euphorbia pulcherrima, willd. ex Klotzsch) bracts under short-day conditions. Scientia Horticulturae, 2018, 236: 158-165.

[148] Zhang L, Zhang Z, Fang S, Liu Y, Shang X: Integrative analysis of metabolome and transcriptome reveals molecular regulatory mechanism of flavonoid biosynthesis in Cyclocarya paliurus under salt stress. Industrial Crops and Products, 2021, 170(113823).

[149] Pang X, Zhao J-Y, Wang Y-J, Zheng W, Zhang J, Chen X-J, Cen S, Yu L-Y, Ma B-P: Steroidal glycosides, homoisoflavanones and cinnamic acid derivatives from Polygonatum odoratum and their inhibitory effects against influenza A virus. Fitoterapia, 2020, 146(104689).

[150] Yang J, Chen L, Yan Y, Qiu J, Chen J, Song J, Rao Q, Ben-David Y, Li Y, Hao X: BW18, a C-21 steroidal glycoside, exerts an excellent anti-leukemia activity through inducing S phase cell cycle arrest and apoptosis via MAPK pathway in K562 cells. Biomedicine & Pharmacotherapy, 2019, 112(108603).

[151] Yang Z, Yang L, Liu C, Qin X, Liu H, Chen J, Ji Y: Transcriptome analyses of Paris polyphylla var. chinensis, Ypsilandra thibetica, and Polygonatum kingianum characterize their steroidal saponin biosynthesis pathway. Fitoterapia, 2019, 135: 52-63.

[152] Zhou W, Fisher PM, Vanderloop BH, Shen Y, Shi H, Maldonado AJ, Leaver DJ, Nes WD: A nematode sterol C4α-methyltransferase catalyzes a new methylation reaction responsible for sterol diversity[S]. Journal of Lipid Research, 2020, 61(2): 192-204.

[153] Pascal S, Taton M, Rahier A: Plant Sterol Biosynthesis: Identification of a NADPH Dependent Sterone Reductase Involved in Sterol - 4 Demethylation. Archives of Biochemistry and Biophysics, 1994, 312(1): 260-271.

[154] Sun X, Wang Y, Sui N. Transcriptional regulation of bHLH during plant response to stress. Biochemical and biophysical research communications, 2018, 503(2): 397-401.

[155] Xie Z, Nolan TM, Jiang H, Yin Y: AP2/ERF Transcription Factor Regulatory Networks in Hormone and Abiotic Stress Responses in Arabidopsis. Frontiers in plant science, 2019, 10(228).

[156] Li S: The Arabidopsis thaliana TCP transcription factors: A broadening horizon beyond development. Plant signaling & behavior, 2015, 10(7): e1044192.

[157] Agati G, Azzarello E, Pollastri S, Tattini M: Flavonoids as antioxidants in plants: location and functional significance. Plant science: an international journal of experimental plant biology, 2012, 196: 67-76.

[158] Peluso I, Miglio C, Morabito G, Ioannone F, Serafini M: Flavonoids and immune function in human: a systematic review. Critical reviews in food science and nutrition, 2015, 55(3): 383-395.

[159] Maleki SJ, Crespo JF, Cabanillas B: Anti-inflammatory effects of flavonoids. Food chemistry, 2019, 299(125124).

[160] Selvakumar P, Badgeley A, Murphy P, Anwar H, Sharma U, Lawrence K, Lakshmikuttyamma A: Flavonoids and Other Polyphenols Act as Epigenetic Modifiers in Breast Cancer. Nutrients, 2020, 12(3): 761.

[161] Petrussa E, Braidot E, Zancani M, Peresson C, Bertolini A, Patui S, Vianello A: Plant flavonoids—biosynthesis, transport and involvement in stress responses. International journal of molecular sciences, 2013, 14(7): 14950-14973.

[162] 孙倩, 冯进, 李春阳, Roth CM, Sovath S, Bunhok T: 滨海白首乌黄酮超声辅助提取工艺优化[J]. 江西农业学报, Vol. 32; 2020: 60-64.

[163] Karas K, Sałkowska A, Dastych J, Bachorz RA, Ratajewski M: Cardiac glycosides with target at direct and indirect interactions with nuclear receptors. Biomedicine

& pharmacotherapy = Biomedecine & pharmacotherapie, 2020, 127(110106).

[164] Guan HY, Su P, Zhao YJ, Zhang XN, Dai ZB, Guo J, Tong YR, Liu YJ, Hu TY, Yin Y et al: Cloning and functional analysis of two sterol-C24-methyltransferase 1(SMT1) genes from Paris polyphylla. Journal of Asian natural products research, 2018, 20(7): 595-604.

[165] Jiao Z, Xu W, Zeng X, Xu X, Zhang M, Xia K: Obtusifoliol 14α-demethylase OsCYP51G1 is involved in phytosterol synthesis and affects pollen and seed development. Biochemical and biophysical research communications, 2020, 529(1): 91-96.

[166] Zhang J, Li X, Lu F, Wang S, An Y, Su X, Li X, Ma L, Han G: De novo Sequencing and Transcriptome Analysis Reveal Key Genes Regulating Steroid Metabolism in Leaves, Roots, Adventitious Roots and Calli of Periploca sepium Bunge. Frontiers in plant science, 2017, 8(594).

[167] Yao L, Wang S, Liang W, Wang J, Gao W: Screening and evaluation of adventitious root lines of Panax notoginseng by morphology, gene expression, and metabolite profiles. Applied microbiology and biotechnology, 2019, 103(11): 4405-4415.

[168] Goossens J, Mertens J, Goossens A: Role and functioning of bHLH transcription factors in jasmonate signalling. Journal of experimental botany, 2017, 68(6): 1333-1347.

[169] Xu Y, Chen L, Liu M, Lu Y, Yue Y, Liu Y, Chen H, Xie F, Zhang C: High-throughput transcriptome sequencing reveals extremely high doses of ionizing radiation-response genes in Caenorhabditis elegans. Toxicology research, 2019, 8(5): 754-766.

[170] Singh P, Singh G, Bhandawat A, Singh G, Parmar R, Seth R, Sharma RK: Spatial transcriptome analysis provides insights of key gene(s) involved in steroidal saponin biosynthesis in medicinally important herb Trillium govanianum. Scientific reports, 2017, 7(45295).

[171] Bai Z, Wu J, Huang W, Jiao J, Zhang C, Hou Z, Yan K, Zhang X, Han R, Liang

Z et al: The ethylene response factor SmERF8 regulates the expression of SmKSL1 and is involved in tanshinone biosynthesis in Saliva miltiorrhiza hairy roots. Journal of plant physiology, 2020, 244(153006).

[172] Pan Q, Wang C, Xiong Z, Wang H, Fu X, Shen Q, Peng B, Ma Y, Sun X, Tang K: CrERF5, an AP2/ERF Transcription Factor, Positively Regulates the Biosynthesis of Bisindole Alkaloids and Their Precursors in Catharanthus roseus. Frontiers in plant science, 2019, 10(931).

[173] Wan Y, Zhang M, Hong A, Zhang Y, Liu Y: Characteristics of Microsatellites Mined from Transcriptome Data and the Development of Novel Markers in Paeonia lactiflora. Genes, 2020, 11(2): 214.

[174] Zheng X, Cheng T, Yang L, Xu J, Tang J, Xie K, Huang X, Bao Z, Zheng X, Diao Y et al: Genetic Diversity and DNA Fingerprints of Three Important Aquatic Vegetables by EST-SSR Markers. Scientific reports, 2019, 9(1): 14074.

[175] Li D, Limwachiranon J, Li L, Zhang L, Xu Y, Fu M, Luo Z: Hydrogen peroxide accelerated the lignification process of bamboo shoots by activating the phenylpropanoid pathway and programmed cell death in postharvest storage. Postharvest Biology and Technology, 2019, 153: 79-86.

[176] Bridges MC, Daulagala AC, Kourtidis A: LNCcation: lncRNA localization and function. The Journal of cell biology, 2021, 220(2).

[177] 刘小红. 水杉长链非编码 RNA 分析[J]. 分子植物育种, Vol. 18; 2020: 853-857.

[178] 尚骁尧, 周玲芳, 尹芊芊, 晁跃辉: 蒺藜苜蓿(Medicago truncatula)全长转录组测序及分析[J]. 生物技术通报, Vol. 37; 2021: 131-140.

[179] Chen WH, Zhang ZZ, Ban YF, Rahman K, Ye BZ, Sun XL, Tan HY, Zheng XH, Liu HY, Xu LC et al: Cynanchum bungei Decne and its two related species for "Baishouwu": A review on traditional uses, phytochemistry, and pharmacological activities. Journal of ethnopharmacology, 2019, 243(112110).

[180] Qi LW, Gu XJ, Li P, Liang Y, Hao H, Wang G: Structural characterization of pregnane glycosides from Cynanchum auriculatum by liquid chromatography on a hybrid ion trap time-of-flight mass spectrometer. Rapid communications in

mass spectrometry:RCM,2009,23(14):2151-2160.

[181]Li Y,Piao D,Zhang H,Woo MH,Lee JH,Moon DC,Lee SH,Chang HW,Son JK:Quality assessment and discrimination of the roots of Cynanchum auriculatum and Cynanchum wilfordii by HPLC-UV analysis. Archives of pharmacal research,2013,36(3):335-344.

[182]Uchikura T,Tanaka H,Sugiwaki H,Yoshimura M,Sato-Masumoto N,Tsujimoto T,Uchiyama N,Hakamatsuka T,Amakura Y:Preliminary Quality Evaluation and Characterization of Phenolic Constituents in Cynanchi Wilfordii Radix. Molecules(Basel,Switzerland),2018,23(3).

[183]Zhang X,Shan L,Huang H,Yang X,Liang X,Xing A,Huang H,Liu X,Su J,Zhang W:Rapid identification of acetophenones in two Cynanchum species using liquid chromatography-electrospray ionization tandem mass spectrometry. Journal of pharmaceutical and biomedical analysis,2009,49(3):715-725.

[184]Chai Z,Huang W,Zhao X,Wu H,Zeng X,Li C:Preparation,characterization,antioxidant activity and protective effect against cellular oxidative stress of polysaccharide from Cynanchum auriculatum Royle ex Wight. International journal of biological macromolecules,2018,119:1068-1076.

[185]Zhang M,Wang D,Li B:Neuroprotection of two C_{21} steroidal glycosides from Cynanchum auriculatum against H_2O_2-induced damage on PC_{12} cells. Natural product research,2021,35(10):1752-1755.

[186]Bailly C:Anticancer properties of caudatin and related C-21 steroidal glycosides from Cynanchum plants. Steroids,2021,172(108855).

[187]Ralph J,Lapierre C,Boerjan W:Lignin structure and its engineering. Current opinion in biotechnology,2019,56:240-249.

[188]Liu Q,Luo L,Zheng L:Lignins:Biosynthesis and Biological Functions in Plants. International journal of molecular sciences,2018,19(2).

[189]Liang M,Davis E,Gardner D,Cai X,Wu Y:Involvement of AtLAC15 in lignin synthesis in seeds and in root elongation of Arabidopsis. Planta,2006,224(5):

1185-1196.

[190] Mir Derikvand M, Sierra JB, Ruel K, Pollet B, Do CT, Thévenin J, Buffard D, Jouanin L, Lapierre C: Redirection of the phenylpropanoid pathway to feruloyl malate in Arabidopsis mutants deficient for cinnamoyl - CoA reductase 1. Planta, 2008, 227(5): 943-956.

[191] Vanholme R, Storme V, Vanholme B, Sundin L, Christensen JH, Goeminne G, Halpin C, Rohde A, Morreel K, Boerjan W: A systems biology view of responses to lignin biosynthesis perturbations in Arabidopsis. The Plant cell, 2012, 24(9): 3506-3529.

[192] Thévenin J, Pollet B, Letarnec B, Saulnier L, Gissot L, Maia-Grondard A, Lapierre C, Jouanin L: The simultaneous repression of CCR and CAD, two enzymes of the lignin biosynthetic pathway, results in sterility and dwarfism in Arabidopsis thaliana. Molecular plant, 2011, 4(1): 70-82.

[193] Schilmiller AL, Stout J, Weng JK, Humphreys J, Ruegger MO, Chapple C: Mutations in the cinnamate 4-hydroxylase gene impact metabolism, growth and development in Arabidopsis. The Plant journal: for cell and molecular biology, 2009, 60(5): 771-782.

[194] Zierer W, Rüscher D, Sonnewald U, Sonnewald S: Tuber and Tuberous Root Development. Annual review of plant biology, 2021, 72: 551-580.

[195] Firon N, LaBonte D, Villordon A, Kfir Y, Solis J, Lapis E, Perlman TS, Doron-Faigenboim A, Hetzroni A, Althan L et al: Transcriptional profiling of sweetpotato (Ipomoea batatas) roots indicates down-regulation of lignin biosynthesis and up-regulation of starch biosynthesis at an early stage of storage root formation. BMC genomics, 2013, 14(460).

[196] Sojikul P, Saithong T, Kalapanulak S, Pisuttinusart N, Limsirichaikul S, Tanaka M, Utsumi Y, Sakurai T, Seki M, Narangajavana J: Genome-wide analysis reveals phytohormone action during cassava storage root initiation. Plant molecular biology, 2015, 88(6): 531-543.

[197] Noh SA, Lee HS, Kim YS, Paek KH, Shin JS, Bae JM: Down-regulation of the

IbEXP1 gene enhanced storage root development in sweetpotato. Journal of experimental botany,2013,64(1):129-142.

[198] Dong NQ,Lin HX:Contribution of phenylpropanoid metabolism to plant development and plant-environment interactions. Journal of integrative plant biology,2021,63(1):180-209.

[199] Parhi B,Bharatiya D,Swain SK:Application of quercetin flavonoid based hybrid nanocomposites:A review. Saudi pharmaceutical journal:SPJ:the official publication of the Saudi Pharmaceutical Society,2020,28(12):1719-1732.

[200] Liu W,Feng Y,Yu S,Fan Z,Li X,Li J,Yin H:The Flavonoid Biosynthesis Network in Plants. International journal of molecular sciences,2021,22(23).

[201] Chen Y,Yi N,Yao SB,Zhuang J,Fu Z,Ma J,Yin S,Jiang X,Liu Y,Gao L et al:CsHCT-Mediated Lignin Synthesis Pathway Involved in the Response of Tea Plants to Biotic and Abiotic Stresses. Journal of agricultural and food chemistry,2021,69(35):10069-10081.

[202] Deluc L,Bogs J,Walker AR,Ferrier T,Decendit A,Merillon JM,Robinson SP,Barrieu F:The transcription factor VvMYB5b contributes to the regulation of anthocyanin and proanthocyanidin biosynthesis in developing grape berries. Plant physiology,2008,147(4):2041-2053.

[203] Bhargava A,Mansfield SD,Hall HC,Douglas CJ,Ellis BE:MYB75 functions in regulation of secondary cell wall formation in the Arabidopsis inflorescence stem. Plant physiology,2010,154(3):1428-1438.

[204] Fornalé S,Shi X,Chai C,Encina A,Irar S,Capellades M,Fuguet E,Torres JL,Rovira P,Puigdomènech P et al:ZmMYB31 directly represses maize lignin genes and redirects the phenylpropanoid metabolic flux. The Plant journal:for cell and molecular biology,2010,64(4):633-644.

[205] Wang L,Lu W,Ran L,Dou L,Yao S,Hu J,Fan D,Li C,Luo K:R2R3-MYB transcription factor MYB6 promotes anthocyanin and proanthocyanidin biosynthesis but inhibits secondary cell wall formation in Populus tomentosa. The Plant journal:for cell and molecular biology,2019,99(4):733-751.

[206] Yao Y, Geng MT, Wu XH, Sun C, Wang YL, Chen X, Shang L, Lu XH, Li Z, Li RM et al. Identification, Expression, and Functional Analysis of the Fructokinase Gene Family in Cassava. International journal of molecular sciences, 2017, 18 (11).

[207] Sun M, Yang XL, Zhu ZP, Xu QY, Wu KX, Kang YJ, Wang H, Xiong AS: Comparative transcriptome analysis provides insight into nitric oxide suppressing lignin accumulation of postharvest okra (Abelmoschus esculentus L.) during cold storage. Plant physiology and biochemistry: PPB, 2021, 167:49-67.

[208] Chen S, Li X, Liu X, Wang N, An Q, Ye XM, Zhao ZT, Zhao M, Han Y, Ouyang KH et al: Investigation of Chemical Composition, Antioxidant Activity, and the Effects of Alfalfa Flavonoids on Growth Performance. Oxidative medicine and cellular longevity, 2020, 2020(8569237).

[209] Chen S, Zhou Y, Chen Y, Gu J: fastp: an ultra-fast all-in-one FASTQ preprocessor. Bioinformatics (Oxford, England), 2018, 34(17): i884-i890.

[210] Pertea M, Pertea GM, Antonescu CM, Chang TC, Mendell JT, Salzberg SL: StringTie enables improved reconstruction of a transcriptome from RNA-seq reads. Nature biotechnology, 2015, 33(3): 290-295.

[211] Love MI, Huber W, Anders S: Moderated estimation of fold change and dispersion for RNA-seq data with DESeq2. Genome biology, 2014, 15(12): 550.

[212] Ashburner M, Ball CA, Blake JA, Botstein D, Butler H, Cherry JM, Davis AP, Dolinski K, Dwight SS, Eppig JT et al: Gene ontology: tool for the unification of biology. The Gene Ontology Consortium. Nature genetics, 2000, 25(1): 25-29.

[213] Robinson MD, McCarthy DJ, Smyth GK. edgeR: a Bioconductor package for differential expression analysis of digital gene expression data. Bioinformatics (Oxford, England), 2010, 26(1): 139-140.

[214] Livak KJ, Schmittgen TD. Analysis of relative gene expression data using real-time quantitative PCR and the 2(-Delta Delta C(T)) Method. Methods (San Diego, Calif), 2001, 25(4): 402-408.

[215] Kondhare KR, Patil AB, Giri AP. Auxin: An emerging regulator of tuber and

storage root development. Plant science: an international journal of experimental plant biology, 2021, 306(110854).

[216] Jing H, Strader LC: Interplay of Auxin and Cytokinin in Lateral Root Development. International journal of molecular sciences, 2019, 20(3).

[217] Qin H, He L, Huang R: The Coordination of Ethylene and Other Hormones in Primary Root Development. Frontiers in plant science, 2019, 10(874).

[218] Qin H, Huang R: Auxin Controlled by Ethylene Steers Root Development. International journal of molecular sciences, 2018, 19(11).

[219] Mehdi R, Lamm CE, Bodampalli Anjanappa R, Müdsam C, Saeed M, Klima J, Kraner ME, Ludewig F, Knoblauch M, Gruissem W et al: Symplasmic phloem unloading and radial post-phloem transport via vascular rays in tuberous roots of Manihot esculenta. Journal of experimental botany, 2019, 70(20): 5559-5573.

[220] Kondhare KR, Natarajan B, Banerjee AK: Molecular signals that govern tuber development in potato. The International journal of developmental biology, 2020, 64(1-2-3): 133-140.

[221] Lu KJ, Pfister B, Jenny C, Eicke S, Zeeman SC: Distinct Functions of STARCH SYNTHASE 4 Domains in Starch Granule Formation. Plant physiology, 2018, 176(1): 566-581.

[222] Gámez-Arjona FM, Mérida Á: Interplay Between the N-Terminal Domains of Arabidopsis Starch Synthase 3 Determines the Interaction of the Enzyme With the Starch Granule. Frontiers in plant science, 2021, 12(704161).

[223] Schwall GP, Safford R, Westcott RJ, Jeffcoat R, Tayal A, Shi YC, Gidley MJ, Jobling SA: Production of very-high-amylose potato starch by inhibition of SBE A and B. Nature biotechnology, 2000, 18(5): 551-554.

[224] Utsumi Y, Utsumi C, Tanaka M, Takahashi S, Okamoto Y, Ono M, Nakamura Y, Seki M: Suppressed expression of starch branching enzyme 1 and 2 increases resistant starch and amylose content and modifies amylopectin structure in cassava. Plant molecular biology, 2022, 108(4-5): 413-427.

[225] Utsumi Y, Tanaka M, Utsumi C, Takahashi S, Matsui A, Fukushima A, Kobayashi

M, Sasaki R, Oikawa A, Kusano M et al: Integrative omics approaches revealed a crosstalk among phytohormones during tuberous root development in cassava. Plant molecular biology, 2022, 109(3): 249-269.

[226] Zhou Y, Li Y, Gong M, Qin F, Xiao D, Zhan J, Wang A, He L: Regulatory mechanism of GA(3) on tuber growth by DELLA-dependent pathway in yam (Dioscorea opposita). Plant molecular biology, 2021, 106(4-5): 433-448.

[227] Jang G, Lee JH, Rastogi K, Park S, Oh SH, Lee JY: Cytokinin-dependent secondary growth determines root biomass in radish (Raphanus sativus L.). Journal of experimental botany, 2015, 66(15): 4607-4619.

[228] Liu J, Moore S, Chen C, Lindsey K: Crosstalk Complexities between Auxin, Cytokinin, and Ethylene in Arabidopsis Root Development: From Experiments to Systems Modeling, and Back Again. Molecular plant, 2017, 10(12): 1480-1496.

[229] Sun W, Ma Z, Chen H, Liu M: MYB Gene Family in Potato (Solanum tuberosum L.): Genome-Wide Identification of Hormone-Responsive Reveals Their Potential Functions in Growth and Development. International journal of molecular sciences, 2019, 20(19).

[230] Fischer U, Kucukoglu M, Helariutta Y, Bhalerao RP: The Dynamics of Cambial Stem Cell Activity. Annual review of plant biology, 2019, 70(293-319).

[231] Rüscher D, Corral JM, Carluccio AV, Klemens PAW, Gisel A, Stavolone L, Neuhaus HE, Ludewig F, Sonnewald U, Zierer W: Auxin signaling and vascular cambium formation enable storage metabolism in cassava tuberous roots. Journal of experimental botany, 2021, 72(10): 3688-3703.

[232] Roosjen M, Paque S, Weijers D: Auxin Response Factors: output control in auxin biology. Journal of experimental botany, 2018, 69(2): 179-188.

[233] Wang P, Lu S, Xie M, Wu M, Ding S, Khaliq A, Ma Z, Mao J, Chen B: Identification and expression analysis of the small auxin-up RNA (SAUR) gene family in apple by inducing of auxin. Gene, 2020, 750(144725).

[234] Zou X, Long J, Zhao K, Peng A, Chen M, Long Q, He Y, Chen S: Overexpressing

GH3. 1 and GH3. 1L reduces susceptibility to Xanthomonas citri subsp. citri by repressing auxin signaling in citrus(Citrus sinensis Osbeck). PloS one,2019,14(12):e0220017.

[235] Gao J,Cao X,Shi S,Ma Y,Wang K,Liu S,Chen D,Chen Q,Ma H:Genome-wide survey of Aux/IAA gene family members in potato(Solanum tuberosum): Identification,expression analysis,and evaluation of their roles in tuber devel opment. Biochemical and biophysical research communications, 2016, 471(2):320-327.

[236] Kolachevskaya OO,Alekseeva VV,Sergeeva LI,Rukavtsova EB,Getman IA,Vreugdenhil D,Buryanov YI,Romanov GA:Expression of auxin synthesis gene tms1 under control of tuber-specific promoter enhances potato tuberization in vitro. Journal of integrative plant biology,2015,57(9):734-744.

[237] Melis RJ,van Staden J:Tuberization in Cassava(Manihot esculenta):Cytokinin and Abscisic Acid Activity in Tuberous Roots. Journal of plant physiology, 1985,118(4):357-366.

[238] Qin H,Wang J,Chen X,Wang F,Peng P,Zhou Y,Miao Y,Zhang Y,Gao Y, Qi Y et al. Rice OsDOF15 contributes to ethylene-inhibited primary root elongation under salt stress. The New phytologist,2019,223(2):798-813.

[239] Dai H,Fu M,Yang X,Chen Q:Ethylene inhibited sprouting of potato tubers by influencing the carbohydrate metabolism pathway. Journal of food science and technology,2016,53(8):3166-3174.

[240] Carbonnel S,Das D,Varshney K,Kolodziej MC,Villaécija-Aguilar JA,Gutjahr C:The karrikin signaling regulator SMAX1 controls Lotus japonicus root and root hair development by suppressing ethylene biosynthesis. Proceedings of the National Academy of Sciences of the United States of America, 2020, 117(35):21757-21765.

[241] Zhao H,Ma B,Duan KX,Li XK,Lu X,Yin CC,Tao JJ,Wei W,Zhang WK, Xin PY et al:The GDSL Lipase MHZ11 Modulates Ethylene Signaling in Rice Roots. The Plant cell,2020,32(5):1626-1643.

[242] Ma J, Aloni R, Villordon A, Labonte D, Kfir Y, Zemach H, Schwartz A, Althan L, Firon N: Adventitious root primordia formation and development in stem nodes of "Georgia Jet" sweetpotato, Ipomoea batatas. American journal of botany, 2015, 102(7): 1040-1049.

[243] Villordon AQ, Ginzberg I, Firon N: Root architecture and root and tuber crop productivity. Trends in plant science, 2014, 19(7): 419-425.

[244] Gu L, Wu Y, Li M, Wang F, Li Z, Yuan F, Zhang Z: Over-immunity mediated abnormal deposition of lignin arrests the normal enlargement of the root tubers of Rehmannia glutinosa under consecutive monoculture stress. Plant physiology and biochemistry: PPB, 2021, 165: 36-46.

[245] Wang H, Yang J, Zhang M, Fan W, Firon N, Pattanaik S, Yuan L, Zhang P: Altered Phenylpropanoid Metabolism in the Maize Lc-Expressed Sweet Potato (Ipomoea batatas) Affects Storage Root Development. Scientific reports, 2016, 6 (18645).

[246] Singh V, Zemach H, Shabtai S, Aloni R, Yang J, Zhang P, Sergeeva L, Ligterink W, Firon N: Proximal and Distal Parts of Sweetpotato Adventitious Roots Display Differences in Root Architecture, Lignin, and Starch Metabolism and Their Developmental Fates. Frontiers in plant science, 2020, 11(609923).

[247] Wu CD, Zhang M, He MT, Gu MF, Lin M, Zhang G: Selection of solvent for extraction of antioxidant components from Cynanchum auriculatum, Cynanchum bungei, and Cynanchum wilfordii roots. Food science & nutrition, 2019, 7(4): 1337-1343.

[248] Park S, Kim DH, Yang JH, Lee JY, Lim SH: Increased Flavonol Levels in Tobacco Expressing AcFLS Affect Flower Color and Root Growth. International journal of molecular sciences, 2020, 21(3).

[249] Vogt T: Phenylpropanoid biosynthesis. Molecular plant, 2010, 3(1): 2-20.

[250] Shi J, Yan X, Sun T, Shen Y, Shi Q, Wang W, Bao M, Luo H, Nian F, Ning G: Homeostatic regulation of flavonoid and lignin biosynthesis in phenylpropanoid pathway of transgenic tobacco. Gene, 2022, 809(146017).

[251]李建方. 滨海白首乌产业发展现状及对策思考[J]. 南方农业,2019,13(17):120-121.

[252]彭蕴茹,丁永芳,李友宾,等. 白首乌研究现状[J]. 中草药,2013,44(3):370-378.

[253]吴承东,赫明涛,王军,等. 白首乌高产栽培管理[J]. 现代农业,2013,12:3.

[254]“滨乌 1 号”白首乌栽培技术规程 DB 32/T 2311—2013.

[255]“苏乌 1 号”白首乌栽培技术规程 DB 32/T 2893—2016.

[256]迟金和,成少华,刘永,等. 白首乌种植及田间管理技术[J]. 安徽农学通报,2012,18(11):77-78.

[257]刘广才,李隆,黄高宝,等. 大麦/玉米间作优势及地上部和地下部因素的相对贡献研究[J]. 中国农业科学,2005,38(9):1787-1795.

[258]伏云珍,马琨,崔慧珍,等. 间作作物种间相互作用对马铃薯根际土壤丛枝菌根真菌的影响[J]. 生态学杂志,2021,40(1):131-139.

[259]储凤丽,李淑敏,刘亚军,等. 甘薯玉米间作对土壤性质与作物产量的影响[J]. 山西农业科学,2020,48(9):1445-1448,1455.

[260]沈明晨,陈镭,李春阳,等. 玉米-白首乌间作对双方病害发生、活性成分及产量的影响[J]. 大麦与谷类科学,2021,38(5):52-56.

[261]毛爱华,周丽娟,毛广才. “苏乌 1 号”白首乌高产高效配套栽培技术[J]. 南方农业,13(35):31-33.

[262]江苏省农技推广总站. 应对强降雨天气,江苏省农业技术推广总站发布六大类特粮特经作物生产技术指导意见[EB/OL]. [2021-07-19].

[263]刘晗,何腾兵,樊博,等. 贵州地产何首乌丰产提质增效耕种技术措施[J]. 浙江农业科学,2016(2):204-207.

[264]吕卫东,周训芝,宋邦兵,等. 白首乌病虫草害绿色防控技术集成与推广应用[J]. 植物医生,2016(7):63-66.

[265]于世林. 高效液相色谱方法及应用[M]. 北京:化学工业出版社,2019.

[266]翁诗甫. 傅里叶变换红外光谱分析[M]. 北京:化学工业出版社,2016.

[267]李炜. 仪器分析[M]. 北京:化学工业出版社,2015.

[268]齐美玲. 气相色谱分析及应用[M]. 北京:科学出版社,2021.
[269]陈建民. 也谈黄酮类化合物红外光谱的特点[J]. 中国药学杂志,1981,16(8):498-500.
[270]唐浩国. 黄酮类化合物研究[M]. 北京:科学出版社,2009.
[271]林启寿. 中草药成分化学[M]. 北京:科学出版社,1977.
[272]唐浩国. 麻竹叶黄酮的结构与功能的研究[D]. 重庆:西南农业大学,2005.
[273]谭任祥,孟军才,陈道峰,等. 植物成分分析[M]. 北京:科学出版社,2002.
[274]刘颖,赵雪,柴智,等. 响应面法优化白首乌多糖提取的研究[J]. 农产品加工,2017,1:1-4.
[275]王冬艳,张洪泉. 江苏地产药白首乌的研究现状及进展[J]. 中国野生植物资源,2005,24(4):13-15.
[276]孙彦敏,王辉,徐凌川. 近10年白首乌研究进展[J]. 中国中医药信息杂志,2015,22(7):131-136.
[277]方希修,毕可波,方圆,等. 滨海白首乌活性成分及其免疫活性研究进展[J]. 现代农业科技,2016,9:80-81,87.
[278]彭蕴茹,丁永芳,李友宾,等. 白首乌研究现状[J]. 中草药,2013,44(3):370-378.
[279]姚文杰. 滨海白首乌影响黑素合成功效组分的筛选[D]. 无锡:江南大学,2008.
[280]姜明华,徐凌川,郭素. 白首乌、何首乌的营养成分分析比较[J]. 食品科技,2006(11):254-257.
[281]国家中医药《中华本草》编委会. 中华本草[M]. 第六册. 上海:上海科学技术出版社,1999:333-336.
[282]孙东宁,王义善. 白首乌抗肿瘤作用研究进展[J]. 滨州医学院学报,2013,36(2):146-147.
[283]陈亚,徐晓燕. 白首乌的药理作用及其开发利用[J]. 时珍国医国药,2013,24(4):936-937.
[284]孙印石,刘政波,王建华,等. 高效液相色谱-二极管阵列检测法测定白首乌中的4种苯乙酮类成分[J]. 色谱,2009,27(1):114-116.

[285]岳荣彩.天然产物白首乌二苯酮的神经保护作用和两面针碱的免疫调控作用机制研究[D].上海:第二军医大学,2013.

[286]张填,贺兴冬,秦燕,等.对羟基苯乙酮降血脂作用的研究[J].世界临床药物,2010,31(10):599-601.

[287]吴红雁,陈磊,卞庆亚,等.一测多评法测定白首乌中苯乙酮成分的含量[J].中药材,2015,38(11):2339-2341.

[288]曹丽,董升,薛友荣,等.江苏省滨海县白首乌产业现状及发展对策思考[J].特种经济动植物,2017,5:30-34.

[289]孙天曙,曹丽,周日明,等.盐城市特种经济作物生产之现状及对策建议[J].特种经济动植物,2017,20(2):36-40.

[290]Zhigang Song,Jianhua Wang,Hanzhong Wang,et al. Some Properties of Starch Isolated from Radix Cynanchi bungei[J]. Starch-Starke,2006,58(5):243-248.

[291]Jun Liu,Xingchi Wang,Fanting Wen,et al. Morphology,structural and physicochemical properties of starch from the root of Cynanchum auriculatum Royle ex Wight[J]. International Journal of Biological Macromolecules, 2016, 93: 107-116.

[292]Xingchi Wang,Fanting Wen,Shurong Zhang,et al. Effect of acid hydrolysis on morphology,structure and digestionproperty of starch from Cynanchum auriculatum Royle ex Wight[J]. International Journal of Biological Macromolecules, 2017,96:807-816.

[293]Wei Li,Li-Chun Zhao,Yin-Shi Sun,et al. Optimization of Pressurized Liquid Extraction of Three Major Acetophenones from Cynanchum bungei Using a Box-Behnken Design[J]. International Journal of Molecular Sciences, 2012, 13: 14533-14544.

[294]YanFu Jiang,Hyun Gyu Choi,Ying Li,et al. Chemical Constituents of Cynanchum wilfordii and the Chemotaxonomy of Two Species of the Family Asclepiadacease,C. wilfordii and C. auriculatum [J]. Arch Pharm Res,2011,34(12): 2021-2027.

[295]赵雪.滨海白首乌蛋白和多糖的提取纯化及其活性功能的研究[D].哈尔

滨:哈尔滨商业大学,2017.
[296]孙彦敏. 白首乌保健黄酒的制作工艺与质量研究[D]. 济南:山东中医药大学,2015.
[297]王冬梅,毕可波,周雪松,等. 滨海白首乌粉发酵试验[J]. 中国野生植物资源,2017,36(1):22-25.
[298]史经略. 首乌保健啤酒的研制[J]. 中国酿造,2010,7:176-179.
[299]Ingolf F Nes,Ola Johnsborg. Exploration of antimicrobial potential in LAB by genomics[J]. Current Opinion in Biotechnology,2004,15(2):100-104.
[300]薛乃峰. 利用多菌种发酵结合细胞固定化技术生产黑蒜复合发酵饮料工艺研究[D]. 济南:齐鲁工业大学,2017.
[301]汪建国. 黄酒的营养价值和产品创新[J]. 江苏调味副食品,2004,22(3):33-34.
[302]杨丽娜,张培正. 中国黄酒中营养成分与功能成分的研究进展[J]. 酿酒,2009,36(5):9-12.
[303]方希修,王冬梅,周雪松,等. 滨海白首乌(耳叶牛皮消)药理活性研究进展[J]. 中国野生植物资源,2016,35(4):53-75.
[304]印敏,冯煦,董云发,等. 白首乌化学成分与药理活性研究进展[J]. 中国野生植物资源,2004,23(2):8-11.
[305]孙彦敏,王辉,徐凌川. 近 10 年白首乌研究进展[J]. 中国中医药信息杂志,2015,7:131-136.
[306]彭蕴茹,丁永芳,李友宾,等. 白首乌研究现状[J]. 中草药,2013,44(3):370-378.
[307]傅勤峰. 黄酒发展趋势之我见[J]. 中国黄酒,2008,14(4):20-21.
[308]毛青钟. 市场创新[M]. 北京:清华大学出版社,1999.
[309]王林. 海参功能保健黄酒的研发[D]. 山东:中国海洋大学,2012.
[310]冯梓航. 精氨酸双糖苷的纯化关键技术优化及生物活性研究[D]. 吉林:吉林农业大学,2020.
[311]Xinglong L, Wencong L, Chuanbo D, et al. Antidiabetic Effects of Arginyl-Fructosyl-Glucose, a Nonsaponin Fraction from Ginseng Processing in Strepto-

zotocin-Induced Type 2 Diabetic Mice through Regulating the PI3K/AKT/GSK-3 β and Bcl-2/Bax Signaling Pathways[J]. Evidence-Based Complementary and Alternative Medicine, 2020, 2020: 1-14.

[312] Ha Kyoung-Soo, Jo Sung-Hoon, Kang Bou-Hee, et al. In vitro and in vivo antihyperglycemic effect of 2 amadori rearrangement compounds, arginyl-fructose and arginyl-fructosyl-glucose[J]. Journal of Food Science, 2011, 76(8): 1505-1510.

[313] Jung-Sook Lee, Gyo-Nam Kim, Sang-Hyun Lee, et al. In vitro and Cellular Antioxidant Activity of Arginyl-fructose and Arginyl-fructosyl-glucose[J]. Food Sci Biotechnology, 2009, 18(6): 1505.

[314] 高铭彤,李莹,李婧毓,等. 人参中精氨酸双糖苷的研究进展[J]. 时珍国医国药,2017,28(8):1979-1981.

[315] 黄宝亮,丁传波,王佳奇,等. 红参中精氨酸双糖苷对小鼠的抗疲劳作用[J]. 吉林大学学报(医学版),2017,43(5):897-902.

[316] 曹国军,许传莲,郑毅男. 红参加工与精氨酸双糖苷(AFG)的形成[J]. 中药材,2003,2:97-98.

[317] 中华人民共和国国家质量监督检验检疫总局,中国国家标准化管理委员会. 葡萄酒、果酒通用分析方法:GB/T 15038—2006[S]. 北京:中国标准出版社,2006.

[318] 国家卫生和计划生育委员会,国家食品药品监督管理总局. 食品安全国家标准食品微生物学检验菌落总数测定:GB 4789. 2—2016[S]. 北京:中国标准出版社,2016.

[319] 毛建卫,吴元锋,方晟. 微生物酵素研究进展[J]. 发酵科技通讯,2010,39(3):42-44.

[320] 王子丹. 微生物酵素的研究进展[J]. 农业科技与装备,2015,8:67-68.

[321] 刘加友,王振斌. 微生物酵素食品研究进展[J]. 食品与发酵工业,2016,42(1):273-276.

[322] 任清,于晓艳,潘妍,等. 微生物酵素美白抗衰老功效研究[J]. 香料香精化妆品,2008,3:28-32.

[323] Feng YJ, Zhang M, Mujumdar S, et al. Recent research process of fermented plant extract: A review[J]. Trends in Food Science & Technology, 2017, 65: 40-48.